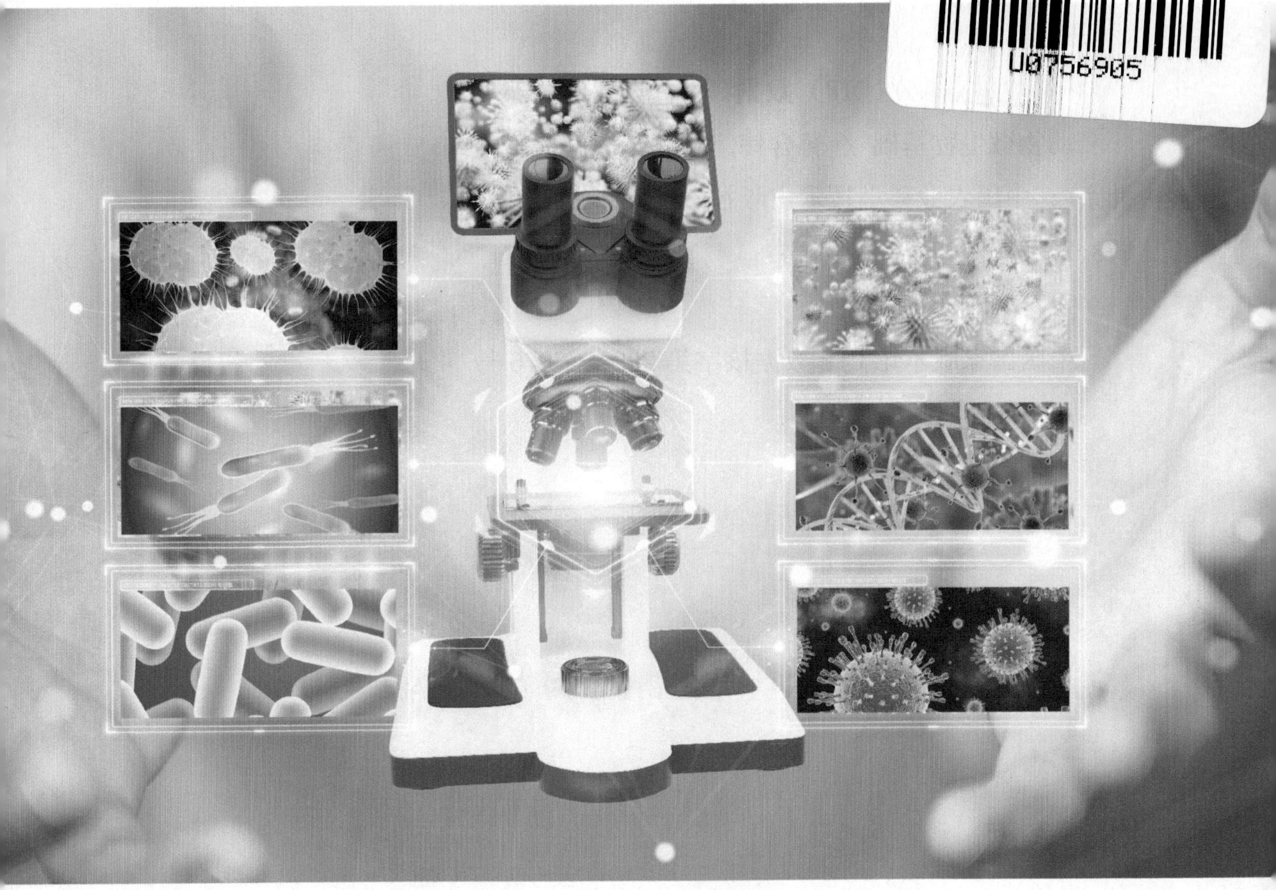

动物微生物基础

◎ 蒋含伟　张丽芳　解秀梅　主编

中国农业科学技术出版社

图书在版编目（CIP）数据

动物微生物基础 / 蒋含伟，张丽芳，解秀梅主编. 北京 ： 中国农业科学技术出版社，2024. 9. -- ISBN 978-7-5116-7054-0

Ⅰ. S852.6

中国国家版本馆 CIP 数据核字第 2024GG7976 号

责任编辑 刁 毓
责任校对 马广洋
责任印制 姜义伟 王思文

出 版 者 中国农业科学技术出版社
北京市中关村南大街 12 号 邮编：100081
电 话 （010）82106641（编辑室）（010）82106624（发行部）
（010）82109709（读者服务部）
网 址 https://castp.caas.cn
经 销 者 各地新华书店
印 刷 者 中煤（北京）印务有限公司
开 本 185 mm × 260 mm 1/16
印 张 16.75 彩插 2 面
字 数 368 千字
版 次 2024 年 9 月第 1 版 2024 年 9 月第 1 次印刷
定 价 68.00 元

内容简介

本教材共分为四个大项目，每一项目都包括相关任务。第一大项目为认识细菌部分，主要包括认识细菌的形态结构，细菌的观察、分离培养、染色镜检、生化试验及细菌病的诊断等任务；第二大项目为认识病毒部分，主要包括认识病毒的形态结构、了解病毒的繁殖方式、病毒的血凝和血凝抑制试验、病毒的培养及病毒病的诊断等任务；第三大项目为微生物与外界环境部分，包含其他微生物类型、微生物的致病作用、微生物在自然界的分布及药敏试验等任务；第四大项目为免疫学部分，主要包含有免疫系统、抗原抗体、免疫应答、抗感染免疫的认知及血清学试验等任务。

结合动物医学临床，教材的编写注重与实践工作岗位要求相对接，突出实用性和适用性，把企业的真实项目、典型任务放到教材中，采用任务化的编写体例，结合学院实际情况，在内容编排上有许多创新点。每个项目之前有知识目标指导，教材中融入了知识二维码和视频二维码，便于学生进一步理解实践操作的内容，每项任务后有复习思考题，便于学生自测，用于巩固学习。本教材根据本校学生特点增加了一些临床实用的新技术和新知识，能让学生在毕业后尽快适应岗位。

本教材可以作为高职动物医学专业、动物防疫与检验专业的教学用书，也可作为基层兽医人员的参考用书。

编 委 会

主　编：蒋含伟　张丽芳　解秀梅

副主编：田启会　陈　瑾

编　者：（按姓氏拼音排序）

陈　瑾（青海农牧科技职业学院）

陈长江（湟源县畜牧兽医站）

杜　敏（青海农牧科技职业学院）

胡广卫（青海省牦牛繁育推广服务中心）

蒋含伟（青海农牧科技职业学院）

牛玉丰（青海农牧科技职业学院）

谈明禄（湟源县东峡乡畜牧兽医站）

田启会（甘肃畜牧工程职业技术学院）

汪生章（西宁市湟中区畜牧兽医站）

解秀梅（青海农牧科技职业学院）

杨永宁（青海农牧科技职业学院）

张春霞（青海农牧科技职业学院）

张丽芳（青海农牧科技职业学院）

审　稿：高小龙（青海大学）

前言

随着动物医学的发展，动物微生物基础已成为动物医学、动物防疫与检验甚至畜牧兽医、宠物医学等专业学生必修的基础课程。为了适应现代科学技术的发展，对接产业发展和岗位需求，加快高职院校教学改革，提高教学质量，培养复合型高素质技术技能人才，根据多年的教学经验，结合教学改革和“双高”院校建设目标，本着脚踏实地、立足青海、拓宽视野、面向现代化大农业、高起点、高标准、开放办学的办学思想，根据青海农牧科技职业学院动物防疫与检验专业建设要求和教材建设实践而编写本教材，本教材是青海农牧科技职业学院校本教材之一。

本教材的编写以产业发展岗位需要为标准，引入行业、企业核心技术标准，在分析本校学生实际需要和接受能力的基础上，结合学生成长规律和学生认知特点，针对实际职业工作岗位需要选择教材内容，达到以服务为宗旨、就业为导向、能力培育为核心、产品质量来兴校的办学理念，培养学生综合职业能力。教材突出工学结合，深化了做中教，做中学，做中会的人才培养理念。

本教材内容包含了细菌、病毒、其他微生物、微生物与外界环境及免疫学的内容。从认识微生物到微生物的分离培养、微生物鉴定的各个实践内容，以及从认识免疫系统、抗原抗体、免疫应答到血清学试验诊断疾病的实践任务。各项目和任务的教学内容既相互独立，又能有机结合，可满足不同人群岗位的需要，因此可根据专业教学标准和当地实际需要，有针对性地选择教学。本教材在编写过程中力求做到简明扼要、由浅入深、图文并茂、活灵活现。

参加教材的编写人员既有长期从事动物微生物教学和疫病预防科研的骨干教师和双师型教师，也有来自动物防疫与检验、兽医基础等岗位的技术骨干。本教材由蒋含伟、张丽芳、解秀梅任主编，具体分工为：解秀梅、张丽芳编写项目一、项目二和项目三中内容，蒋含伟编写项目四的内容；陈长江、田启会、张春霞完成项目一中小提示、二维码、习题等内容，牛玉丰、胡广卫、陈瑾完成项目二中小提示、二维码、习题等内容，杜敏、杨永宁完成项目三中小提示、二维码、习题等内容，汪生章、谈明禄完成项目四中小提示、二维码、习题等内容；由高小龙老师进行审稿最终完成教材的编写。

由于时间仓促，编者水平有限，难免存在疏漏和错误，恳请同行专家和读者批评指正，我们将不胜感激。

《动物微生物基础》编写组

2024 年 9 月

目 录

项目一 认识细菌

项目导读

细菌为原核微生物的一类，其结构简单，不能被肉眼看见，是多以二分裂方式进行繁殖的原核生物，是在自然界分布最广、个体数量最多的有机体，是大自然物质循环的主要参与者。细菌大部分是有益的，但有少部分是可以致动物或人类发生疾病的。那么这么小而简单的生物有什么样的结构和形态，又是如何进行生存、繁殖和引起动物机体发病的呢？我们又如何去识别、辨认，或者能否进行培养，并做进一步的鉴别和诊断呢？

掌握了细菌的形态结构，知道了其生长繁殖需求，才能培养出细菌并依据细菌的染色特性、生化特性及培养特性等对常见病原菌类群进行分类，鉴别出不同种类的细菌，这样就能对细菌病做出正确诊断，从而有的放矢地采取合理的疾病防治措施。那么到底要掌握哪些内容，如何去操作呢？让我们一起进入本章进行学习吧！

知识目标

①掌握细菌的基本形态、基本结构及特殊结构。了解革兰氏阴性菌和革兰氏阳性菌细胞壁的差异及意义。

②熟悉细菌生长繁殖的条件、细菌的生理和培养特性，知道细菌性疾病的诊断方法。

③掌握常见病原细菌（葡萄球菌、链球菌、大肠埃希菌、沙门菌、巴氏杆菌、炭疽杆菌、布鲁氏杆菌、产气荚膜梭菌）的形态特征、培养特性和鉴别方法。

技能目标

①能正确使用微生物实验室主要的仪器设备并对其进行较好保养，会正确观察细菌的形态。

②会进行相关培养基的制备，能进行细菌的人工培养；能独立完成细菌的分离培养、染色镜检。

③会进行细菌的生化试验及细菌性疾病的实验室诊断。

素质目标

强化无菌意识和生物安全意识，培养良好的卫生习惯，养成具有公共卫生和个人防护意识的职业素养。

思政目标

①用客观理性去分析和看待问题，培养辩证思维。

②感受每一项任务中的细节要求，遵守各种行为规范，做到认真细致、一丝不苟，培养敬业精神。

任务一　掌握细菌的形态结构

任务导入

细菌为原核细胞型微生物的一类，其结构简单，不能被肉眼看见，那么这么小而简单的生物又有什么样的结构和形态呢？首先，查阅资料，了解细菌有几种形态，大小如何衡量，又如何排列。其次，根据细菌的形态、大小及排列的不同，讨论得出不同形态下细菌可能出现的排列样式和状态。再次，明确细菌含有哪些结构及其作用，知道细菌的革兰氏染色特性。最后，对细菌的形态结构进行汇总，绘制出自己所理解的细菌结构模拟图，并对其结构、染色情况等进行详细地标注。

任务工单

班级:________________　组别:________________　姓名:________________

任务名称	掌握细菌的形态结构
任务描述	任务内容：细菌的形态、大小和排列；细菌的基本结构及作用，细菌革兰氏染色的特性；细菌的特殊结构及作用。 任务目的：掌握细菌的形态、大小和排列方式。明确细菌的结构及作用。知道革兰氏染色的特性。 任务流程：查阅资料（知道细菌的形态、大小及排列方式）—小组讨论（不同形态下的细菌的排列状态）—查阅资料（掌握细菌的结构及染色特性）—总结（细菌结构及作用）—对所有内容汇总讨论—绘制细菌形态结构模拟图。 任务方法：查阅资料，小组讨论，根据要求进行绘图。
获取信息	要完成任务，需要掌握相关的知识。请收集资料，回答以下问题。 1. 微生物共有几类？根据结构如何划分？细菌大小是不是都是一样的？细菌小到了什么程度？

（续表）

<table>
<tr><td rowspan="5">获取信息</td><td colspan="4">2. 细菌的形态是不是都一样？细菌有哪几种形态？各形态下的细菌大小是不是都一样，或有什么区别？</td></tr>
<tr><td colspan="4">3. 细菌有哪些排列方式？结合细菌的形态和排列，讨论出三种细菌形态下可能出现的排列状态。</td></tr>
<tr><td colspan="4">4. 细菌是由哪两大部分结构组成的？各有哪些组成及作用？所有细菌是不是都含有这两大部分结构组成？</td></tr>
<tr><td colspan="4">5. 细菌的哪一个结构的不同决定了革兰氏染色特性的不同？具体有什么不同？</td></tr>
<tr><td colspan="4">6. 细菌的形态、排列、结构等的相对恒定有什么意义或作用？为什么是相对恒定的？</td></tr>
<tr><td>制订计划</td><td colspan="4"></td></tr>
<tr><td rowspan="6">任务实施</td><td colspan="4">按照预先制订的工作计划，完成本任务，并记录任务实施过程。</td></tr>
<tr><td>序号</td><td>完成的任务</td><td>遇到的问题</td><td>解决办法</td></tr>
<tr><td></td><td></td><td></td><td></td></tr>
<tr><td></td><td></td><td></td><td></td></tr>
<tr><td></td><td></td><td></td><td></td></tr>
<tr><td></td><td></td><td></td><td></td></tr>
</table>

任务准备

一、知识准备

拓展阅读

微生物广泛存在于自然界和动植物体中，对于人和动物而言，微生物是一把十分锋利的“双刃剑”，它们在给人类带来巨大利益的同时也能带来“残忍”的破坏。同学们要用辩证思维看待微生物，不可片面地一概而论哦。

微生物的种类包括细菌、真菌、放线菌、螺旋体、支原体、衣原体、立克次氏体、病毒等八大类。又根据其结构特点，分为三种类型，即真核细胞型微生物、原核细胞型微生物、非细胞型微生物。那让我们来看看细菌的形态和结构。

拓展阅读
微生物的益处和害处

小学士
微生物的概念、分类及特点

（一）细菌的大小、形态及排列

1. 细菌的大小

细菌是一类具有细胞壁的单细胞原核细胞型微生物。在一定条件下具有相对恒定的形态结构和生理生化特性。细菌为原核细胞型微生物，因此具备原核细胞的主要特点，即细胞内没有核膜和核仁，有核质；主要的细胞器为核糖体，分布在细胞质中；无线粒体和内质网等其他细胞器，能量代谢和氧化还原反应均在细胞膜上进行；无性二分裂法进行繁殖。

细菌形态极其微小，通常以微米（1 μm=1/1 000 mm）作为测量它们大小的单位。人类肉眼的最小分辨率为 0.2 mm，因此要使用光学显微镜放大几百倍到上千倍才能观察到细菌。各种细菌的大小和测量有一定的差别。球菌以直径测量，常为 0.5～2.0 μm。杆菌用长和宽测量，较大的杆菌长 3～8 μm，宽 1～1.25 μm；中等杆菌长 2～3 μm，宽 0.5～1.0 μm；小杆菌长 0.7～1.5 μm，宽 0.2～0.4 μm。螺旋菌常以其两端的直线距离做长度，一般长为 1～50 μm，宽为 0.2～1.2 μm。

2. 细菌的形态

细菌的外形比较简单，仅有三种主要类型，即球状、杆状、螺旋状，并因此将细菌分为球菌、杆菌、螺旋菌三大类（图 1-1）。

（1）球菌（Coccus）

多数球菌呈圆球形或近似圆球形，也有少数呈矛头状或肾状。单个球菌的直径在 0.8～1.2 μm。

（2）杆菌（Bacillus）

杆菌菌体的形态多数呈直杆状，也有杆菌的菌体微弯。菌体两端多呈钝圆形，少数两端平齐（如炭疽杆），也有两端尖细（如梭杆菌）或末端膨大呈棒状（如白喉杆菌）。各种杆菌的大小、长短、弯度、粗细差异较大。大多数杆菌中等大小［（2～5）μm×（0.3～1）μm］。大的杆菌如炭疽杆菌［（3～5）μm×（1.0～1.3）μm］，小的如野兔热杆菌［（0.3～0.7）μm×0.2 μm］。

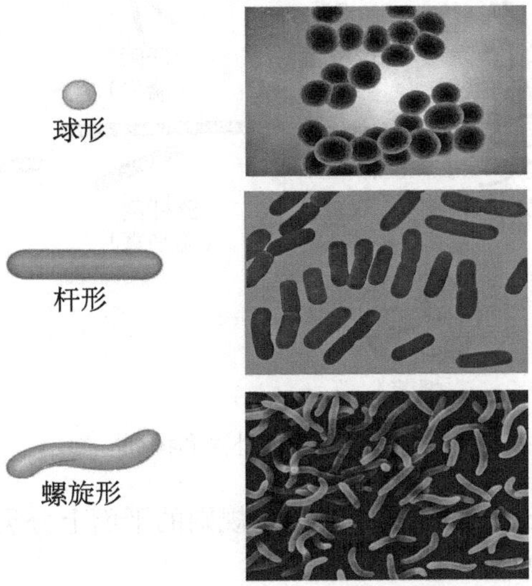

图 1–1　细菌的形态

（3）螺旋菌（Spirillar Bacterium）

螺旋菌菌体呈弯曲状或螺旋状的圆柱形，两端圆或尖突。根据弯曲的程度和螺旋数，可分为弧菌（Vibrio）和螺菌（Spirillum）。弧菌菌体只有一个弯曲，呈弧状或逗点状，如霍乱弧菌。螺菌菌体有数个弯曲，如鼠咬热螺菌。

3. 细菌的排列

细菌的繁殖方式是简单的二分裂，不同细菌分裂后其菌体排列方式不同，有些细菌分裂后单个存在，有些细菌分裂后仍彼此相连，形成一定的排列方式。各种细菌的外形和排列如图 1-2 所示。

（1）球菌

由于繁殖时细菌细胞分裂方向和分裂后细菌粘连程度及排列方式不同可分为以下几种。

①双球菌（Diplococcus）：在一个平面上分裂成双排列，如肺炎双球菌、脑膜炎双球菌。

②链球菌（Streptococcus）：在一个平面上分裂，呈链状排列，如溶血性链球菌。

③四联球菌（Tetrads）：在两个相互垂直的平面上分裂，以四个球菌排成方形，如四联加夫基菌。

④八叠球菌（Sarcina）：在三个互相垂直的平面上分裂，八个菌体重叠呈立方体状，如藤黄八叠球菌。

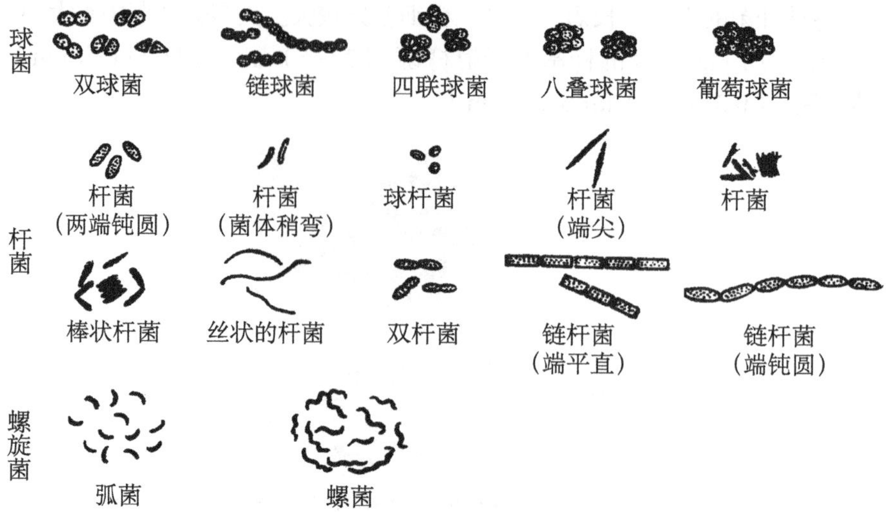

图 1-2 各种细菌的外形和排列

⑤葡萄球菌（Staphylococcus）：在几个不规则的平面上分裂，则菌体多堆积在一起，而呈葡萄状排列，如金黄色葡萄球菌。

（2）杆菌

排列一般分散存在，无一定排列形式，偶有成对或链状，个别呈特殊的排列，如栅栏状或“V”“Y”状。

在一定条件下，同种细菌的大小、个体外形和排列方式是相对稳定的，并且有明显特性，可以作为细菌分类和鉴定的依据。观察细菌形态和大小特征时，应注意来自机体或环境中各种因素所导致的细菌形态变化。

小学士

细菌的形态及排列

（二）细菌的结构

细菌的结构可分为基本结构和特殊结构两部分。

1. 基本结构

细菌的基本结构是指所有细菌都有的结构，从外向内分别是细胞壁、细胞膜、细胞质和核质（图 1-3）。细菌的最外层是细胞壁，这是一层致密坚硬的结构，保护着细菌；细胞壁内侧紧贴细胞膜；被细胞膜包裹的是细胞质，这是一种无色、透明、均质的胶体；细胞质内有相互缠绕卷曲的遗传物质为核质。细菌是原核细胞型微生物，有的只是原始的细胞质和核质。

（1）细胞壁

细胞壁是位于细菌细胞的最外层，包绕在细胞膜的周围，组成较复杂的坚韧富有弹性的网状结构，可承受细胞内强大的渗透压而不破坏。将细菌用特殊方法染色，在光学显微镜下观察，可见细胞壁。

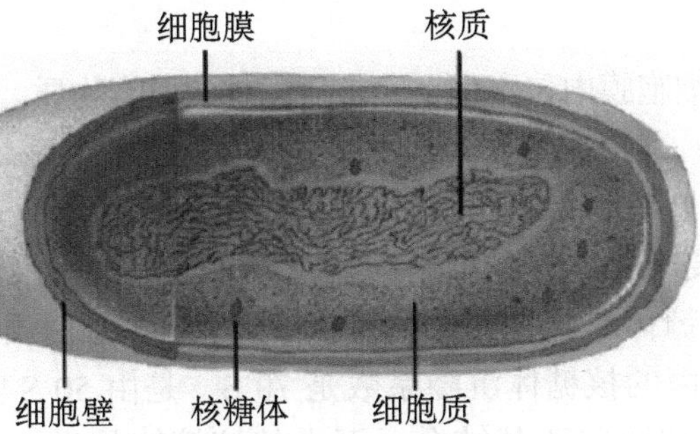

图 1–3　细菌的基本结构

①细胞壁的组成及结构。细菌细胞壁的化学组成因细菌种类不同而有差异，一般由糖类、蛋白质和脂类镶嵌排列而成，其基础成分是肽聚糖，又称黏肽（或糖肽），它是细菌细胞壁所特有的物质。用革兰氏（Gram）染色法染色，可以把细菌分为革兰氏阳性菌（G^+）和革兰氏阴性菌（G^-）。之所以可以把细菌分两大类，主要是因为它们的细胞壁的结构和成分有区别。

②细胞壁功能。由于细菌细胞壁坚韧而富有弹性，能维持细菌的固有形态，保护菌体细胞免受渗透压的破坏，因此细菌才能在比菌体内渗透压低的人工培养基上生长。其次，细菌细胞壁上有很多微细小孔酷似分子筛，具有相对的通透性，直径 1 nm 大小的可溶性分子能自由通过，与细胞膜共同完成菌体内外的物质交换。同时脂多糖还是内毒素的主要成分。此外，革兰氏阳性菌和革兰氏阴性菌细胞壁结构不同，用革兰氏染色法可将细菌分成两大类，决定了细菌的革兰氏染色特性。细胞壁还与细菌的分裂、致病性、抗原性以及对噬菌体和抗菌药物的敏感性有关。

小学士

革兰氏阳性菌和阴性菌细胞壁的示意图及区别

（2）细胞膜

又称质膜，位于细胞壁内侧，是在细胞壁与细胞质之间的一层柔软、富有弹性并具有通透性的生物膜。细胞膜的主要化学成分是磷脂和蛋白质，亦有少数碳水化合物和其他物质。其结构类似于真核细胞膜，由磷脂和多种蛋白质组成的液态镶嵌结构，镶嵌在磷脂双分子中的蛋白质是具有特殊功能的酶和载体蛋白，但不含胆固醇。

细胞膜的功能比较复杂，细胞膜的半渗透性能允许可溶性物质通过；膜上的蛋白质具有酶的作用，与细菌主动吸收营养物质，能选择性地进行细菌的内外物质交换，维持细胞内正常渗透压有关；细胞膜上有呼吸酶等，是酶系统活动的场所，参与生物合成；细胞膜还能分泌胞外酶，使大分子物质水解后易于通过细胞壁，细胞膜在细菌的新陈代谢中起着重要的作用。细胞膜还与细胞壁、荚膜的合成有关，是鞭毛的着生部位。此外，细胞膜凹入细胞质内形成的一种囊状、管状或层状的间体，革兰氏阳性菌较为常见，间体功能与真核细胞的线粒体相似，与呼吸有关，有促进细胞分裂的作用。

（3）细胞质

细胞质是细菌细胞膜内包裹的、除核质以外的所有物质，为原生质，是一种无色、透明、均质的胶体；其组成主要为水、蛋白质、脂类、多糖、核糖、核酸及无机盐类等。细胞质中含有许多酶系统，可进行营养物质代谢及合成核酸和蛋白质等，是细菌进行新陈代谢的主要场所。细胞质内含有质粒、核糖体和异染颗粒等有形成分。

①核糖体。核糖体是一种由 2/3 核糖核酸和 1/3 蛋白质构成的小颗粒，是合成蛋白质的场所。细菌的核糖体沉降系数是 70 S，是由 50 S 大亚基和 30 S 小亚基构成，抗菌药物就是和这些亚基结合，而人的核糖体是由 60 S 和 40 S 的亚基组成，所以抗菌药物对人的细胞没有影响。

②质粒。质粒是在核质染色体以外的遗传物质，多为环状闭合的小型双股脱氧核糖核酸（Deoxyribo Nudeic Acid, DNA）分子，也发现有线状的。质粒含细菌生命非必需的基因，丢失以后不影响细菌的繁殖。质粒能够独立进行复制，控制细菌某些特定的遗传性状，如产生菌毛、毒素、耐药性和细菌素等遗传性状。质粒可随分裂传给子代菌体，也可由性菌毛在细菌间传递。质粒有外来 DNA 重组的功能，所以在基因工程中被广泛用作载体。

③胞质颗粒。细菌等原核生物细胞内往往含有一些储存营养物质或其他物质的颗粒，如脂肪滴、糖原、淀粉粒及异染颗粒等。异染颗粒是某些细菌细胞质中的一种酸性小颗粒，对碱性染料的亲和性特别强，常呈红紫色，而菌体其他部分呈蓝色。如白喉棒状杆菌的异染颗粒特别明显，位于菌体的两端，嗜碱、着色深，具有诊断价值。

（4）核质

细菌仅有核质，无核膜和核仁，不存在核的形态。分布于细胞质的中心或边缘区，呈球形、哑铃状、带状或网状等。核质是细菌的遗传物质，为单一密闭的环状 DNA 分子，含细菌生命活动必需的遗传基因，控制细菌几乎所有的遗传形状，与细菌的生长、繁殖、遗传变异等有密切关系。核质对于细菌不可或缺。

2. 特殊结构

特殊结构为部分细菌所特有的。主要包括有荚膜、鞭毛、菌毛、芽孢（图 1-4）。有些特殊结构在细菌细胞内，有些则在细菌细胞外形成。现将其一一叙述如下。

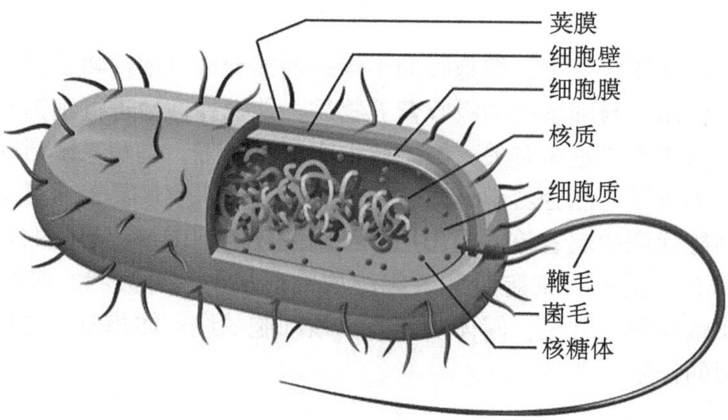

图 1-4　细菌特殊结构示意图

（1）荚膜

许多细菌（如巴氏杆菌、炭疽杆菌）在生活过程中可在细胞壁外面产生一层黏液性物质，包围整个菌体，称为荚膜。细菌荚膜用普通染色法不易着色，因此在光学显微镜下只能看到菌体周围有一层无色的透明圈，即为荚膜（图 1-5）。荚膜须用荚膜染色法才能使其着色。例如，肺炎链球菌的荚膜就是通过墨汁负染的方法使荚膜显现出来。荚膜的厚度在 200 nm 以上，如果在 200 nm 以下，需要用电子显微镜才能清晰观察的，称为微荚膜。

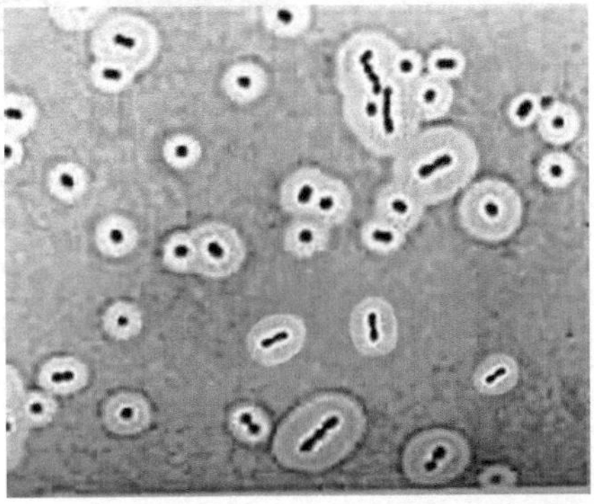

图 1-5　细菌荚膜

①荚膜的组成。荚膜主要由水分（约占 90% 以上）、多糖或多肽组成。大多数细菌的荚膜是多糖，也有少数细菌的荚膜为多肽。荚膜一般只在动物机体内和营养丰富的培养基上容易形成。普通培养基上则容易消失。荚膜与细菌的致病力有关，失去荚膜的细菌，则毒力即减弱或消失。

②荚膜的作用。荚膜中有大量水分，可保护细菌免受干燥的影响。荚膜位于细菌细胞的最外层，可保护菌体，能抵抗吞噬细胞的吞噬和抵抗噬菌体攻击；避免细菌细胞壁受各种杀菌物质（如补体、溶菌酶）和抗体的损伤。荚膜可以使细菌彼此黏附，也可以介导菌体黏附于宿主细胞表面或黏附在医学材料的表面，进而形成生物被膜，提高了菌体的免疫逃逸能力和耐药性，因此有荚膜的细菌致病性更强。因细菌的种类及型别不同，其成分不尽相同，荚膜的抗原性也各有差异，在鉴定细菌的种、型上有一定的价值。

（2）鞭毛

大多数弧菌、螺旋菌、许多杆菌及个别球菌的菌体从细胞质内伸出到细胞外的呈波状细长而弯曲的蛋白丝状物，称为鞭毛。菌体有一至数十根鞭毛，是细菌的运动器官。鞭毛比菌体长几倍，经特殊的鞭毛染色法，可在光学显微镜下观察到。

不同种类的细菌，鞭毛的数目和着生位置不同，就有了不同的名称，如单毛菌、双毛菌、偏端丛毛菌、两端丛毛菌、周毛菌等（图 1-6）。单毛菌是只有一根鞭毛，位于菌体一端，如霍乱弧菌；双毛菌为菌体两端各有一根鞭毛，如空肠弯曲菌；丛毛菌为菌体一端或两端有一丛鞭毛，如铜绿假单胞菌；周毛菌为菌体周身遍布许多鞭毛，如伤寒沙门菌。鞭毛的数目和位置，具有重要的特征，是鉴定细菌的依据之一。鞭毛由鞭毛蛋白组成，具有特殊的抗原性，为鞭毛抗原（H 抗原），对鉴定细菌的型有意义。同时，鞭毛与细菌的致病性也有关。例如，霍乱弧菌、空肠弯曲菌等通过活泼的鞭毛运动穿透小肠黏膜表面覆盖的黏液层，使菌体黏附于肠黏膜上皮细胞，产生毒性物质导致病变的发生。

鞭毛是细菌的运动器官，鞭毛有规律地收缩，引起细菌运动。运动方式与鞭毛的排列方式有关，单毛菌和丛毛菌一般呈直线迅速运动，周毛菌则无规律地缓慢运动或滚动。有鞭毛的细菌在液体、半固体培养基中能自由游动，细菌的运动有化学趋向性，常向营养物质处前进，逃离有害物质。检查细菌能否运动，是鉴别细菌的一个重要指标，可将细菌接种于半固体营养琼脂中培养后，有鞭毛的细菌在穿刺线周围浑浊扩散，而无鞭毛的细菌穿刺线周围仍透明，不浑浊。

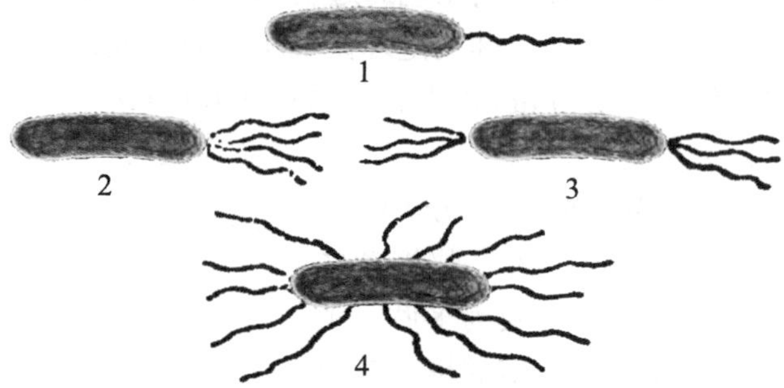

1—单毛菌；2—偏端丛毛菌；3—两端丛毛菌；4—周毛菌。

图 1–6 细菌的鞭毛

拓展知识

鞭毛是细菌的运动器官。检查细菌的运动性的方法除半固体穿刺法之外，还可以用压滴法和悬滴法。

（3）菌毛

大多数革兰氏阴性菌和少数革兰氏阳性菌在菌体上长有一种比鞭毛数量多、形状直、直径细的毛发状细丝，称为菌毛（图 1–7）。细菌的菌毛，只能在电子显微镜下才能被看见。菌毛的化学成分主要是一种空心的蛋白质管，与细菌的运动无关，但具有良好的抗原性，与细菌的毒力密切相关。

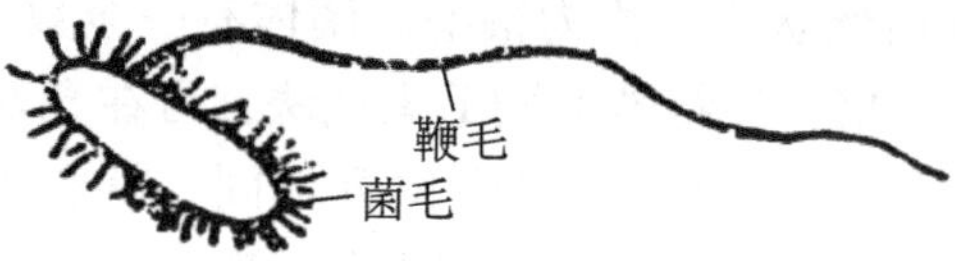

图 1–7 细菌的菌毛

菌毛可分为普通菌毛和性菌毛。普通菌毛数量较多，短而细，菌体周身都有，有 150～500 根，能使细菌吸附在动物消化道、呼吸道和泌尿生殖道的黏膜上皮细胞上，以及一些植物或真菌细胞上，以利于获取营养，这类菌毛普遍存在于肠道菌上。性菌毛比普通菌毛长而且粗，数目较少，一般有 1～4 根，为中空管状物，可发生基因转移或质粒传递，也就是通过性菌毛这种内为中空的结构将两个细菌连接起来，将细胞质中的质粒编码的基因转移过来，从而改变了细菌的某些特殊的遗传性状。如带性菌毛的菌株（F^+）通过性菌毛可将质粒携带的耐药基因、肠毒素基因等传递给无性菌毛的菌株（F^-），而使无性菌毛的菌株（F^-）产生耐药性，或产生肠毒素等。

（4）芽孢

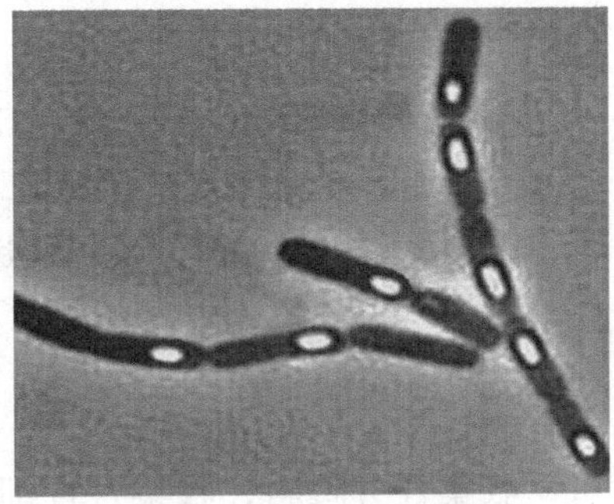

图 1-8　细菌的芽孢

芽孢是某些细菌在一定环境条件下，细胞质脱水、浓缩，在体内形成一个折光性强、通透性低的圆形或椭圆形小体（图 1-8），称为芽孢，它是细菌的休眠状态。未形成芽孢的菌体称为繁殖体。芽孢在细菌体内成熟后，菌体崩解形成游离芽孢。芽孢不是细菌的繁殖体，不能进行分裂繁殖，而是生长发育过程中保留了细菌生命遗传物质和一些必要成分的一种休眠状态构造，此阶段菌体代谢相对静止。在适宜条件下能萌发形成一个新的繁殖体。能产生芽孢的细菌有很多，如炭疽杆菌、破伤风梭菌、肉毒梭菌等。各种细菌芽孢的形状、大小及在菌体内的位置不同具有种的特征。如炭疽杆菌的芽孢位于菌体中央，呈卵圆形，比菌体小；破伤风梭菌的芽孢位于顶端，呈正圆形，比菌体大，形似鼓槌；肉毒梭菌的芽孢偏于菌端，呈网球拍状。细菌能否产生芽孢以及芽孢的形状、大小、位置等在细菌鉴定上具有重要意义（图 1-9）。

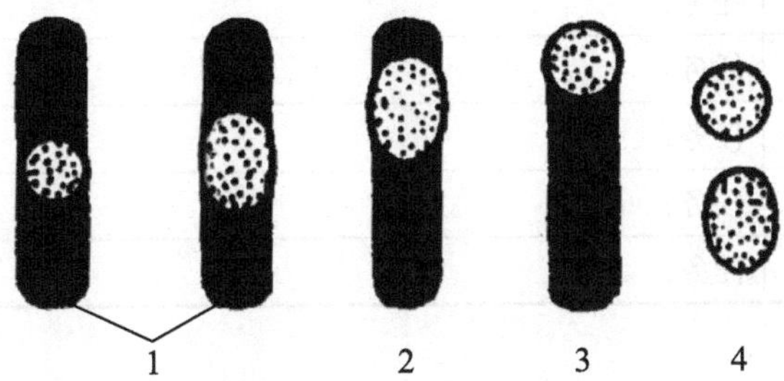

1—中央芽孢；2—偏端芽孢；3—顶端芽孢；4—游离芽孢。

图 1-9　细菌芽孢的类型

形成芽孢需要一定条件并随菌种而不同，如炭疽杆菌需要在有氧条件下才能形成，而破伤风梭菌只有在厌氧条件下才能生成。此外，芽孢的生成与温度、pH、碳源、氮源及某些离子（如钾、镁）的存在均有关系。芽孢构造坚实，有多层而且致密。因含水量少，代谢极低，蛋白质受热不易变性，且芽孢内特有某些物质使芽孢对外界不良理化环境的抵抗力比其繁殖体更坚强，特别能耐受高温、辐射、氧化、干燥和渗透压的作用，一般的化学药品也不易渗透进去。如炭疽杆菌芽孢在干燥条件下能存活数十年，破伤风梭菌芽孢经煮沸 1～3 h 仍然不死，而一般繁殖体经 100 ℃煮沸 30 min 即可杀灭。

普通的染色法因染料不易渗入芽孢内，不能使芽孢着色。未经着色的芽孢，因本身的折光性强在普通光学显微镜下，呈现无色的空洞状。应用特殊的芽孢染色法可强化染料渗入芽孢，芽孢一经染色就不易脱色。

小学士

芽孢的结构

小提示

细菌的特殊结构不是所有细菌都有的，是细菌种的特征，它具有遗传性，其位置、形状、数目、化学组成及抗原性等各有特点，这对我们在实践中识别、鉴定细菌的种类，合理使用消毒灭菌方法以及进一步理解传染和免疫的发生、发展都有重要的意义。

二、材料准备

收集任务资料，收集各种细菌形态、结构等示意图进行标注并对比。

三、工具准备

绘图铅笔、红蓝铅笔、纸张等。

四、人员准备

人员分组，每组 5 人。明确职责分工。

任务角色	任务内容
组长：	任务：
组员：	任务：
组员：	任务：
组员：	任务：
组员：	任务：

任务筹划

1. 内容筹划

①根据所掌握的相关知识，列出细菌的形态、大小及可能的排列方式。

②根据所掌握的相关知识，罗列出细菌的结构及作用等，完成下表。

细菌结构名称	是否必须存在	主要位置	主要成分	主要功能或作用	其他特性

③对下列图中关于细菌的形态、大小、排列、染色特性、结构等所能看到的状态进行描述，并自行查找各种细菌形态、结构等图片进行标注（彩图见本书正文后彩图 1）。

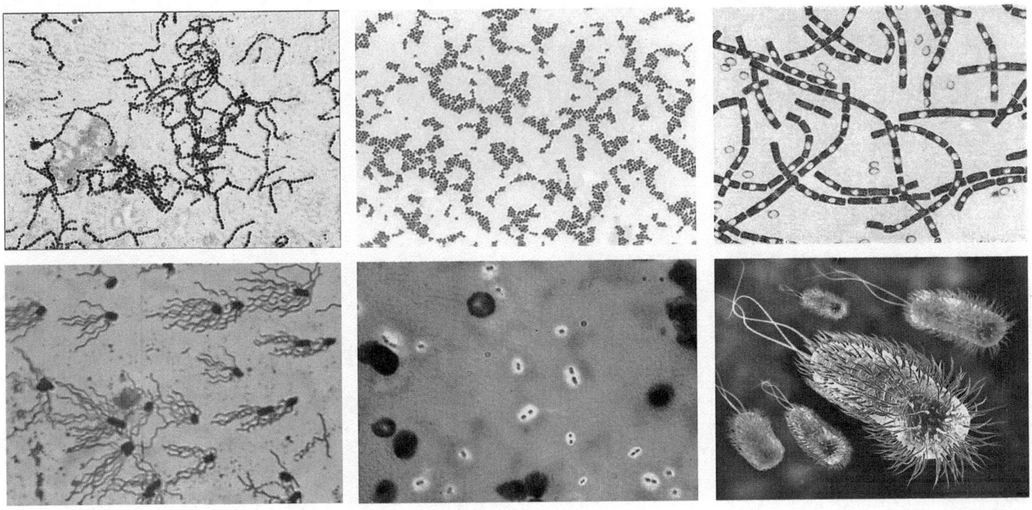

④绘制出较完善的细菌形态结构图。

2. 流程筹划

第一步：查找相关的资料，了解细菌的大小，并与 1 mm 作对比，进一步体验细菌的形态微小；知道细菌的形态和排列。

第二步：理解细菌的形态和排列，并讨论列举出三种形态下细菌可能的排列状态。

第三步：查找相关的资料，罗列总结出细菌的基本结构和特殊结构的种类及作用。

第四步：根据所查阅并掌握的知识绘制细菌形态、大小、排列的样式图。

第五步：对形态样式图进行大小、排列等的标注或描述。

第六步：给所绘制细菌图染色并标注革兰氏染色特性。

第七步：绘制样式图中某一细菌的局部放大结构图。

第八步：对局部放大结构图进行标注。

第九步：完善绘图，任务总结。

任务实施

步骤一：

步骤二：

步骤三：

步骤四：

步骤五：

步骤六：

步骤七：

步骤八：

步骤九：

任务检测

请扫码答题。

掌握细菌的形态结构（上）

掌握细菌的形态结构（下）

任务评价

班级：________ 组别：________ 姓名：________

项目	评分标准	自我评价	小组评价	教师评价
细菌形态、大小、排列的绘制（30分）	对细菌的大小认识正确，形态掌握正确（10分）			
	能理解细菌的排列，并正确描绘不同形态下的排列状态（10分）			
	正确标注细菌的形态、排列、大小（10分）			

（续表）

项目	评分标准	自我评价	小组评价	教师评价
细菌结构绘制（30分）	掌握细菌的基本结构和特殊结构及其作用（10分）			
	正确描绘细菌的结构位置，细菌绘制颜色符合革兰氏阳性或阴性菌标注（10分）			
	标注细菌的结构位置等正确（10分）			
活动完成过程（30分）	能够根据工作任务资料，分析讨论并总结（5分）			
	认真思考，积极动手、动脑（5分）			
	积极参与小组合作与交流，配合默契，互帮互助（5分）			
	通过小组讨论与学习，完成任务工单（5分）			
	能很好地展示活动成果（10分）			
活动效果（10分）	整体的效果（很好为10分，较好为7～9分，一般为3～6分，较差为0～2分）			
合计				
自我评价与总结				
教师点评				

任务二　用光学显微镜油镜观察细菌

任务导入

大家知道细菌很小，用肉眼看不到，想要看到细菌的形态和染色状态，我们需要用到光学显微镜。请同学们查阅资料，明确用普通光学显微镜观察细菌的具体方法。再通过观察光学显微镜，清楚光学显微镜的构造及名称，掌握光学显微镜油镜的识别方法。并根据光学显微镜油镜的使用步骤，看到所给标本片中的细菌形态和染色状态，根据所看到的视野进行绘图，标注形态、染色特性及放大倍数等。

任务工单

班级：__________ 组别：__________ 姓名：__________

<table>
<tr><td>任务名称</td><td colspan="4">用光学显微镜油镜观察细菌</td></tr>
<tr><td>任务描述</td><td colspan="4">任务内容：观察细菌的方法，光学显微镜的构造，光学显微镜油镜的识别，光学显微镜的使用和调节，光学显微镜保养。
任务目的：明确用光学显微镜观察细菌的具体方法有哪些，清楚光学显微镜的构造及名称，能识别光学显微镜油镜，会用光学显微镜观察标本，并会进行显微镜保养。
任务流程：查阅资料（知道光学显微镜观察细菌的方法）—查阅资料小组讨论（知道光学显微镜构造及名称）—小组讨论、实体观察（认识光学显微镜的构造）—查阅资料（清楚光学显微镜油镜的识别方法）—实体操作识别油镜—调节光学显微镜，使用油镜观察细菌—视野绘图—保养光学显微镜。
任务方法：查阅资料，小组讨论，实体操作，绘图。</td></tr>
<tr><td>获取信息</td><td colspan="4">要完成任务，需要掌握相关的知识。请收集资料，回答以下问题。
1. 用光学显微镜观察细菌的方法有哪些？染色标本和不染色标本在视野中会有什么不一样？为什么不用电子显微镜观察细菌？

2. 对于不染色标本的观察，压滴法和悬滴法有什么不同？

3. 详细说出所给光学显微镜的结构。

4. 用光学显微镜观察细菌为什么要用到油镜？能否用其他物镜观察细菌？

5. 油镜是目镜还是物镜？怎么识别？

6. 如何用油镜调节出标本片中的视野，并确定调出的视野是对的？</td></tr>
<tr><td>制订计划</td><td colspan="4"></td></tr>
<tr><td rowspan="6">任务实施</td><td colspan="4">按照预先制订的工作计划，完成本任务，并记录任务实施过程。</td></tr>
<tr><td>序号</td><td>完成的任务</td><td>遇到的问题</td><td>解决办法</td></tr>
<tr><td></td><td></td><td></td><td></td></tr>
<tr><td></td><td></td><td></td><td></td></tr>
<tr><td></td><td></td><td></td><td></td></tr>
<tr><td></td><td></td><td></td><td></td></tr>
</table>

任务准备

一、知识准备

（一）普通光学显微镜观察法

普通光学显微镜以可见光或电源为光源，细菌经100倍的物镜和10～16倍的目镜联合放大1 000～1 600倍后，就可以被人的肉眼所看见。

1. 不染色标本检查法

不染色标本检查法是检查细菌运动性等生理活动的方法，因此是细菌活标本检查的方法，常用的有压滴法、悬滴法等。

（1）压滴法

用接种环依次取生理盐水和细菌培养物，或直接取液体培养物，置于洁净的载玻片中央，使其成为均匀的菌悬液，覆以盖玻片。检查时先用低倍镜找到适宜的位置，再用高倍镜或油镜观察。观察时必须缩小光圈，适当下降聚光器，这样可以出现一个光线较弱的视野，便于观察细菌的运动情况。

（2）悬滴法

将细菌液滴于洁净的盖玻片上，另取一张凹玻片，在凹孔周边涂一薄层凡士林或水，然后将其四面向下，对准盖玻片中央并盖于其上，然后迅速翻转，用小镊子轻轻按压。观察时先用低倍镜找到悬滴边缘，再换高倍镜观察，可观察到细菌的运动状态。

小学士

压滴法下的细菌形态及运动

2. 染色标本检查法

细菌细胞无色半透明，须经过染色才能在光学显微镜下清楚地被看到。常用的细菌染色法包括单染色法和复染色法。单染色法，是只用一种染料使菌体着色的方法，如美蓝染色法。复染色法，是用两种或两种以上的染料染色的方法，可使不同菌体呈现不同颜色，故又称为鉴别染色法，如革兰氏染色法、抗酸染色法等，其中最常用的复染色法是革兰氏染色法。此外，还有细菌特殊结构的染色法，如荚膜染色法、鞭毛染色法、芽孢染色法等。

思维导读

细菌染色标本和不染色标本在光学显微镜下会有不一样的状态。细菌染色后在显微镜下能观察到细菌的形态、大小、排列、染色特性及细菌的特殊结构。在不染色的状态下，细菌菌体无色半透明，只能看到细菌的轮廓（和染色菌大小一样）及其运动性。另外，要知道如要研究细菌的微细结构，需借助于电子显微镜观察。所以要学会逻辑推断，理性思考，才能找到不同染色状态下的细菌，才能真正理解细菌和显微镜的关系。

小提示

细菌的部分特殊结构观察要用特殊染色法，有些特殊结构能在光学显微镜下被观察到，如荚膜、芽孢、鞭毛等，有些需要借助电子显微镜才能观察到，如菌毛。

（二）光学显微镜的构造

1. 光学部分

①接目镜。一台普通的光学显微镜有 2～3 个目镜，上面标有放大倍数，如 10×、15×、20× 等。为了指示物像，镜中可自装黑色细丝一条，作为指针。

②接物镜。物镜有 3～4 个，位于镜筒下端，分别装置在物镜转换器上，为光学显微镜最主要的光学装置。分别为低倍镜（10×）、高倍镜（40×）和油镜（100×）。各接物镜的放大率也可由外形辨认，接物镜放大倍数越大，镜头长度越长，反之，镜头长度越短。在计算放大倍数时，只需将目镜和物镜上的放大倍数相乘即可，如目镜为 10×，物镜为 40×，则标本放大倍数为（10×40）倍，即放大 400 倍。

③集光器。位于载物台下方可上下移动，起到调节和集中光线的作用。

2. 机械部分

①镜筒。为一金属圆筒，位于光学显微镜前方，光线可从中通过。

②镜臂。在镜筒后面，为光学显微镜的握持部。

③镜座。用以支持全镜，是光学显微镜的底部。

④回转盘。位于镜筒下端，上有 3～4 个圆孔，接物镜装在其上。转动回转盘用以调换各接物镜。

⑤调节螺旋。分粗细两种，在镜筒后方两侧。粗螺旋用于镜筒较大距离的升降。细螺旋位于粗螺旋的外侧，用以调节镜筒做极小距离的升降。

⑥载物台。位于镜筒下方，呈方形，用以放置被检物体。中央有孔，可以透光。载物台上装有弹簧夹可固定被检标本。弹簧夹连接推进器；捻动其上螺旋，能使标本前后左右移动。

⑦光圈。在集光器下方，可以行各种程度的开闭，借以调节射入集光器的光量多少。

⑧次台。位于载物台下方，可上下移动，其上安装有集光器的光圈。

小学士

光学显微镜的构造

拓展知识

电子显微镜：简称电镜，以电子流为光源，包括透射电镜和扫描电镜。细菌的超薄切片经负染等处理后，在透射电镜下可观察到细菌内部的超微结构。而经金属喷涂的细菌标本，在扫描电镜下可清楚地看到细菌表面的立体构象。

（三）光学显微镜的油镜

在观察细菌形态时，用得最多的物镜是油镜，因此在此重点介绍油镜的使用与保养。

1. 油镜的原理

油镜的透镜很小，从载玻片透过的光线通过空气时，因介质折光率不同，光线将发生散射现象，使射入镜筒的光线很少，物像不清。若在油镜与玻璃片之间加入与玻璃折射率相近的香柏油，可使通过的光线不因折射而减弱，从而提高视野的亮度，可清楚地看到物像。

2. 油镜的识别

油镜是一种高倍放大的物镜，使用时需在物镜和载玻片之间滴加香柏油，因此称为油镜。可根据以下几点识别。

①一般来讲，物镜的放大倍数越大，长度就越长，作为光学显微镜，油镜的放大倍数最大，故油镜的镜身最长，镜片最小。

②油镜的放大倍数为 90× 或 100×，使用时应查看油镜上标明的倍数。

③不同光学仪器厂生产的各类光学显微镜，往往在物镜上有一白环、黑环或红环作为油镜的标记，或直接在油镜头上标有“油”字或“Oil”“HI”字样。

（四）光学显微镜的使用操作

1. 光学显微镜的使用

（1）光学显微镜的放置

将光学显微镜置于平整的实验台上，镜座距实验台边缘约 10 cm。镜检时姿势要端正。

（2）光源调节

打开电源开关，升高聚光器，放大光圈，调节安装在镜座内的光源灯的照明亮度，使其均匀、适宜。

（3）目镜调节

根据使用者的个人情况，双筒光学显微镜的目镜间距可以适当调节。一般左目镜上还配有屈光度调节环，可适应两眼视力有差异的不同观察者。

（4）集光器数值孔径调节

正确使用聚光镜才能提高镜检的效果。聚光镜的主要参数是数值孔径，它有一定的可变范围，一般聚光镜边框上的数字是代表它的最大数值孔径。为适应不同物镜的需要，可调节聚光镜下面可变光阑的开放程度，以得到各种不同的数值孔径。

（5）装片

在细菌染色标本片的待检部位滴一滴香柏油后，将标本片安放于载物台上，用夹片器固定，将待检部位移至正中，用油镜观察。

（6）镜检

在目镜倍数保持不变的情况下，使用不同放大倍数的物镜会得到不同的分辨率及放大率。作为初学者在使用光学显微镜观察标本时应遵守从低倍镜到高倍镜再到油镜的观察程序，因为在低倍镜下，所观察的物像的视野相对大，易发现目标及确定检查的位置。

①低倍镜观察。将染色标本玻片置于载物台上并用标本夹夹住，移动推进器使所要观察的对象处在物镜的正下方。转用10倍的物镜进行观察，先用粗调节器慢慢升起镜筒，使标本在视野中初步聚焦，当在目镜中看到模糊物像时，再使用细调节器调节使物像清晰。通过移动推进器慢慢移动玻片，并找到合适的视野，仔细观察。

②高倍镜观察。将低倍镜下找到的观察目标移至视野中心后，再转用高倍的物镜并调节微调节器使物像清晰。通过移动推进器慢慢移动玻片，并找到合适的视野，仔细观察。在转用高倍的物镜进行观察时，可对聚光器光圈及视野亮度进行适当调节。

③油镜观察。将高倍镜下找到的观察目标移至视野中心后，用粗调节器将镜筒升高，在待观察的视野区域加滴香柏油。然后转用油镜进行观察，先用粗螺旋将载物台上升或使油镜头下降，眼睛从镜筒侧面注视油镜头，小心转动粗螺旋，使载物台上升，直至油镜头浸没油中，与玻片相接触。在用粗调节器下降镜筒时用力不可过大，否则不仅会因为油镜镜头压到标本而压碎玻片，还会损坏镜头。然后，一面从目镜观察，一面徐徐转动粗螺旋使载物台缓慢下降，待得到模糊物像时，再换用微螺旋缓慢调节，直至物像完全清晰为止。

2. 光学显微镜用后的处理（光学显微镜的保养）

油镜用毕，首先，用粗螺旋将载物台下移或使油镜头上升，将标本片取下，在擦镜纸上滴1～2滴二甲苯或无水乙醇[①]后，用其将玻片上的香柏油吸净，并立即用新的干擦镜纸拭去上面残留的二甲苯；用同样的方法将油镜头擦拭干净。其次，将光学显微镜的各部分还原，即物镜转成“八”字形，再向下旋，同时降下聚光镜以免接物镜与聚光镜发生碰撞。最后，用绸布清洁光学显微镜的金属部件并套上镜套，放回原处。

使用光学显微镜时应注意如下。

①光学显微镜应放在阴凉干燥的地方，以免在潮湿处生有霉菌而腐蚀镜片。

②当油镜头与标本片几乎接触时，不可再用粗螺旋向上移动载物台或下降油镜头，而应改用微螺旋进行调节，以防损坏玻片甚至压碎镜头。

③油镜使用完毕后，应立即用擦镜纸滴加少许二甲苯将镜头的油擦掉，再用干的擦镜纸吸干，否则二甲苯会溶解固定镜片的胶质，日久镜片将自行脱落。

④香柏油的用量以1～2滴、能淹到油镜头的中间部分为宜，用量太多则浸染镜头，太少则视野变暗不便观察。

小学士

光学显微镜使用

二、材料准备

光学显微镜、细菌标本片、香柏油、二甲苯、擦镜纸等。

① 乙醇俗称酒精，一种有机化合物。为在常温下易燃、易挥发的无色透明液体，呈低毒性，可用作燃料、溶剂、消毒剂。

三、工具准备

绘图用铅笔、红蓝铅笔、纸张等。

四、人员准备

人员分组，每组 5 人。明确职责分工。

任务角色	任务内容
组长：	任务：
组员：	任务：
组员：	任务：
组员：	任务：
组员：	任务：

任务筹划

1. 内容筹划

①标出以下光学显微镜的结构名称。

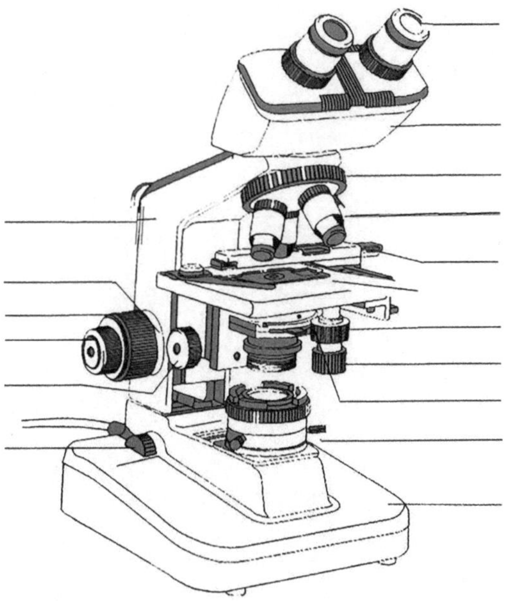

②简单说明油镜识别的方法，并找出所给的光学显微镜的油镜。

③简单介绍光学显微镜的镜检操作步骤，找出所给标本片中的细菌。

④绘制出较完善的光学显微镜下的视野图（标明细菌形态、染色、放大倍数等）。

2. 流程筹划

第一步：知道光学显微镜观察细菌的方法，认识光学显微镜。

第二步：找到光学显微镜油镜。

第三步：调节光学显微镜。

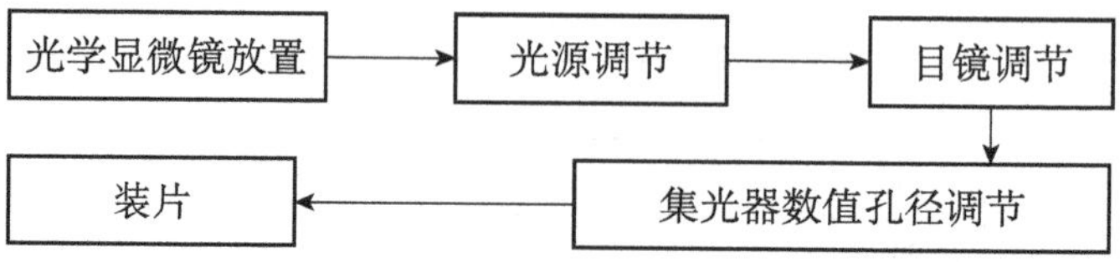

第四步：镜检。

第五步：绘图。根据所调节出的视野，绘制出所看到的细菌状态。

第六步：光学显微镜用后的处理（光学显微镜保养）。

任务实施

步骤一：

步骤二：

步骤三：

步骤四：

步骤五：

任务检测

请扫码答题。

用光学显微镜油镜观察细菌

任务评价

班级：________ 组别：________ 姓名：________

<table>
<tr><th>项目</th><th>评分标准</th><th>自我评价</th><th>小组评价</th><th>教师评价</th></tr>
<tr><td rowspan="3">对细菌观察法的认识（15分）</td><td>知道细菌观察时分染色标本检查法和不染色标本检查法，清楚两者不同的视野现象（5分）</td><td></td><td></td><td></td></tr>
<tr><td>知道不染色标本的检查方法（5分）</td><td></td><td></td><td></td></tr>
<tr><td>知道染色标本检查方法及主要的染色方法（5分）</td><td></td><td></td><td></td></tr>
<tr><td rowspan="3">光学显微镜的认识（25分）</td><td>清楚掌握光学显微镜各个构造名称及用途（10分）</td><td></td><td></td><td></td></tr>
<tr><td>知道观察细菌所用的物镜有哪些（5分）</td><td></td><td></td><td></td></tr>
<tr><td>会识别光学显微镜油镜（10分）</td><td></td><td></td><td></td></tr>
<tr><td rowspan="9">光学显微镜油镜的使用（50分）</td><td>能正确放置光学显微镜（3分）</td><td></td><td></td><td></td></tr>
<tr><td>能正确进行光源的调节（2分）</td><td></td><td></td><td></td></tr>
<tr><td>能进行目镜的调节（2分）</td><td></td><td></td><td></td></tr>
<tr><td>正确进行集光器数值孔径的调节（3分）</td><td></td><td></td><td></td></tr>
<tr><td>装片方法准确（5分）</td><td></td><td></td><td></td></tr>
<tr><td>会选择物镜并正确使用，油镜识别和操作使用正确（10分）</td><td></td><td></td><td></td></tr>
<tr><td>能正确调节出光学显微镜油镜下细菌的视野（10分）</td><td></td><td></td><td></td></tr>
<tr><td>能正确进行光学显微镜保养（5分）</td><td></td><td></td><td></td></tr>
<tr><td>能很好地展示视野图（10分）</td><td></td><td></td><td></td></tr>
<tr><td>活动效果（10分）</td><td>整体的效果（很好为10分，较好为7～9分，一般为3～6分，较差为0～2分）</td><td></td><td></td><td></td></tr>
<tr><td colspan="2">合计</td><td></td><td></td><td></td></tr>
<tr><td>自我评价与总结</td><td colspan="4"></td></tr>
<tr><td>教师点评</td><td colspan="4"></td></tr>
</table>

任务三 微生物实验室常用仪器设备的使用与保养

任务导入

同学们，我们在微生物试验的过程当中会用到很多的仪器设备，比如观察细菌我们要用到显微镜，培养细菌要用到恒温培养箱等，那大家是否知道还有哪些仪器设备在我们后期试验中要用到呢？请同学们查阅资料并观察实验室，罗列出实验室常用的仪器设备的名称、构造，明确常用仪器设备的使用操作方法、使用注意事项及保养方法。再通过亲身体验，熟悉常用仪器设备的操作方法。

任务工单

班级:________ 组别:________ 姓名:________

任务名称	微生物实验室常用仪器设备的使用与保养
任务描述	任务内容：高压蒸汽灭菌器、电热恒温培养箱、电热干燥箱、电动离心机、超净工作台、分析天平、水浴箱、冰箱等。 任务目的：会使用微生物实验室常用仪器设备（高压蒸汽灭菌器、电热恒温培养箱、电热干燥箱、电动离心机、超净工作台、分析天平、水浴箱、冰箱等），并会进行保养。 任务流程：观察实验室（罗列常用仪器设备）—查阅资料、小组讨论（熟悉各个仪器设备使用操作方法、注意事项）—老师指导下操作使用各个仪器—对使用仪器设备进行保养。 任务方法：观察法、小组讨论、查阅资料、实践操作。
获取信息	要完成任务，需要掌握相关的知识。请收集资料，回答以下问题。 1. 微生物实验室常用的仪器设备有哪些？ 2. 请举例至少四种仪器设备，说明其构造、使用方法及注意事项。 3. 微生物实验室中的仪器设备能否随意操作？为什么？请举例说明。 4. 仪器设备使用后为什么要保养？ 5. 请举例四种仪器设备，说明如何进行保养。

（续表）

<table>
<tr><td>制订计划</td><td colspan="4"></td></tr>
<tr><td rowspan="6">任务实施</td><td colspan="4">按照预先制订的工作计划，完成本任务，并记录任务实施过程。</td></tr>
<tr><td>序号</td><td>完成的任务</td><td>遇到的问题</td><td>解决办法</td></tr>
<tr><td></td><td></td><td></td><td></td></tr>
<tr><td></td><td></td><td></td><td></td></tr>
<tr><td></td><td></td><td></td><td></td></tr>
<tr><td></td><td></td><td></td><td></td></tr>
</table>

任务准备

一、知识准备

思维导读

实验室常用的仪器使用一定要按其过程和要求进行，使用时必须要认真细致，要求的每一个细节都要做到，否则要么操作结果不理想，要么会导致仪器的损坏。如超净工作台使用前，就要进行无菌操作，使用紫外灯照明、乙醇喷手等，若不按要求，则达不到无菌操作，会影响试验结果。再如，使用离心机，必须要平稳放置，配平对称加样（对称的点而不是面），因离心机的不平衡不对称而损坏离心机的案例很多。

（一）高压蒸汽灭菌器

1. 构造

高压蒸汽灭菌器有手提式、直立式和横卧式多种，各种灭菌器的构造和灭菌原理基本相同。高压蒸汽灭菌器是由双层金属圆筒和金属厚盖组成，双层金属圆筒分内筒和外筒，内筒放置需要灭菌的物品，外筒坚厚，水加于两筒之间。两筒上方有金属厚盖，盖上装有螺旋、压力表、放气阀、安全阀等，螺旋用于紧闭盖门，使蒸汽不能外溢；压力表用来显示内部的温度与压力；放气阀用来调节器内蒸汽压力与温度；安全阀用于保障安全。一般以 0.105 MPa 处理 20～30 min，可达到对物品进行灭菌的目的。凡耐高温和潮湿的物品，如常用培养基、试管、生理盐水、废弃的培养物，以及耐高热物品，如药品、纱布、敷料、手术器械、隔离衣等都可用高压蒸汽灭菌法灭菌。高压蒸汽灭菌法是目前应用最广，效果最好的灭菌方法。

2. 操作步骤

①加水。在锅体内加入清水，水位一定要超过电热管 2 cm。连续使用时，必须

补足水量，以免干热使电热管烧坏。

②摆放物品。将需灭菌的物品妥善包扎后，依次堆放在灭菌桶筛板上。各包之间要留有间隙，这样有利于蒸汽的穿透，以提高灭菌效果。

③合盖。将放好物品的灭菌桶放在锅体内，将锅盖上的定位标尖对准锅体下手柄中心，用手把盖轻轻按下，按顺时针方向转动，将上下手柄完全合拢，让安全锁处于“开”的位置。当锅内升压时，安全锁会自动锁定上、下手柄。

④加热。将灭菌器接上电源，按下电源开关，指示灯亮，电热管开始加热工作，锅内冷空气从透气孔排出。当锅内压力上升至 0.03 MPa 左右时，安全锁自动关闭透气孔，并锁定上、下手柄，以确保安全。此时压力表指针随加热逐渐上升，指示锅内的压力、温度。

⑤灭菌。当压力达到要求时，开始计算灭菌时间，并使之维持恒压。

⑥干燥。待压力表指针回复零位后，打开放气阀，取出物品，待其自然干燥，或者开启锅盖后，继续加热 5 min，使物品上残留水分得到蒸发。

⑦冷却。在对液体灭菌时，当灭菌时间终了时，切勿立即将灭菌器内的蒸汽排出，否则会使液体剧烈沸腾，造成溢出或容器爆裂。必须先将电源开关拨至“关”，停止加热。待其冷却，压力指针恢复至零位后，打开放汽阀，排去余汽，然后按逆时针方向推动上手柄，让盖上定位标尖对准下手柄中心，即可开启锅盖。

现在已有由微电脑控制器自动智能控制的高压蒸汽灭菌器，只需放去冷气后，仪器即可自动恒压定时，时间一到则自动切断电源并鸣笛，使用起来很方便。

3. 使用注意事项

①待灭菌的物品放置不宜过紧。

②必须将冷空气充分排出，否则锅内温度达不到规定温度，影响灭菌效果。

③灭菌完毕后，不可放气减压，否则瓶内液体会剧烈沸腾，冲掉瓶塞而外溢甚至导致容器爆裂。须待灭菌器内压力降至与大气压相等后才可开盖。

④装培养基的试管或瓶子的棉塞上，应包油纸或牛皮纸，以防冷凝水入内。灭菌液体时，液体容量以不超过容器体积的 3/4 为宜，瓶塞不宜塞紧。

⑤压力表使用日久后，压力指示不正确或不能恢复至零位时，应及时进行检修。

⑥应定期检查安全阀的可靠性，工作压力超过 0.170 MPa 时需更换安全阀，否则锅内超压而安全阀未泄压，会造成容器爆裂事故。

（二）电热恒温培养箱

电热恒温培养箱亦称恒温箱，是用于微生物培养的主要仪器。

1. 构造

恒温箱为方形或长方形箱体，分内外两层。以铁皮喷漆制成外层，壁上装有温度调节器可以调节温度。以铝板作为内层，夹层充以石棉或玻璃棉等绝缘材料以防温度扩散。内层底下安装电阻丝用以加热。箱门有双重，外为金属板门，内为玻璃门，安装玻璃门是为了便于窥看箱内标本。箱内设有金属架数层。目前实验室使用的恒温箱因种类不同，构造及使用方法各异，有的是以热空气加温，也有以水浴加温的（图 1-10）。

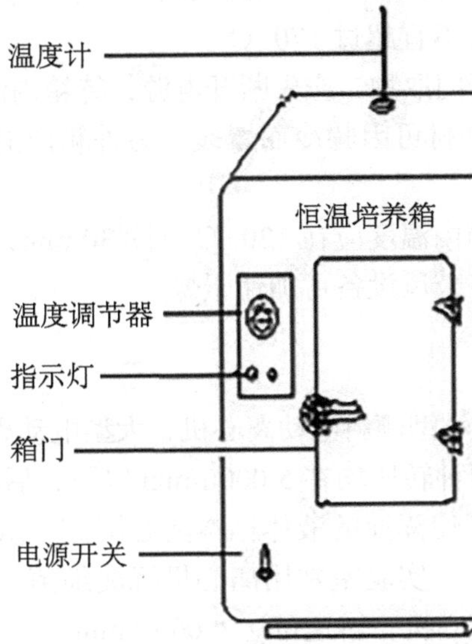

图 1-10　电热恒温培养箱

2. 使用注意事项

①恒温箱必须放置于干燥、平稳处，电源线上不可覆盖其他物品或放置在潮湿的地方，以防橡胶老化而漏电。

②使用时，随时注意温度计的指示温度是否与所需温度相同。

③除了取放培养物开启箱门外，尽量减少开启次数，以免影响恒温。

④工作室内隔板放置试验材料不宜过挤，以防影响热空气对流。底板为散热板，不宜放置试验物品。

⑤经常保持恒温箱内外的清洁。

⑥禁止放入易挥发物品，以免发生爆炸事故。

（三）电热干燥箱

1. 构造

电热干燥箱又称干热灭菌箱，也称烤箱。其构造与恒温箱基本相同，不同之处在于烤箱底层下的电热量大，关闭箱门通电后，箱内空气的温度可升至 200 ℃以上。烤箱主要用于玻璃器皿的烘干或干热灭菌。要消毒的器皿应当清洁、干燥，并包装好放入箱内，注意物品间要留空隙，保持热空气流动，以利彻底灭菌。当温度升至 60～80 ℃时，开动鼓风机，使灭菌器内的温度均匀一致，到所需温度时（通常为 160 ℃），维持 1～2 h，然后关闭电源。若仅需达到干燥的目的，温度只需 60 ℃左右即可。

2. 使用注意事项

①需要灭菌的玻璃器皿，必须洗净后再行灭菌。待灭菌的玻璃器材必须充分干燥，否则耗电过多，灭菌时间长，且玻璃器材有破裂的危险。

②箱内需灭菌的器皿不宜放得过挤，且不得与内层底板直接接触。

③箱内温度在 160 ℃，维持 2 h 即可达到灭菌目的。为了保证器皿外包裹的纸张、棉塞不被烤焦，箱内温度不宜超过 170 ℃。

④灭菌完毕后不得立即开门取物，应先断开电源，待箱内温度自动下降至 50 ℃以下再开门取物，否则玻璃器材可因骤冷而爆裂。另外箱内的热空气溢出，易导致操作者皮肤灼伤。

⑤玻璃器皿要烘干时，箱内温度应在 120 ℃持续 30 min，同时要打开箱顶部气孔，利于水蒸气散出。若装有鼓风设备可加速干燥。

（四）电动离心机

电动离心机种类很多，有小型倾斜电动离心机、大型电动离心机、低温电动离心机、高速电动离心机等。前两种转速均在 5 000 r/min 以下，后两种可达 10 000 r/min 以上。离心的主要目的是为了使浑浊的液体标本离心沉淀，从而分离出实验所需要的成分，如血液中血清的分离。实验室常用离心机沉淀细菌、血细胞、虫卵和分离血清等，使用较多的是低速离心机，转速可达 4 000 r/min。

其使用方法及注意事项如下。

①将离心机置于平稳坚固的台面上，将盛有材料的两个离心管及套管放天平上平衡，然后对称放入离心机中，若分离材料为一管，则对侧离心管放入等量的其他液体。

②将盖盖好，接通电源，慢慢旋转速度调节器到所需刻度，转速稳定后开始计时，达到所需的时间后（一般转速 2 000 r/min，维持 5～10 min），将调节器缓慢退回原位，停止转动后方可揭盖取出离心管。

③离心时如有杂音或离心机震动，立即停止使用，进行检查。

（五）超净工作台

超净工作台原理是在特定的空间内，可以排除工作区原来的空气，将尘埃颗粒和生物颗粒带走，以形成无菌高洁净的工作环境。根据气流流向可分为垂直流超净工作台和水平流超净工作台；根据操作人员数可分为单人工作台和双人工作台。广泛适用于医药卫生、生物制药、无菌室实验、无菌微生物检验等需要局部洁净无菌工作环境的生产实践。

1. 操作步骤

①打开紫外灯杀菌 0.5 h。

②关闭紫外灯，打开照明灯和鼓风机。

③用 75% 乙醇擦拭双手。点燃酒精灯，开始实验操作。

④实验完毕后关闭照明灯和鼓风电源，清理超净台，将废物缸中的垃圾弃去。

2. 注意事项

①超净台的透明罩为有机玻璃，不得用乙醇或其他有机溶剂进行擦拭。

②使用超净台时要先关紫外灯。如使用普通紫外灯，会产生大量臭氧，使用时

应注意。

③超净台内切勿放置与实验无关的物品。

（六）分析天平

分析天平的种类较多，如机械式、电子式、手动式、半自动式、全自动式等。分析天平是定量分析工作中不可缺少的重要仪器，一般是指能精确称量到 0.000 1 g（0.1 mg）的天平。称量前应检查天平是否正常，是否处于水平位置，玻璃框内外是否清洁等。

1. 操作步骤

①接通电源，预热 30 min。

②按下“ON”键，天平开始自检，出现“88888888”字样，之后显示“0.0000”，即可开始称量。

③将空容器或称量纸放在天平盘上，按“RE-ZERO”键，容器的重量（皮重）即被扣除，待显示“0.0000”后，将待称重样品放于容器内或称量纸上，等候平衡，读取结果。

④称量完毕，关机断电，将称量盘清理干净。

2. 注意事项

①天平应放置在稳定的地方，不受震动的影响，尽量减少搬挪。

②天平避免受太阳的直射及气流的干扰。

③确保室内没有过大的气温变化，尤其是称量时，不要让称量室空气对流。

④使用前旋转调平螺丝，使水平仪中的水泡处于圆环正中央。天平一经搬移，必须重新调整其水平位置。

（七）水浴箱

水浴箱为血清学试验常用仪器。为金属制成的长方形箱体，箱内盛以温水，箱底装有电热丝并配有自动调节温度装置。为使箱内水分加热后水蒸气上升所凝结之水沿斜面流下，水浴箱盖皆呈斜面。箱内水至少应两周更换一次，并注意洗刷清洁箱内沉积物。

水浴箱的操作步骤如下。

①先将水浴箱固定在平台上，然后注入清水，注意平台需要固定住，避免摇晃。

②接入电源，然后通过旋转按钮调节温度，水浴箱就会开始加热，直到达到设定温度值，开始进入恒温状态。

③恒温状态下，将需要恒温的物品放入水浴箱中即可。

（八）冰箱

冰箱是实验室常用仪器之一，可分为普通冰箱与低温冰箱两种。前者温度为 4～8 ℃，后者温度可保持低温至 -20 ℃以下。主要利用冰箱内一定的低温保存培养基、血清、血液、生物制品、菌种、送检标本和某些试剂、药品等，也是开展病毒等检验工作必须具备的仪器。

二、材料准备

高压蒸汽灭菌器、电热恒温培养箱、电热干燥箱、电动离心机、超净工作台、分析天平、水浴箱、冰箱等。

三、人员准备

人员分组，每组 5 人。明确职责分工。

任务角色	任务内容
组长：	任务：
组员：	任务：
组员：	任务：
组员：	任务：
组员：	任务：

任务筹划

1. 内容筹划

①根据所掌握内容，标出以下仪器设备的名称。

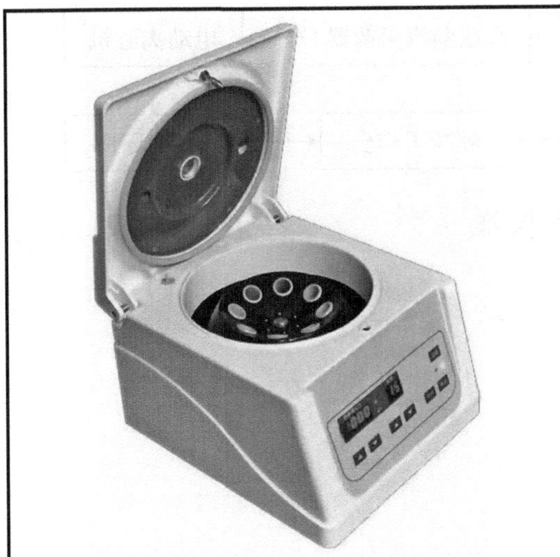

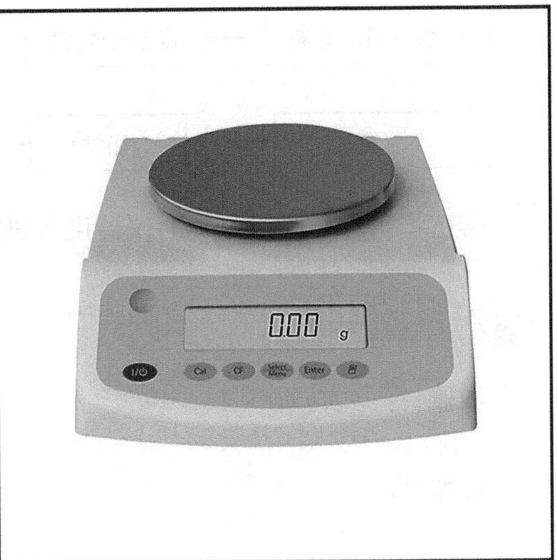

②请根据以下表格中描述的重点内容，判定是哪种仪器。

内容描述	判定结果
方形或长方形箱体，温度能达 200 ℃	
有内筒和外筒，内筒放物品，外筒坚厚。使用时加水于两筒之间。盖上有压力表、放气阀、安全阀等，一般以 121 ℃（0.105 MPa）处理 20～30 min	
使用要对称放入物品，保持平衡。不同转速，有的 5 000 r/min 以下，有的可达 10 000 r/min 以上	
内设有紫外灯、鼓风机、照明灯等，有台面可以操作，外挡玻璃门	
方形或长方形箱体，最高温度 60 ℃。内外门，内为玻璃门，便于窥看箱内标本	
称量物品，使用前需要调平，归零	

③根据以下表格中描述的用途，写出可能用到的仪器。

用途描述	可以选择的仪器设备	用途描述	可以选择的仪器设备
灭菌		恒温、预热	
干燥		无菌操作	
培养细菌		冷藏、冷冻	
分离血清、或沉淀细菌		观察细菌	

④操作并使用实验室中现有的仪器设备。

2. 流程筹划

第一步：查阅资料、小组讨论，认识及识别常用仪器设备。

第二步：根据操作步骤和使用注意事项，在老师指导下初步操作、使用常用仪器设备。

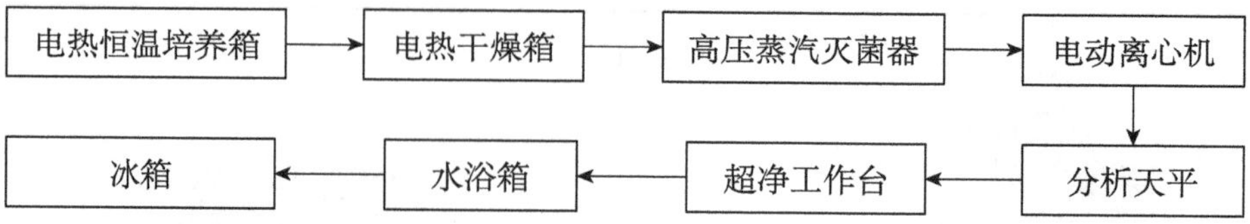

第三步：对所操作完毕的仪器设备进行保养。

任务实施

步骤一：

步骤二：

步骤三：

步骤四：

步骤五：

任务检测

请扫码答题。

微生物实验室常用仪器设备的使用与保养

任务评价

班级：__________ 组别：__________ 姓名：__________

项目	评分标准	自我评价	小组评价	教师评价
常用仪器设备的认识（15 分）	知道常用仪器设备（5 分）			
	能根据实际设备准确说出名称（10 分）			
常用仪器设备的使用方法及注意事项（35 分）	清楚常用仪器设备构造名称（10 分）			
	熟悉常用仪器设备用途（5 分）			
	熟悉常用仪器设备的使用方法（10 分）			
	知道常用仪器设备的注意事项（10 分）			

（续表）

项目	评分标准	自我评价	小组评价	教师评价
操作常用仪器设备（40 分）	能正确使用电热恒温培养箱并会保养（5 分）			
	能正确使用电热干燥箱并会保养（5 分）			
	能正确使用高压蒸汽灭菌器并会保养（5 分）			
	能正确使用电动离心机并会保养（5 分）			
	能正确使用分析天平并会保养（5 分）			
	能正确使用超净工作台并会保养（5 分）			
	能正确使用水浴箱并会保养（5 分）			
	能正确使用冰箱并会保养（5 分）			
活动效果（10 分）	整体的效果（很好为 10 分，较好为 7～9 分，一般为 3～6 分，较差为 0～2 分）			
合计				
自我评价与总结				
教师点评				

任务四　微生物实验室常用玻璃器皿的准备

任务导入

在微生物试验中，清洁无菌的玻璃器皿是保证得到正确试验结果的必要条件。但是如果不会进行或不按操作规定进行这些看起来既简单又普通的操作工作，就会影响到试验结果，甚至会导致试验的失败。所以在微生物实验室做好玻璃器皿的准备工作是保证试验结果的第一步。请同学们查阅资料，掌握微生物实训室常用的玻璃器皿的名称、规格及用途，并正确识别。明确常用玻璃器皿如培养皿、试管、三角瓶、吸管等准备过程，包括清洗、烘干、包扎和灭菌等，并会进行玻璃器皿准备操作。

任务工单

班级：__________ 组别：__________ 姓名：__________

任务名称	微生物实验室常用玻璃器皿的准备
任务描述	任务内容：常用玻璃器皿的名称、规格和用途，玻璃器皿的清洗方法，玻璃器皿的晾干或烘干，玻璃器皿的包扎及灭菌。 任务目的：掌握微生物实验室常用的玻璃器皿的名称、规格及用途；会进行微生物实验室常用玻璃器皿用前、用后的清洗，包扎和灭菌。 任务流程：查阅资料（知道常用玻璃器皿的名称、规格和用途）—对不同玻璃器皿进行识别—进行玻璃器皿的清洗—进行玻璃器皿的烘干—进场玻璃器皿的灭菌。 任务方法：查阅资料，实践操作。
获取信息	要完成任务，需要掌握相关的知识。请收集资料，回答以下问题。 1. 微生物实验室常用的玻璃器皿有哪些？各有什么规格和作用？ 2. 新购的玻璃器皿的洗涤和常用的旧玻璃器皿的洗涤是否一样？哪里不一样？为什么？ 3. 带菌的玻璃器皿清洗前是否要灭菌？为什么？如何清洗载玻片及盖玻片？ 4. 含油脂带菌器材要怎么清洗？ 5. 玻璃器皿使用前为什么要包扎？试管、三角瓶如何包扎？包扎时要注意什么？培养皿、吸管及烧杯等如何包扎？ 6. 玻璃器皿什么时候需要灭菌？请举例说明。

（续表）

制订计划				
任务实施	按照预先制订的工作计划，完成本任务，并记录任务实施过程。			
	序号	完成的任务	遇到的问题	解决办法

任务准备

一、知识准备

（一）玻璃器皿的清洗

1. 新购的玻璃器皿的洗涤

新购玻璃器皿常附有游离碱质，不可直接使用，应先在 1%～2% 盐酸溶液中浸泡数小时或过夜，以中和其碱质，然后再用肥皂水及清水洗涤，最后用蒸馏水冲洗 2～3 次，倒立使之干燥或烘干。

2. 常用旧玻璃器皿的洗涤

常用三角瓶、培养皿、试管等可在洗衣粉溶液或肥皂水中煮沸 20～30 min，待稍冷后，用毛刷洗去灰尘、油污、无机盐等物质，然后用自来水冲洗干净，洗刷干净的玻璃器皿烘干备用。如果器皿要盛高纯度的化学药品或者做较精确的实验，用自来水冲洗干净后，还需用蒸馏水洗 2～3 次。

3. 载玻片及盖玻片的洗涤法

用过的载玻片先放入含有 5% 苯酚（石炭酸），或 2%～3% 来苏尔，或 0.1% 升汞等消毒溶液中浸泡 24～48 h 后，再用洗衣粉溶液或肥皂水煮沸 20～30 min，待稍冷后，逐个洗刷并用自来水冲洗干净，最后浸泡于 95% 乙醇中备用。使用前，可用干净纱布擦去乙醇，并经火焰微热，使残余乙醇挥发。

4. 带菌玻璃器皿的洗涤

凡是带有细菌的各种玻璃器皿，必须经过高温灭菌或消毒后才能进行刷洗。

①带菌培养皿、试管、三角瓶等，做完实验后放入高压蒸汽灭菌器内 121 ℃ 经 20～30 min 后取出，并趁热倒出容器内的培养物，再用热的洗涤剂溶液洗刷干净。

②带菌的吸管、滴管、毛细吸管，使用后立即放入盛有 3%～5% 来苏尔或 5%

石炭酸等消毒液的玻璃缸内消毒 24 h，然后取出用洗涤剂溶液煮沸 20～30 min 后清洗，最后用蒸馏水冲洗。

5. 含油脂带菌器材的清洗

含油脂带菌玻璃容器要单独高压灭菌，先用高压蒸汽灭菌器 121 ℃ 灭菌 20～30 min，然后取出趁热倒去污物后倒放在铺有吸水纸的篮子里，并同篮子一同放入 100 ℃烤箱内烘烤 0.5 h，取出后用 5% 的碳酸氢钠水煮 2 次，再用肥皂水刷洗干净，最后用蒸馏水冲洗。

（二）玻璃器材的晾干或烘干

对于不急用的玻璃器材，一般可放在实验室中自然晾干。

急用的玻璃器材，可放入托盘或其他合适的器材内，如试管可放在试管架或试管框内，再放入烘箱内烘干，大件的器材可直接放入烘箱中烘干。

（三）器皿的包扎

为保证灭菌后的器皿仍保持无菌状态，需在灭菌前进行包扎。

1. 培养皿

培养皿洗净烘干后每 5～6 支套叠在一起，用牢固的纸包成一筒。

2. 吸管

烘干的吸管在灭菌前可在口的一头塞入少许脱脂棉花，以防造成污染，之后可进行包扎。方法是每支吸管用一条宽 4～5 cm 的纸条，以 30°～50° 的角度从吸管的尖端螺旋卷起，另一端用剩余的纸条打成一结，以防散开，然后标上容量，吸管的包扎如图 1-11 所示。若吸管较多，可 10 支吸管包扎成一束进行灭菌。使用时，可从中间拧断纸条，抽出吸管即可。

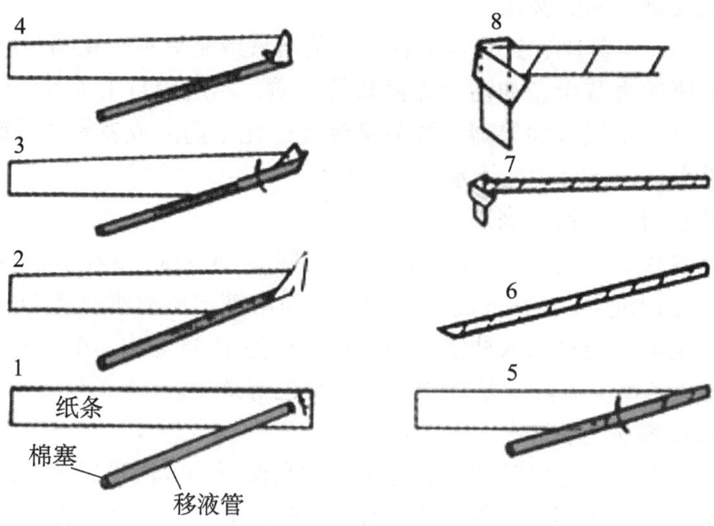

图 1-11 吸管的包扎

3. 试管和三角瓶

试管和三角瓶都要塞棉塞，棉塞可将空气中的微生物过滤在器皿外面。棉塞要用棉花制作，松紧适宜，过紧不易塞入且易挤破管口，过松易掉落和污染；长度以不小于管口直径的 2 倍为宜；棉塞约 2/3 塞进管口。包扎时试管一般以 10 支包扎为一捆，在棉花部分外包裹油纸或牛皮纸，再用绳扎紧，试管的包扎如图 1-12 所示。三角瓶加棉塞后单个在棉花部分用油纸包扎。

图 1-12　试管的包扎

目前，国内已开始采用塑料试管塞，可根据所用试管的规格和试验要求来选择合适的塑料试管塞。

4. 乳钵、漏斗、烧杯等

可用纸张直接包扎或用厚纸包严开口处，再以牛皮纸包扎。

（四）器皿的灭菌

包扎好的试管、培养皿、三角瓶等玻璃器皿，放入干燥灭菌器内 160 ℃灭菌 2 h 或放入高压蒸汽灭菌器内 121 ℃灭菌 20～30 min。

小学士

实验室常用玻璃器皿种类及用途

小学士

棉塞的制作过程

二、材料准备

试管、吸管、培养皿、三角烧瓶、烧杯、量筒、量杯、漏斗、乳钵、牛皮纸、旧报纸、新洁尔灭（苯扎溴铵）、来苏尔、石炭酸、肥皂粉、重铬酸钾、粗硫酸、盐酸、橡胶手套等。

三、人员准备

人员分组，每组 5 人。明确职责分工。

任务角色	任务内容
组长：	任务：
组员：	任务：
组员：	任务：
组员：	任务：
组员：	任务：

任务筹划

1. 内容筹划

①写出以下玻璃器皿的名称，并说明有哪些规格和作用。

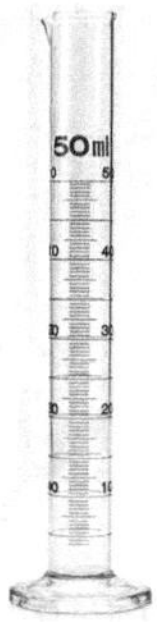	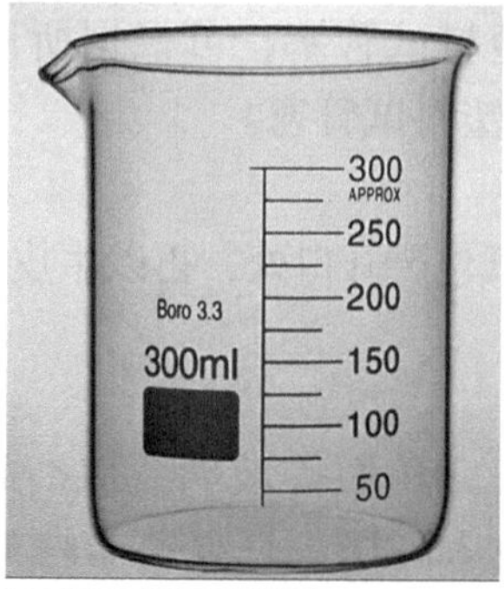	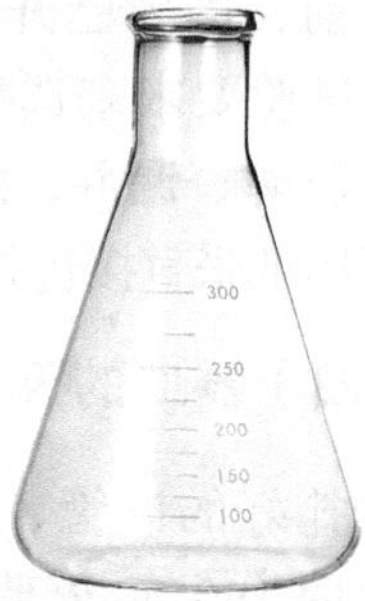
	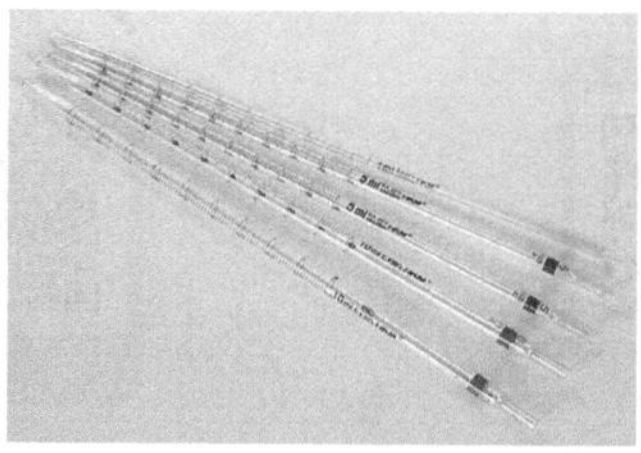	
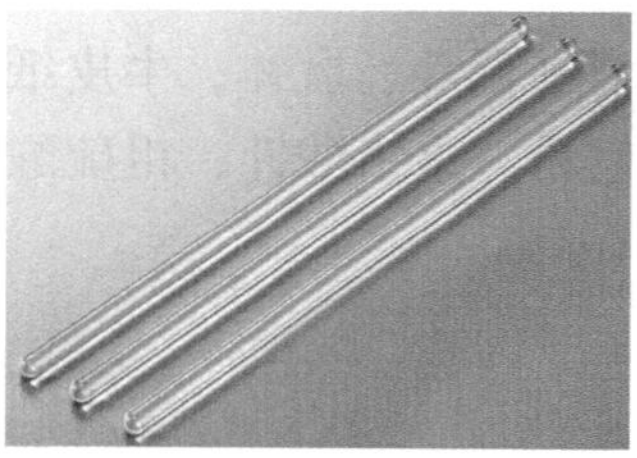		
	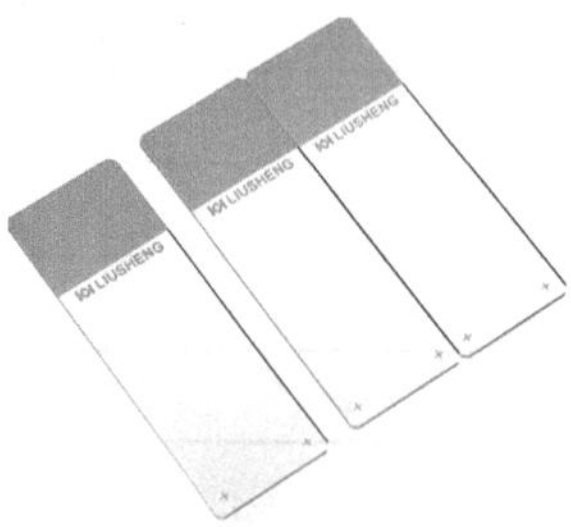	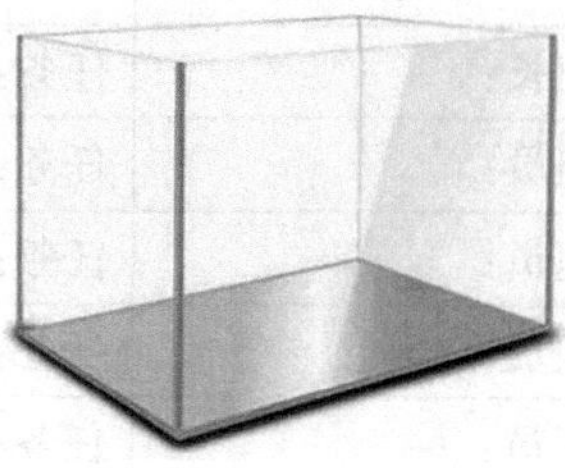

②简单说出不同状态下不同玻璃器皿的清洗方法。

③简单说出不同玻璃器皿的包扎方法。

④简单说出玻璃器皿的灭菌方法。

2. 流程筹划

第一步：识别常见的玻璃器皿。

第二步：进行玻璃器皿的清洗。

新购的玻璃器皿的洗涤—常用旧玻璃器皿的洗涤—载玻片及盖玻片的洗涤—带菌玻璃器皿的洗涤—含油脂带菌器材的清洗。

第三步：进行玻璃器皿的烘干。

第四步：玻璃器皿的包扎。

培养皿—吸管—试管和三角瓶—乳钵、漏斗、烧杯。

第五步：玻璃器皿的灭菌。

任务实施

步骤一：

步骤二：

步骤三：

步骤四：

步骤五：

任务检测

请扫码答题。

微生物实验室常用玻璃器皿的准备

任务评价

班级:________ 组别:________ 姓名:________

项目	评分标准	自我评价	小组评价	教师评价
玻璃器皿的识别（10分）	知道常用玻璃器皿的名称（5分）			
	根据实体能准确说出玻璃器皿的名称、规格及用途（5分）			
玻璃器皿的清洗（30分）	能正确进行新购的玻璃器皿的洗涤（6分）			
	能正确进行常用旧玻璃器皿的洗涤（6分）			
	能正确进行载玻片及盖玻片的洗涤（6分）			
	能正确进行带菌玻璃器皿的洗涤（6分）			
	能正确进行含油脂带菌器材的清洗（6分）			
玻璃器皿的干燥（10分）	知道玻璃器皿的干燥，会进行烘干（10分）			
玻璃器皿的包扎（30分）	能正确进行培养皿的包扎（10分）			
	能正确进行吸管的包扎（8分）			
	能正确进行试管和三角瓶的包扎（6分）			
	能正确进行乳钵、漏斗、烧杯的包扎（6分）			
玻璃器皿的灭菌（10分）	会对包扎好的玻璃器皿进行灭菌（10分）			
活动效果（10分）	整体的效果（很好为10分，较好为7～9分，一般为3～6分，较差为0～2分）			
合计				
自我评价与总结				
教师点评				

任务五　细菌培养基的制备

任务导入

细菌在自然界中能够生存，那我们能否知道细菌在生存时需要哪些条件，如果能满足这些条件我们能否将细菌进行人工培养，或可以用什么进行人工培养呢？请同学们查阅资料，知道细菌人工培养需要满足哪些条件，掌握培养基的种类和用途。知道培养基制备的要求、程序和制备方法，并讨论后制备出所需要的不同培养基。

任务工单

班级：＿＿＿＿＿＿＿＿　　组别：＿＿＿＿＿＿＿＿　　姓名：＿＿＿＿＿＿＿＿

任务名称	细菌培养基的制备
任务描述	任务内容：细菌人工培养的条件，培养基的种类和依据，培养基制备的要求、程序及方法。 任务目的：知道细菌人工培养的条件，掌握培养基的种类和用途，会进行不同培养基的制备。 任务流程：查阅资料（知道细菌培养的条件，培养基的种类和用途）—查阅资料、小组讨论（培养基制备要求、程序及方法）—制备所需培养基。 任务方法：查阅资料、讨论、实体操作。
获取信息	要完成任务，需要掌握相关的知识。请收集资料，回答以下问题。 1. 能否对细菌进行人工培养？用什么进行人工培养？ 2. 需要满足哪些条件才能完成细菌的人工培养？这些条件的依据是什么？ 3. 人工培养细菌所用的培养基是不是都一样？有哪些种类，各有什么用途？ 4. 培养基制备的要求有哪些？制备的程序是什么？

（续表）

<table>
<tr><td rowspan="2">获取信息</td><td colspan="4">5. 如何制备出常用的培养基，如肉汤、普通琼脂培养基（斜面、平板）、血平板等?</td></tr>
<tr><td colspan="4">6. 举例说出至少十种培养基。</td></tr>
<tr><td>制订计划</td><td colspan="4"></td></tr>
<tr><td rowspan="6">任务实施</td><td colspan="4">按照预先制订的工作计划，完成本任务，并记录任务实施过程。</td></tr>
<tr><td>序号</td><td>完成的任务</td><td>遇到的问题</td><td>解决办法</td></tr>
<tr><td></td><td></td><td></td><td></td></tr>
<tr><td></td><td></td><td></td><td></td></tr>
<tr><td></td><td></td><td></td><td></td></tr>
<tr><td></td><td></td><td></td><td></td></tr>
</table>

任务准备

一、知识准备

小学士

细菌生长繁殖条件及培养基类型

（一）细菌的人工培养及培养基

用人工的方法，提供细菌生长繁殖所需要的各种条件，可进行细菌的人工培养，从而进行细菌的鉴定和进一步的利用。细菌的人工培养技术是微生物学研究和应用的重要手段。用人工培养条件使细菌生长繁殖的方法叫作细菌的人工培养。把细菌所需要的各种营养物质按一定的比例合理的配合在一起所形成的营养基质称为培养基（Culture Medium），可用于细菌的分离、纯化、鉴定、保存、生物制品的制造。

（二）常用培养的原则、要求及程序

1. 培养基制备原理

培养基是微生物生长所需的营养场所。培养基必须含有微生物生长所必需的基本营养成分，还应具有适宜的 pH 值、一定的缓冲能力、一定的氧化还原电位及合适的渗透压。琼脂是应用最广的凝固剂，加琼脂制成的培养基在 98～100 ℃下熔化，于 45 ℃以下凝固。多次反复熔化，其凝固性降低。

2. 培养基配制的基本原则和要求

培养基为细菌的生长繁殖提供较好的条件和较适宜的环境，制备的培养基质量好坏将直接影响微生物的生长情况。培养基制备要求如下。

①选择所需营养物质。培养基必须含有细菌培养所需的各种营养物质，制备时所用成分应根据配方按量称取，溶于蒸馏水中。培养基制备前应对相应的试剂药品进行质量检验。

②测定调节 pH。培养基 pH 值要符合细菌生长所需，pH 值应为 7.2～7.6，否则会影响微生物的生长，从而影响结果的观察。pH 在热或冷的情况下其值有差异，pH 值测定要在培养基冷至室温时进行。高压灭菌可使培养基的 pH 值降低或升高，故不宜灭菌压力过高或次数太多。指示剂、去氧胆酸钠、琼脂等一般在调完 pH 后再加入。

③培养基应澄清透明，便于细菌生长情况的观察。培养基加热煮沸后，用脱脂棉花或纱布过滤，以除去沉淀物。

④培养基中不应含有抑菌物质。盛装培养基不宜用铁、铜等容器，最好使用洗净的中性硬质玻璃容器。

⑤制备好的培养基既要达到完全灭菌目的，又要注意不因加热而降低其营养价值。一般在 121 ℃ 灭菌 15 min 即可。含有糖类、血清、明胶等的培养基应采用低温灭菌或间歇灭菌法。含有一些不可加热的试剂如卵黄、氯化三苯基四氮唑（Triphenyltetrazolium Chloride, TTC）、抗生素等，应待基础琼脂高压灭菌后晾至 50 ℃左右再加入。

⑥培养基制备好后，应做无菌生长试验和所检菌株生长试验。如果是生化培养基，使用标准菌株接种培养后，生化结果应呈正常反应。培养基不应贮存过久，必要时可置 4 ℃冰箱存放。

3. 培养基的制备的程序

（1）配料

制备培养基的各种成分应按配方中的量精确称取。在称取时为防止错乱可将所需药品一次取齐，置于右侧，每种称取完毕，即移放于左侧。同时，每称完一种成分应在配方上做出记号，称取完毕后，再进行一次检查。

（2）溶化

将称好的物质放入大烧杯或大烧瓶中蒸煮溶化。待大部分固体成分溶化后，再用较小火力使所有成分完全溶化，因蒸发而丢失的水分最后应补足。应注意在溶化过程中不可将营养物质放入铜锅或铁锅蒸煮，以防微量铜或铁混入培养基中而抑制细菌的生长。同时，可用玻璃棒进行搅拌以加快溶化速度。

（3）测定矫正 pH 值

pH 值的测定与矫正应在各成分完全溶解并凉至室温后进行，温度过高或过低溶液的 pH 值都会有所变动。用 pH 试纸或 pH 计测定培养基的 pH 值，pH 值应为 7.2～7.6。若 pH 值低于 7.2，用 0.1 mol/L 氢氧化钠溶液调至所需 pH 值；若 pH 值高于 7.6，用 0.1 mol/L 盐酸溶液调至所需 pH 值。

①精密 pH 试纸法。取精密 pH 试纸一条，用玻棒蘸取待测培养基，滴于试纸条上，显色后与标准比色卡比较，如为酸性，滴加 1 mol/L 氢氧化钠中和酸。在滴加 1 mol/L 氢氧化钠后，应充分摇匀，再用试纸测定，直至调到所需的 pH 值范围内。

②酸度计测定。酸度计是实验室常用的测定 pH 值的仪器之一，测 pH 值时，只需将酸度计插入溶液一定深度内，读数即可。

（4）过滤

为保证制备的培养基澄清透明，可采用过滤法。一般液体培养基采用滤纸过滤法，琼脂培养基采用清洁的纱布趁热过滤。制备肉、肝、血和马铃薯等浸液时，用绒布将碎渣滤去，再用滤纸过滤。

（5）分装

制好的营养基质按使用的目的和要求，分装于试管、平皿、烧瓶等适当容器内。分装量不得超过容器装盛量的 2/3，能以形成 2/3 底层和 1/3 斜面的量为标准。培养基的分装如图 1-13 所示。分装容器应预先清洗干净并经干烤消毒，以利于培养基的彻底灭菌。分装时最好能使用半自动或电动的定量分装器，保证培养基分装均匀。为测定其最终 pH 值需留一部分分装于另一容器内，并与已装好的培养基同时灭菌。

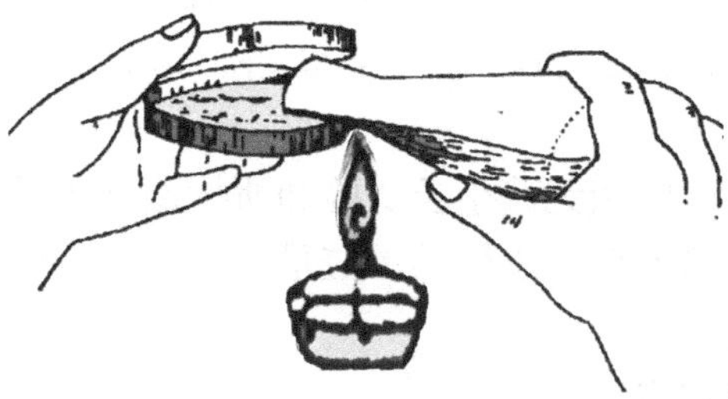

图 1-13 平板培养基的制备（分装）

（6）灭菌

培养基的灭菌可采用 121.3 ℃高压蒸汽灭菌法，灭菌 15 min 即可。某些含有不耐热的血清、糖类的培养基要采用温度较低、压力较小的灭菌方法，温度不应超过 100 ℃，时间 10～15 min；或者可在培养基灭菌后温度降至 50 ℃左右，无菌条件下再加入不耐热的血液、血清、糖类等物质。

琼脂斜面培养基在灭菌后取出，并摆置成适当斜面，待其自然凝固即可，培养基的制备如图 1-14 所示。

图 1-14 斜面培养基的制备

（7）无菌检验

备用灭菌完全后的培养基，应仔细检查一遍，并测定其最终 pH 值。在检查过程中如发现包扎纸破裂、培养基内水分浸入、营养基质色泽异常、管口棉塞脱落等现象，均应挑出弃去。

将灭菌检查合格的培养基放入 37 ℃恒温箱培养过夜，如发现有细菌生长应弃去。再用有关的标准菌株接种 1～2 管培养基，置于 37 ℃恒温培养箱培养 24～48 h，如无菌生长或生长不好，应追查原因并重复接种一次，如结果仍同前，则该批培养基应弃去，不能使用。

（8）培养基的保存

培养基保存时间不宜超过 1 周，倾注的平板培养基不宜超过 3 d。保存时应存放于冷暗处，最好放于普通冰箱内。

（三）常用培养基制备

1. 肉汤培养基的制备

①成分。牛肉膏 3～5 g，蛋白胨 10 g，氯化钠 5 g，蒸馏水 1 000 mL。

②制法。将牛肉膏、蛋白胨、氯化钠加水后，加热溶解。矫正 pH 值至 7.2～7.6，过滤分装。置高压蒸汽灭菌器内，121.3 ℃灭菌 20 min 即成。

③用途。可供一般细菌生长，同时也是制作一般培养基的基础原料。

2. 普通琼脂培养基的制备

①成分。肉膏汤 1 000 mL，琼脂粉 20～30 g。

②制法。将琼脂粉加入肉膏汤内，煮沸使其完全溶解，矫正 pH 值至 7.2～7.6，过滤分装于试管或三角烧瓶中，以 121.3 ℃灭菌 20 min。可制成试管斜面、高层培养基或平板培养基。

③用途。此培养基可供一般细菌的分离培养、纯培养，观察菌落特征及保存菌种等，也可作为特殊培养基的基础。

3. 血液琼脂培养基制备

将灭菌的营养琼脂冷至 45～50 ℃，以无菌操作，加入 5%～10% 的无菌血液（或脱纤血），然后倾注灭菌平皿或分装试管制成斜面。供营养要求较高的细菌分离培养，亦可供溶血性的观察和保存菌种用。

4. 半固体培养基制备

肉汤培养基中加入 0.3%～0.5% 琼脂粉制成，用于菌种的保存和细菌运动性观察。

5. 熟肉基（庖肉培养基）

于每支试管中加入 2～3 g 牛肉渣及肉膏汤 5～6 mL，液面盖以一薄层石蜡油，经 121.3 ℃灭菌 20～30 min 后冰箱保存备用。此培养基常用于厌氧菌的培养。必须注意，此培养基在使用时，将肉渣培养基置水浴锅煮沸 10 min，以驱除管内存留的氧气。

目前大多数培养基均已商品化，这些培养基一般质量稳定，使用方便、省时，只要按照说明书规定的条件贮存和配制，在有效期内均可获得满意的结果。

二、材料准备

蛋白胨、琼脂粉、牛肉膏、蒸馏水、氯化钠、乳糖、磷酸氢二钾、2% 伊红溶液、0.65% 美蓝溶液、0.04% 溴甲酚紫水溶液、胆盐、天平、灭菌烧杯、灭菌平皿、灭菌试管、灭菌吸管、乳钵等。

三、工具准备

绘图用铅笔、纸张等。

四、人员准备

人员分组，每组 5 人。明确职责分工。

任务角色	任务内容
组长：	任务：
组员：	任务：
组员：	任务：
组员：	任务：
组员：	任务：

任务筹划

1. 内容筹划

①根据所掌握的相关知识，罗列出细菌的培养条件及来源依据。完成下表。

细菌培养条件	来源依据	如何满足
例：营养物质	细菌的化学组成及新陈代谢所需	提供碳源如糖类、氮源如蛋白胨等

②根据所掌握的相关知识，罗列出培养基制备的要求及如何保证。完成下表。

培养基制备要求	如何保证
例：选择所需的营养物质	制备时所用成分应根据配方按量称取

③标出以下培养基的物理状态、主要分类及用途。

<table>
<tr><td>
普通琼脂</td><td>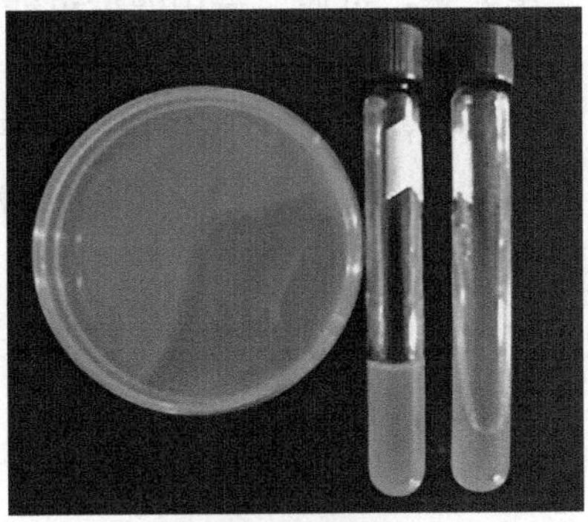
枸橼酸盐培养基</td></tr>
<tr><td>
伊红美兰培养基</td><td>
肉汤</td></tr>
</table>

④简单介绍培养基制备程序，并按要求制备出所需培养基。

2. 流程筹划（以制备肉汤为例）

第一步：查阅资料，知道人工培养条件，准备满足培养的条件（营养物质、恒温培养箱等），掌握培养基制备的原则、程序及过程和方法等。

第二步：小组讨论，选择需要制备培养基及其配方，如肉汤、普通琼脂培养基（斜面、平板）、血平板等。

第三步：配料，按所要配置的培养基根据配方换算称取所需营养物质的量。如需要制备 500 mL 肉汤。则需要称量蒸馏水 500 mL，按配方计算出牛肉膏需要 1.5～2.5 g，蛋白胨 5 g，氯化钠 2.5 g。

第四步：溶化，将牛肉膏、蛋白胨、氯化钠加水后，加热溶解。

第五步：测定矫正 pH 值，用 pH 试纸或 pH 计测定培养基的 pH 值，矫正 pH

值至 7.2～7.6。

第六步：过滤，采用滤纸过滤法。

第七步：分装，分装于试管，分装量不得超过 1/3。

第八步：灭菌，采用 121 ℃高压蒸汽灭菌法，灭菌 15 min 即可。

第九步：无菌检验，将灭菌检查合格的培养基放入 37 ℃恒温箱培养过夜，如发现有细菌生长应弃去。

第十步：培养基的保存，存放于冷暗处或普通冰箱。

任务实施

步骤一：

步骤二：

步骤三：

步骤四：

步骤五：

任务检测

请扫码答题。

细菌培养基的制备

任务评价

班级：________ 组别：________ 姓名：________

项目	评分标准	自我评价	小组评价	教师评价
细菌培养的条件（15 分）	知道细菌培养的条件（15 分）			
认知培养基（30 分）	清楚培养基的意义（5 分）			
	知道培养基的分类（10 分）			
	知道各种培养基的用途（15 分）			

（续表）

项目	评分标准	自我评价	小组评价	教师评价
培养基的制备（45分）	知道培养基制备的要求和原则（5分）			
	清楚培养基制备的流程（5分）			
	能正确进行配料的称取（5分）			
	会进行溶化（5分）			
	能正确进行pH的调节（5分）			
	会过滤（5分）			
	能正确进行分装（5分）			
	能完成灭菌（5分）			
	知道无菌检验，会保存（5分）			
活动效果（10分）	整体的效果（很好为10分，较好为7～9分，一般为3～6分，较差为0～2分）			
合计				
自我评价与总结				
教师点评				

任务六　细菌的分离与培养

任务导入

在制备完成培养基之后，我们就可以利用培养基进行细菌的人工培养了，但是我们又如何将细菌接到培养基进行培养呢？请同学们查阅资料，掌握细菌分离培养的接种方法及操作过程，知道细菌在不同培养基上的生长性状，知道的细菌移植及操作过程。再通过操作完成细菌的分离、移植，培养后观察生长情况。

任务工单

班级:________ 组别:________ 姓名:________

<table>
<tr><td>任务名称</td><td colspan="4">细菌的分离与培养</td></tr>
<tr><td>任务描述</td><td colspan="4">任务内容：细菌分离培养的接种方法及操作，细菌在不同培养基上的生长性状，细菌移植及操作。
任务目的：熟练利用不同被检材料进行细菌的分离培养，观察细菌的培养形状，并会进行移植培养。
任务流程：查阅资料、小组讨论（知道细菌分离培养的方法）—进行细菌的分离培养—查阅资料、小组讨论（知道细菌的移植及操作过程）—进行细菌的移植—查阅资料、小组讨论（掌握细菌在不同培养基上的生长特性）—观察自己所接种细菌的生长情况并进行描述。
任务方法：查阅资料，实践操作。</td></tr>
<tr><td>获取信息</td><td colspan="4">要完成任务，需要掌握相关的知识。请收集资料，回答以下问题。
1. 什么是细菌的分离培养（细菌的分离培养是将细菌从哪里接到哪里）？细菌的分离培养方法有几种？

2. 分区划线法和平行划线法有什么不同？分别适用于什么情况下的细菌分离？

3. 什么是细菌移植？细菌移植有几种可能？

4. 细菌分离培养或移植的操作过程是什么？细菌的接种培养过程应注意什么事项？

5. 如何知道细菌是否在培养基上生长了？细菌在不同培养基上会出现什么样的生长特性？

6. 细菌在固体培养基中的生长情况如何？什么是细菌的纯培养？菌落和细菌纯化有什么关系？纯培养在临床上有什么意义？</td></tr>
<tr><td>制订计划</td><td colspan="4"></td></tr>
<tr><td rowspan="6">任务实施</td><td colspan="4">按照预先制订的工作计划，完成本任务，并记录任务实施过程。</td></tr>
<tr><td>序号</td><td>完成的任务</td><td>遇到的问题</td><td>解决办法</td></tr>
<tr><td></td><td></td><td></td><td></td></tr>
<tr><td></td><td></td><td></td><td></td></tr>
<tr><td></td><td></td><td></td><td></td></tr>
<tr><td></td><td></td><td></td><td></td></tr>
</table>

任务准备

一、知识准备

（一）细菌的分离培养接种法

1. 平板划线法

平板划线的方法根据待检标本中细菌的数量来选择，可分为分区划线法和平行划线法两大类。

（1）分区划线法

分区划线法又称为分段划线法，用于含菌量较多的标本。分区划线法中每一段划线内的细菌数逐渐减少，这种划线法划线越长形成单个菌落的可能性越大。方法如下。

小提示

接种细菌要用到接种环，接种环的使用是有一定方法和注意事项的。

接种环的使用方法及注意事项

①接种环灭菌并冷却：右手持接种环经过火焰灼烧灭菌，等待冷却（是否冷却可在平板培养基边缘无菌处接触一下，若琼脂熔化表示尚未冷却）。

②无菌条件下取材料：液体病料或培养物可用接种环直接挑取一环；固体病料用无菌剪刀或烙刀在病料表面做一切口，然后用灭菌接种环从切口插入组织中，缓缓转动接种环，取少量组织或液体。

③打开培养皿盖：左手持平皿（45° 角），用拇指、食指和中指将皿盖打开一侧，使其与皿底间分开呈 2～3 cm 宽的缝隙，靠近火焰周围。

④划线：右手握持沾菌之后的接种环伸入皿内，使接种环与平板呈 30° ～40° 角，轻触平板，用腕力将接种环先涂布于平板培养基表面一角作为第一段划线，划线时接种环与培养基表面约呈 45° 角，划线范围占平板的 1/5～1/3；划线完毕后取出接种环置于火焰上灭菌，待冷后，旋转平板，打开皿盖，通过前一段划线在平板另 1/5～1/3 面积内作连续平行的第二段划线，方法是与第一段所划的线相交接数次后不再相交，完毕后再如上法灭菌，接种划线，如此重复 3～5 次，依次划至最后一个区域。需要注意的是最后一个区域的划线不得与第一段划线相接。具体如图 1-15 所示。

⑤标记：接种完毕后，盖皿盖，将接种环火焰灭菌后放回，用记号笔在皿底玻璃上注明标本名称，接种者班级、姓名，接种日期等。

⑥培养：将培养皿倒置（平皿底面朝上，以避免培养过程中凝结水自皿盖滴下），放入温箱培养，经 37 ℃孵育 18～24 h 后取出，观察琼脂平板表面细菌生长情况，注意菌落的特征。

（2）平行划线法

此法多用于接种材料中含菌数量不太多的标本或培养物。

操作步骤与分区划线相同，只是划线的方法有所区别。平行划线法是用接种环将标本或培养物涂于平板培养基表面的一角，然后接种环自标本涂擦处开始，连续向左右两侧划开并逐渐向下移动，行轻快的滑移动作来回划线，划成若干条分散的曲线。划线间距适当，不能重叠（图 1-16）。

小学士

分区划线和平行划线操作方法

小学士

细菌分离接种技术操作

图 1-15　分区划线法

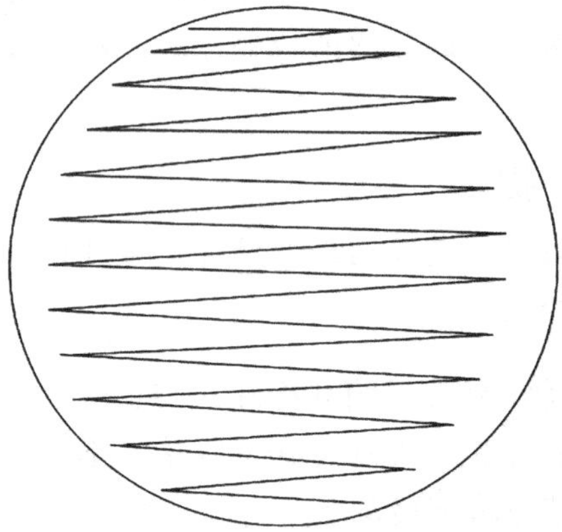

图 1-16　平行划线法

2. 厌氧菌的分离培养

厌氧菌的分离培养常用肉渣汤（庖肉培养基）培养法。先将试管倾斜，使培养基表面露出一点，然后接种被检材料或菌种，接种后将试管直立，即封闭液面。最后置 37 ℃温箱中培养 24～48 h。

拓展知识

细菌的培养方法

（二）细菌移植

细菌分离成纯种细菌后，常需接种至各种有关培养基，以扩大繁殖，做进一步鉴定。根据培养基的物理性状，纯种接种法有斜面培养基接种法、液体培养基接种法和半固体培养基接种法三类。

1. 固体斜面移植（图 1-17）

①接种环灭菌。左手持菌种管及琼脂斜面管，斜面管放在内侧，菌种管放在外侧，两管口齐平，管身略倾斜，培养基斜面向上，管口靠近酒精灯。右手执接种环（姿势与握笔相似）火焰烧灼灭菌，欲伸入试管内的接种杆部分，亦要通过火焰 3 次以杀灭其表面的杂菌。灭菌过的接种环要握持手中，勿再碰及其他物品。

②拔出试管塞，管口灭菌。以持接种环的右手小指和无名指夹住试管棉塞，转动后拔出并夹持于手指间。立即将管口通过火焰灭菌。

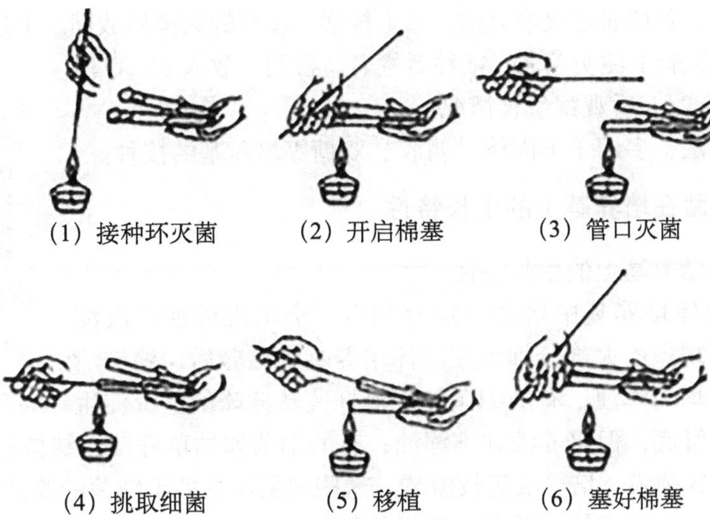

图 1–17　斜面移植操作步骤

③挑取菌落进行移植。将灭菌并已冷却的接种环伸入菌种管，从斜面上挑取菌苔少许，退出菌种管，再伸进待种管中，自斜面底部轻轻向顶端划一直线，然后自下而上沿斜面蜿蜒划线，从底部到顶端呈“Z”形划线。注意划线时勿划破培养基表面，沾菌的接种环，进出试管时，均不应触及试管内壁。

④划线完毕后，两管管口迅速通过火焰 2～3 次，塞回棉塞，并以右手拇指、食指分别将两管棉塞转进至原来位置。塞好塞子，接种环灭菌，接好的试管置于 37℃温箱内培养。

2. 液体肉汤移植

基本上同固体斜面接种法，不同处，仅在取菌后，接种环应在液体培养基管接近液面的管壁处轻轻研磨均匀，然后将试管稍倾斜，使菌种混匀于肉汤中即可。

3. 从平板移植到斜面

无菌操作打开平皿，挑取少许菌落移于斜面管，之后操作同固体斜面接种法。

4. 半固体培养基穿刺接种法

①同固体斜面接种法握好菌种管及半固体培养基管。

②右手握持接种针，灭菌冷却后，以针挑取菌苔，垂直刺入半固体琼脂培养基的中心，可刺达近管底处，但不触及管底，然后按穿刺线原路退出（图 1–18）。

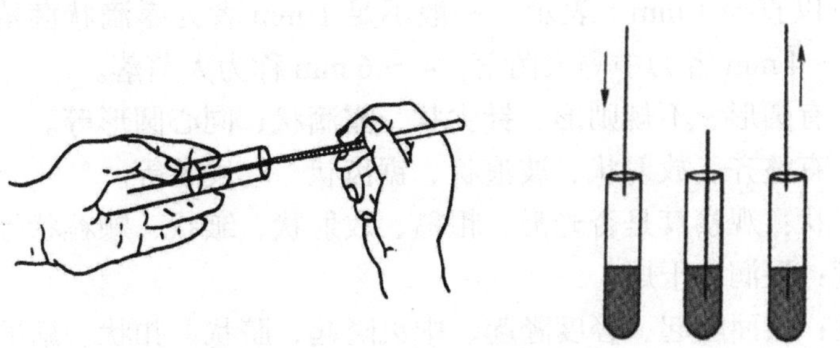

图 1–18　半固体培养基接种法

③接种毕，管口通过火焰灭菌，塞上棉塞，接种针灭菌后放回。上述纯种细菌接种后，均要在试管上注明菌名、接种者姓名、日期，放入 37 ℃温箱，培养 18～24 h 后观察生长情况。

穿刺接种法，多用于半固体、明胶、双糖等培养基的接种。

小学士

细菌移植操作

（三）细菌在培养基上的生长特性

1. 在液体培养基上的生长特性

细菌在液体培养基中培养一定时间后，会出现浑浊、沉淀或形成菌膜等现象。大部分细菌在液体培养基中培养后，使澄清的培养液呈现均匀浑浊；有的细菌如炭疽杆菌及链球菌呈沉淀生长，细菌沉于管底，但培养液并不浑浊；有的细菌如枯草杆菌、结核杆菌等则在液体表面生长形成菌膜，培养液仍较澄清。这些现象均有助于细菌的鉴别。

①浑浊。细菌在液体培养基中呈现均匀弥漫生长，形成不同程度的肉眼可见的浑浊。大部分细菌的生长呈浑浊现象。

②沉淀。细菌由于重力而下沉，管底出现肉眼可见的沉淀物，但沉淀物上面的液体仍清澈透明。如链球菌的链与链互相缠绕而下沉。

③菌膜。某些细菌易在液体表面生长，因而可在液体表面形成肉眼可见的薄膜称为菌膜。如霍乱弧菌在液体培养基内可形成菌膜。

2. 在半固体培养基上的生长特性

半固体培养基琼脂含量少，黏度低，细菌在其中仍可自由运动。如该菌有鞭毛，能运动，则细菌由穿刺线向四周游动弥散，培养后细菌沿穿刺线呈羽毛状或云雾状浑浊生长，穿刺线模糊不清。如细菌无鞭毛，不能运动，则穿刺线明显，细菌沿穿刺线呈线状生长，周围培养基仍然透明澄清。

3. 在固体培养基上的生长特性

划线分离法将细菌接种于固体培养基表面，经一定时间培养后，由单个细菌生长繁殖形成肉眼可见的细菌集落，称为菌落。挑取一个菌落接种到另一培养基上培养，称为纯培养。在固体培养基上，菌落因生长过分融合成一片，称为菌苔。不同种类细菌在固体培养基上形成菌落的大小、形状、色泽、透明度、表面光滑或粗糙、湿润或干燥、边缘整齐与否，以及在血琼脂平板上溶血现象等均有差异，这些特点有助于细菌鉴定。

①大小：以直径（mm）表示，一般不足 1 mm 者为露滴状菌落；1～2 mm 者为小菌落；2～4 mm 者为中等大菌落；4～6 mm 称为大菌落。

②形状：有圆形、不规则形、针尖状、露滴状、同心圆形等。

③边缘：有整齐、放射状、波浪状、锯齿状、卷发状等。

④表面性状：观察其是否光滑、粗糙、放射状、皱状、颗粒状等。

⑤湿润度：湿润、干燥。

⑥隆起度：表面隆起、轻度隆起、中央隆起、脐状、扣状、扁平状。

⑦色泽和透明度：色泽有无色、白色、黄色、橙色、红色等，透明度有透明、

半透明、不透明等。

⑧质地：分坚硬、柔软或黏稠等。

⑨溶血性：观察菌落周围是否有溶血环。

小提示

在进行细菌的培养检查时，应根据参考标本来源和送检目的，选用适当的培养基和培养条件才能获得可靠的结果。不同种类的细菌在培养基中的生长现象也会不同，各种生长现象有助于鉴别细菌。半固体培养基可用来检查细菌的动力。

拓展知识

菌种保存及要求

二、材料准备

恒温培养箱、平板培养基、斜面培养基、接种环、菌种、病料、肉渣汤（腐肉）培养基、接种环、酒精灯、烙刀、镊子、剪子等。

三、人员准备

人员分组，每组5人。明确职责分工。

任务角色	任务内容
组长：	任务：
组员：	任务：
组员：	任务：
组员：	任务：
组员：	任务：

任务筹划

1. 内容筹划

①简述分离培养的接种过程。说出接种环的使用方法。

②绘制分区划线法和平行划线法的划线过程。

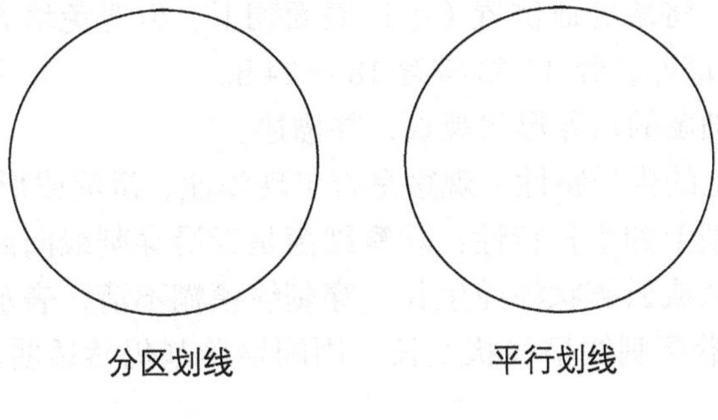

分区划线　　平行划线

③简述从平板移植到斜面的过程。简述细菌分别在肉汤、斜面、平板及半固体上生长的情况。

④描述以下细菌的生长特性（菌落状态）（彩图见本书正文后彩图 2）。

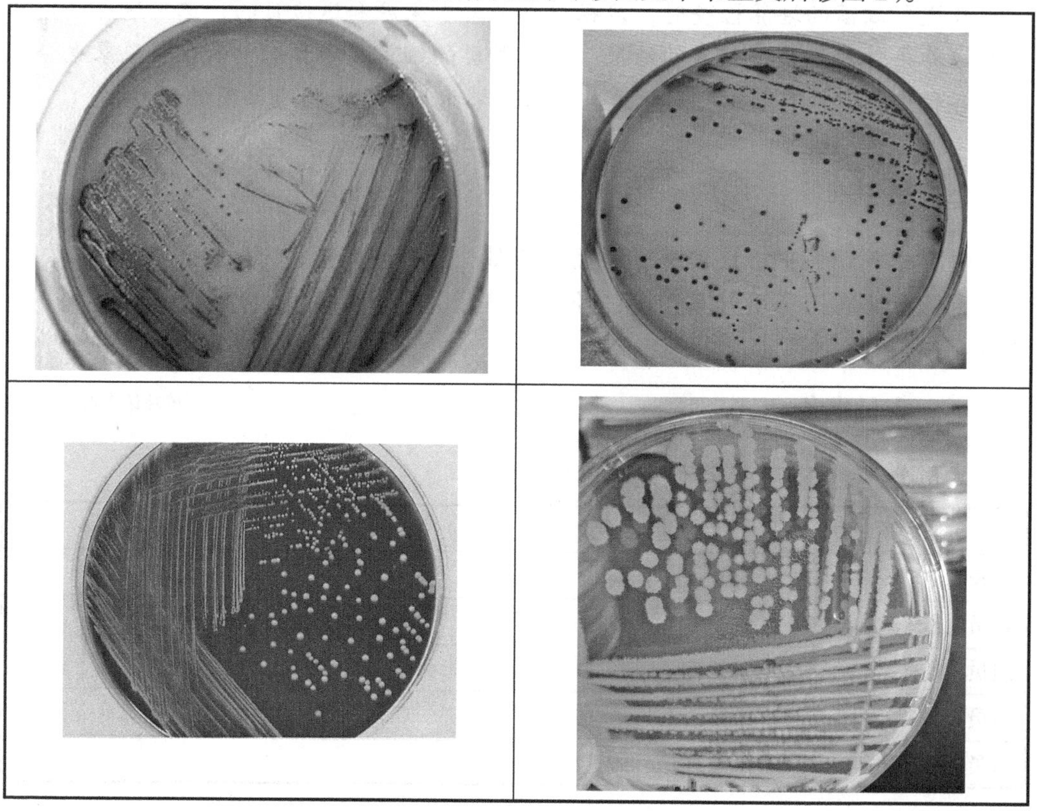

2. 流程筹划

第一步：知道细菌的分离培养方法和细菌移植的方法。

第二步：进行细菌的分离培养操作。

接种环灭菌并冷却—无菌条件下取材料—打开培养皿盖—划线—标记。

第三步：进行细菌的移植（固体斜面移植为例）。

接种环灭菌—拔出试管塞—管口灭菌—挑取菌落进行移植—接种完毕管口通过火焰灭菌—塞上棉塞。

第四步：培养，将培养皿倒置（平皿底面朝上，以避免培养过程中凝结水自皿盖滴下），放入温箱培养，经 37 ℃孵育 18～24 h。

第五步：进行细菌的培养形状观察，并描述。

在液体培养基上的生长特性：观察是否出现浑浊、沉淀或形成菌膜等现象。

在半固体培养基上的生长特性：观察细菌是否沿穿刺线向四周弥散生长，若细菌沿穿刺线呈羽毛状或云雾状浑浊生长，穿刺线模糊不清，表示细菌有运动性；若穿刺线明显，细菌沿穿刺线呈线状生长，周围培养基仍然透明澄清，细菌无鞭毛，不能运动。

在固体培养基上的生长特性：观察细菌在固体培养基上形成菌落的大小、形状、色泽、透明度、表面光滑或粗糙、湿润或干燥、边缘整齐度，以及在血琼脂平板上溶血现象等。

任务实施

步骤一：

步骤二：

步骤三：

步骤四：

步骤五：

任务检测

请扫码答题。

细菌的分离与培养

任务评价

班级：__________　组别：__________　姓名：__________

项目	评分标准	自我评价	小组评价	教师评价
细菌的分离培养（25 分）	知道细菌分离培养的方法，清楚分区划线和平行划线的不同和适用情况（5 分）			
	会进行分区划线（10 分）			
	会进行平行划线（10 分）			
细菌的移植（40 分）	会进行固体斜面移植（10 分）			
	会从平板移植到斜面（10 分）			
	会进行液体肉汤移植（10 分）			
	会进行固体培养基穿刺接种法（10 分）			
细菌生长性状观察（25 分）	清楚细菌在液体培养基中的生长情况（5 分）			
	清楚细菌在半固体中的生长情况（5 分）			
	清楚细菌在平板中的生长情况（5 分）			
	会进行细菌生长情况的描述（10 分）			

（续表）

项目	评分标准	自我评价	小组评价	教师评价
活动效果（10分）	整体的效果（很好为10分，较好为7～9分，一般为3～6分，较差为0～2分）			
合计				
自我评价与总结				
教师点评				

任务七　细菌标本片的制备与染色

任务导入

我们可以通过光学显微镜油镜观察到标本片上的细菌。那么标本片是如何制备的？标本片上的细菌又是如何染色的？除了我们知道的革兰氏染色法之外是否还有其他染色法呢？请查阅资料，掌握用不同材料进行细菌标本片制备的过程和方法，知道常用的染色方法及染色结果，掌握革兰氏染色过程及染色结果。对培养的细菌进行标本片制备和染色，并绘制出镜检视野图后标注。

任务工单

班级：＿＿＿＿＿＿＿＿　　组别：＿＿＿＿＿＿＿＿　　姓名：＿＿＿＿＿＿＿＿

任务名称	细菌标本片的制备与染色
任务描述	任务内容：细菌标本片制备的过程、方法，细菌革兰氏染色法的过程及染色结果，细菌常用染色法及染色结果。 任务目的：会进行细菌标本片的制备及染色。 任务流程：查阅资料、小组讨论（知道细菌标本片制备的过程、方法）—进行细菌标本片的制备—查阅资料、小组讨论（掌握革兰氏染色过程及染色结果）—进行革兰氏染色—镜检绘图—查阅资料、小组讨论（知道常用的染色方法及染色结果）。 任务方法：查阅资料，小组讨论，实践操作，绘图。

（续表）

<table>
<tr><td>获取信息</td><td colspan="4">要完成任务，需要掌握相关的知识。请收集资料，回答以下问题。
1. 细菌标本片制备的过程是什么？
2. 不同材料制备细菌标本片的操作是否一样？不同之处请举例说明。
3. 革兰氏染色方法的操作步骤是什么？各染色液的顺序能否调换，为什么？
4. 革兰氏染色将细菌染成什么颜色？
5. 细菌常用的染色方法还有哪些？分别将细菌染成什么颜色？
6. 美兰染色后细菌为什么没有红色的？</td></tr>
<tr><td>制订计划</td><td colspan="4"></td></tr>
<tr><td rowspan="6">任务实施</td><td colspan="4">按照预先制订的工作计划，完成本任务，并记录任务实施过程。</td></tr>
<tr><td>序号</td><td>完成的任务</td><td>遇到的问题</td><td>解决办法</td></tr>
<tr><td></td><td></td><td></td><td></td></tr>
<tr><td></td><td></td><td></td><td></td></tr>
<tr><td></td><td></td><td></td><td></td></tr>
<tr><td></td><td></td><td></td><td></td></tr>
</table>

任务准备

一、知识准备

（一）细菌标本片的制备

1. 玻片准备

玻片应清洁、透明无油渍，滴上水后，能均匀展开，附着性好。如有残余油渍，可用下列方法处理。

①滴上 95% 乙醇 2～3 滴，用洁净纱布揩擦，然后在酒精灯火焰上轻轻拖过几次。

②若上法仍不能去除油渍，可再滴上 1～2 滴冰醋酸，用纱布擦净，再在酒精灯火焰上轻轻通过。

2. 涂片

①固体材料（如菌落、脓、粪便等）：取洁净的玻片一张，接种环灭菌后取 1～2 环无菌生理盐水，放于载玻片的中央；再将接种环灭菌后从固体培养基上挑取菌落或菌苔少许，与水混匀，做出直径 1 cm 左右的涂面。

②液体培养物：用灭菌接种环蘸取细菌培养液 1～2 环，直接在玻片上做成涂面。

③液体病料：取一玻片，用其一端蘸取所检液体材料如血液、腹水等少许，在另一张洁净的玻片上，以 45° 角均匀推成一适当大小的薄层涂面。

④组织病料：以无菌剪刀、镊子剪取组织一小块，以其新鲜切面在玻片上做几个薄层压印或涂抹成适当大小的一薄层。

无论何种方法，切忌涂抹太厚，否则不利于细菌染色和观察。

3. 干燥

室温自然干燥或在火焰上方的热空气中加温干燥。但时间不宜太长，避免烤枯标本，不堪检视。

4. 固定

固定的方法因染色方法不同而异。

①火焰固定。火焰固定是最常用的方法，将干燥好的抹片涂面向上，在火焰上来回通过数次（一般 4～6 次），以手背触及玻片微烫手为宜。

②化学固定。有的血片、组织触片用吉姆萨染色时，要用甲醇固定 3～5 min。抹片如做瑞氏染色，则不必先做特别固定，因染料中含有甲醇，可以达到固定的目的。

固定的目的是使菌体蛋白质凝固，易于着色，并且经固定的菌体牢固黏附在玻片上，水洗时不易冲掉，此外，固定也能杀死抹片中的部分微生物。

小提示

①做细菌涂片时，不宜涂得过厚，以免影响制片效果。

②火焰固定时温度不宜过高，以免造成菌体结构破坏。

（二）常用的细菌染色方法

1. 简单染色法

简单染色法即只应用一种染料进行染色的方法。

（1）美蓝染色法

在固定好的涂片上，滴加适量美蓝染色液，染色 2～3 min，水洗，晾干或吸水纸轻压吸干后镜检。

结果：菌体呈蓝色。

（2）瑞氏染色法

在固定好的涂抹片上，滴加瑞氏染色液，2 min 左右，再滴加与染色液等量的磷酸盐缓冲液或中性蒸馏水于玻片上，轻轻摇晃与染色液混合均匀，5 min 左右水洗，晾干或吸水纸轻压吸干后镜检。

也可在玻片上的涂抹处盖一适当大小的滤纸，然后在滤纸上轻轻滴加瑞氏染色液，至略浸过滤纸，视情况补充滴加，维持不干，3～5 min 后直接用水冲洗，吸干或烘干后镜检。

结果：菌体呈蓝色，组织细胞的细胞质呈红色，细胞核呈蓝色。

（3）吉姆萨染色法

血片或组织触片用甲醇固定干燥后，在其上滴加足量吉姆萨染色液，或将涂片浸入盛有染色液的染色缸中，染色 30 min，水洗，吸干或烘干，镜检。

结果：细菌呈蓝青色，组织细胞质呈红色，细胞核呈蓝色。

2. 复染色法

复染色法是应用两种或两种以上的染料或再加媒染剂进行染色的方法。

（1）革兰氏染色法

①在固定好的涂片上，滴加草酸铵结晶紫染色液，染 2 min 左右，水洗。

②加革兰氏碘液媒染，作用 2 min，水洗。

③加 95% 乙醇脱色 15～30 s 后，水洗。

④加稀释石炭酸复红或沙黄水溶液复染 2 min 左右，水洗，用吸水纸吸干后镜检。

结果：革兰氏阳性菌呈蓝紫色，革兰氏阴性菌呈红色。

小学士

细菌标本片的制备常规染色操作

小学士

革兰氏染色原理

（2）抗酸染色法

常用的有萋－尼氏染色法和沙黄－美蓝染色法（因此法主要用于布鲁氏菌的染色，故又称为布鲁氏菌染色法）。

①萋－尼氏染色法。在已干燥、固定好的涂片上滴加较多量的石炭酸复红染色液，酒精灯火焰上方微微加热至冒出蒸汽并维持 3～5 min，水洗；再用 3% 盐酸乙醇脱色至无染液流出，充分水洗；然后用碱性美蓝染液复染约 1 min，水洗，吸干，镜检。

②沙黄－美蓝染色法。在已干燥、固定好的涂片上滴加较多量的沙黄染色液，酒精灯火焰上方微微加热使冒蒸汽 3～5 次，维持 1～2 min，水洗；再用 3% 盐酸乙醇脱色至无染液脱出，充分水洗；然后用碱性美蓝染液复染约 1 min，水洗，吸干，镜检。

每种染液染色的过程中应保持染色液不干，尤其加热染色的染液，在染色过程中应随时添加，以免蒸发干，影响染色效果。

小提示

观察细菌染色标本需要用油镜，观察后用擦镜纸将标本上的油轻轻吸去，可短期保存于标本盒内。若要长期保留，应在标本中央滴一滴加拿大树胶，并覆盖一洁净盖玻片，自然干燥，可多年保存于玻片盒内。

拓展知识

细菌染色相关知识

（三）革兰氏染色原理

革兰氏染色法由丹麦植物学家 Christian Gram 创建于 1884 年，以此法可将细菌分为革兰氏阳性菌（蓝紫色）和革兰氏阴性菌（红色）两大类。

革兰氏染色的机理是细菌经初染（草酸铵结晶紫）和媒染（革兰氏碘液）后，在细胞表面形成结晶紫和碘的复合物，革兰氏阳性菌的细胞壁含较多的肽聚糖，脂类很少，用 95% 乙醇作用后，肽聚糖收缩，结晶紫和碘的复合物不能脱出。而革兰氏阴性菌的细胞壁含有较多的脂类，肽聚糖较少，当以 95% 乙醇处理时，脂类被脱去，结晶紫与碘形成的紫色复合物也随之被脱去，复染时被石炭酸复红染成红色，而未被脱色的革兰氏阳性菌仍呈现原来的蓝紫色。革兰氏染色的四种染液顺序是不能调换使用的。

二、材料准备

酒精灯、接种环、载玻片、吸水纸、生理盐水、美蓝染色液、革兰氏染色液、瑞氏染色液、染色缸、染色架、洗瓶、光学显微镜、香柏油、二甲苯、擦镜纸、细菌培养物、病料等。

三、工具准备

绘图用铅笔、红蓝铅笔、纸张等。

四、人员准备

人员分组，每组 5 人。明确职责分工。

任务角色	任务内容
组长：	任务：
组员：	任务：
组员：	任务：
组员：	任务：
组员：	任务：

任务筹划

1. 内容筹划

①根据所掌握的相关知识，列出下来细菌材料标本片制备的方法。

细菌材料	标本片制备方法
组织病料	
平板培养物	
肉汤培养物	
脓汁	
血液	

②根据所掌握的相关知识，写出革兰氏染色的过程及染色结果。

③根据所掌握的相关知识，罗列以下染色法的染色过程和染色结果。

染色法	染色过程	染色结果
美兰染色		
吉姆萨染色		
瑞氏染色		
抗酸染色		

④绘制出显微镜下自己所制备标本片的视野图。

2. 流程筹划

第一步：查找相关的资料，掌握细菌标本片制备及染色方法，并进行小组讨论。

第二步：标本片制备。

玻片准备—涂片—干燥—固定。

第三步：染色（以革兰氏染色为例）。

滴加草酸铵结晶紫—2 min 后水洗—加革兰氏碘液—2 min 后水洗—加 95% 乙醇—15～30 s 后水洗—加稀释石炭酸复红—2 min 左右后水洗—吸水纸吸干。

第四步：镜检，讨论其他染色方法及染色结果。

第五步：完善绘图，任务总结。

第六步：显微镜保养。

任务实施

步骤一：

步骤二：

步骤三：

步骤四：

任务检测

请扫码答题。

细菌标本片的制备与染色

任务评价

班级：__________ 组别：__________ 姓名：__________

项目	评分标准	自我评价	小组评价	教师评价
标本片的制备（35 分）	会进行玻片的准备（5 分）			
	会进行不同细菌材料的涂片（20 分）			
	会进行干燥和固定（10 分）			
细菌的染色（55 分）	清楚常用的染色方法类别（10 分）			
	会进行革兰氏染色操作（20 分）			
	会进行其他染色法操作（10 分）			
	能正确判定染色结果（15 分）			
活动效果（10 分）	整体的效果（很好为 10 分，较好为 7～9 分，一般为 3～6 分，较差为 0～2 分）			
合计				
自我评价与总结				
教师点评				

任务八　细菌的生化试验

任务导入

细菌所具有的酶系统各不相同，对营养物质的利用能力各异，因而在代谢过程中所产生的代谢产物也不同。应用生物化学方法检测细菌的代谢产物，有助于细菌属、种的鉴定。这就是我们要做的生化试验。请查阅资料，了解细菌新陈代谢及代谢产物，知道分解代谢产物及其常用的生化试验，掌握常用生化试验的原理、操作及结果判定，并对所给出的细菌进行生化试验鉴定。

任务工单

班级：__________　　组别：__________　　姓名：__________

任务名称	细菌的生化试验
任务描述	任务内容：细菌新陈代谢及代谢产物，分解代谢产物及其生化试验的原理，常用生化试验操作及结果判定。 任务目的：了解细菌新陈代谢及代谢产物，知道分解代谢产物及其常用的生化试验；掌握常见细菌生化试验的原理、方法、结果判定及其在细菌鉴定中的意义。 任务流程：查阅资料（了解细菌新陈代谢及代谢产物）—查阅资料、小组讨论（掌握分解代谢产物及其生化试验的原理及操作）—进行生化试验—查阅资料、小组讨论（掌握生化试验结果判定依据）—进行结果判定。 任务方法：查阅资料、小组讨论、实践操作。
获取信息	要完成任务，需要掌握相关的知识。请收集资料，回答以下问题。 1. 简述生化试验来源及意义。 2. 细菌的分解代谢产物有哪些？在临床上有什么意义？ 3. 细菌的合成代谢产物有哪些？在临床上有什么意义？ 4. 生化试验有哪些？哪些是利用糖的分解产物？哪些是利用蛋白质的分解产物？ 5. 糖发酵主要有哪些糖？ 6. 举例说明四种以上的生化试验原理、操作及结果判定依据。

（续表）

<table>
<tr><td>制订计划</td><td colspan="4"></td></tr>
<tr><td rowspan="6">任务实施</td><td colspan="4">按照预先制订的工作计划，完成本任务，并记录任务实施过程。</td></tr>
<tr><td>序号</td><td>完成的任务</td><td>遇到的问题</td><td>解决办法</td></tr>
<tr><td></td><td></td><td></td><td></td></tr>
<tr><td></td><td></td><td></td><td></td></tr>
<tr><td></td><td></td><td></td><td></td></tr>
<tr><td></td><td></td><td></td><td></td></tr>
</table>

任务准备

一、知识准备

（一）细菌的代谢产物

细菌的代谢包括合成代谢和分解代谢。分解代谢为合成代谢提供所需要的能量和原料，而合成代谢又是分解代谢的基础。

各种细菌的酶类不同，因而对营养物质的分解能力不同，代谢产物也不尽相同，各种代谢产物可积累于菌体内，也可分泌或排泄到环境中，其中有的对人类有利，有的有害。有些能被工农业生产利用而造福于人类，有些有助于细菌的鉴定、分类，有些则与病原菌的致病性有关。细菌在代谢过程中，要进行多种生物化学反应，这些反应几乎都靠各种酶系统来催化，由于不同的细菌含有不同的酶，因而对营养物质的利用和分解能力不一致，代谢产物也不尽相同，据此设计的用于鉴定细菌的试验，称为细菌的生化试验。生化试验在细菌鉴定中极为重要，是鉴定细菌的重要方法之一。

1. 分解代谢产物

（1）糖的分解产物

不同种类的细菌以不同的途径分解糖类，其代谢过程中均可产生丙酮酸。丙酮酸进一步生成气体（二氧化碳、氢气等）、酸类、醇类和酮类等。不同的细菌有不同的酶，对糖的分解能力也不同，有的不分解，有的分解产酸，有的分解产酸产气。利用糖的分解产物对细菌进行鉴定的生化试验有糖发酵试验、VP 试验、甲基红试验等。

（2）蛋白质的分解产物

细菌种类不同，分解蛋白质、氨基酸的种类和能力也不同，因此能产生许多中间产物。硫化氢是细菌分解含硫氨基酸的产物；吲哚（靛基质）是细菌分解色氨酸的产物；明胶是一种凝胶蛋白，有的细菌有明胶酶，使凝胶状的明胶液化；在分解蛋白质的过程中，有的能形成尿素酶，分解尿素形成氨。此外，有的细菌能将硝酸盐还原为亚硝酸盐等。利用蛋白质的分解产物设计的鉴定细菌的生化试验有靛基质试验、硫化氢试验、尿素分解试验、明胶液化试验、硝酸盐还原试验等。

2. 合成代谢产物

①酸类。细菌代谢产物可产生无机酸、有机酸。土壤中的细菌产酸能调节土壤的 pH 值及土壤的团粒结构，发酵工业利用细菌的发酵产酸来生产一系列有机酸，在乳品加工上乳酪、酸牛奶、奶酒的制造也是发酵产酸的结果。

②醇类、酯类和其他芳香物质。甲醇、乙醇是工业原料。酿造产品的物质与微生物代谢后产生的醇、酯等芳香物质有密切的关系；食品加工过程中，产品的风味及发酵饲料的芳香气味、适口性都与这些产物有关。

③气体。气体是指细菌新陈代谢中排出的废物，如二氧化碳（CO_2）、氢气（H_2）、甲烷（CH_4）、氨气（NH_3）、氮气（N_2）、硫化氢（H_2S）等。沼气是很好的生物热源，土壤中细菌产生的 NH_3 是植物氮素来源之一，H_2S、CO_2、H_2 等用于细菌的鉴定。

④维生素。维生素是某些细菌能自行合成的生长因子，除供自身需要外，还能分泌到菌体外，反刍动物胃内的细菌、人畜肠道中的大肠埃希菌均能合成维生素 B 和维生素 K。

⑤抗生素。抗生素以前叫抗菌素，是由某些微生物在代谢过程中产生的一种代谢产物，能抑制和杀死某些生物细胞主要是微生物和肿瘤细胞。

⑥细菌素。细菌素是某些细菌菌株产生的一类具有抗菌作用的蛋白质，与抗生素不同，作用范围狭窄，仅对近缘关系的细菌有作用，如大肠埃希菌某一菌株产生的大肠菌素，一般只能作用于与大肠埃希菌近缘的细菌。目前发现的有大肠菌素、弧菌素、绿脓杆菌素、葡萄球菌素。由于它们具有特异性，已用于细菌的分型。

⑦毒素。细菌合成代谢中产生的毒素有内毒素和外毒素，两类均有酸碱性。

⑧酶类。细菌代谢过程中产生的酶，除满足自身代谢需要外，某些细菌还能产生具有侵袭性的酶，能损伤机体的组织，增强病原菌的侵袭能力，如透明质酸酶、血浆凝固酶、链激酶等。

⑨热原质。多种革兰氏阴性杆菌（如大肠埃希菌、绿脓杆菌等）和少数革兰氏阳性菌（如枯草杆菌）产生的一种多糖物质，注入人、畜体内能引起发热反应，故称热原质。它耐高温，不被高压蒸汽灭菌法（121 ℃，30 min）破坏，制造注射液使用的蒸馏水，需用吸附剂和特制的石棉滤板除去热原质。

⑩色素。某些细菌在一定条件下（氧气充足、温度适宜），产生各种颜色的色素。色素有脂溶性和水溶性两种，在细菌鉴别上具有一定的意义。

拓展知识

细菌的新陈代谢和酶

小提示

利用不同细菌合成和分解产物的这些不同特性，有利于细菌种类的鉴别。在微生物实验室工作中常通过各种生化反应来鉴定细菌，如糖发酵试验、靛基质试验、硫化氢的产生、尿素分解酶的测定等。

（二）细菌生化试验

一般只有纯培养的细菌才能进行生化试验鉴定。生化试验在细菌鉴定中极为重要，方法也很多，下面介绍几种常用的生化试验的原理。

1. 糖发酵试验（Carbohydrate Fermentation Test）

糖分解试验主要是检查细菌对各种糖、醇等的发酵能力，从而进行各种细菌的鉴别。

（1）原理

不同细菌对糖的利用情况不同，代谢产物也就不尽相同，有的不分解，有的分解只产酸，有的分解既产酸又产气。而且这种分解能力因是否有氧的存在而异，在有氧的条件下称为氧化，无氧条件下称为发酵。试验时往往将同一种细菌接种于相同的糖培养基一式两管，一管用液体石蜡等封口，进行“发酵”，另一管置有氧条件，培养后观察产酸产气情况。目前，“糖发酵”一词泛指有氧及厌氧条件下细菌对糖的分解反应，如不加特别说明，均是有氧条件。

（2）试验操作及结果判定

以无菌操作将细菌分别接种于糖发酵管内，置 37 ℃培养 24～48 h 后观察结果。如发酵糖类产酸，则培养基中酸碱指示剂变成其酸性颜色，可用“+”号表示。如发酵糖类既产酸又产气，则培养基除变色外，在倒置小管中有气泡出现，可用“⊕”表示。如细菌不分解该糖时，则指示剂不变色，倒置小管无气泡，以“-”表示。

小学士

糖分解试验

2.VP 试验（Voges Proskaur Test）

本试验一般用于肠杆菌科各菌属的鉴别。

（1）原理

大肠埃希菌和产气肠杆菌均能发酵葡萄糖，产酸产气，两者不能区别。但产气肠杆菌能使丙酮酸脱羧，生成中性的乙酰甲基甲醇，后者在碱性溶液中被空气中的分子氧所氧化，生成二乙酰，二乙酰与培养基中含胍基的化合物反应，生成红色的化合物，即为 VP 试验阳性。大肠埃希菌不能生成乙酰甲基甲醇，故为阴性。

（2）试验操作及结果判定

将细菌接种于葡萄糖蛋白胨水培养基中，置 37 ℃培养 4 d 后，取 2 mL 培养物，先加入 6% α-萘酚乙醇溶液（VP 甲液）1 mL，再加入 40% 氢氧化钾溶液（VP 乙液）0.4 mL，充分振荡，室温下静置 5～30 min 后观察，呈红色反应为阳性，如无红色出现，而且置 37 ℃ 4 h 仍无红色反应者为阴性。

3. 甲基红试验（Methyl Red Test）

甲基红试验又称 MR 试验。本试验常与 VP 试验一起使用。

（1）原理

在 VP 试验中，产气肠杆菌分解葡萄糖，产生的 2 分子的丙酮酸转变为 1 分子中性的乙酰甲基甲醇，故最终的酸类较少，培养液 pH 值 >5.4，以甲基红做指示剂时，溶液呈橘黄色，为阴性。大肠埃希菌分解葡萄糖时，丙酮酸不转变为乙酰甲基甲醇，故培养基的酸性较强，pH 值≤4.5，甲基红指示剂呈红色，则为阳性。

（2）试验操作及结果判定

将细菌接种于葡萄糖蛋白胨水培养基中，置 37 ℃培养 4 d 后，取 2 mL 培养液，加入甲基红试剂（甲基红 0.1 g，溶于 95% 乙醇 300 mL 中）5～6 滴，轻摇后出现红色反应为甲基红试验阳性，黄色为甲基红试验阴性。

4. 枸橼酸盐利用试验（Citrate Utilization Test）

（1）原理

某些细菌能利用枸橼酸盐作为唯一的碳源，能在除枸橼酸盐外不含其他碳源的培养基上生长。分解枸橼酸盐生成碳酸盐，并分解其中的铵盐生成氨，使培养基由酸性变成为碱性，从而使培养基中的指示剂溴麝香草酚蓝由草绿色变为深蓝色为阳性；不能利用枸橼酸盐作为唯一碳源的细菌在该培养基上不能生长，培养基颜色不改变，则为阴性。

（2）试验操作及结果判定

将细菌接种于枸橼酸盐斜面培养基斜面上，于 37 ℃培养 1～4 d，每日观察结果。培养基斜面上有细菌生长，而且培养基变蓝色为阳性；无细菌生长，培养基颜色不变保持绿色为阴性。

5. 吲哚试验（Indole Test）

（1）原理

吲哚试验又称靛基质试验。有些细菌能分解蛋白胨水培养基中的色氨酸产生吲哚，如在培养基中加入对二甲基氨基苯甲醛，则与吲哚结合生成红色的玫瑰吲哚，为吲哚试验阳性，否则为阴性。

（2）试验操作及结果判定

将细菌接种于邓亨氏蛋白胨水培养基中，置 37 ℃培养 2～3 d 后，沿管壁徐徐加入戊二醇或二甲苯 2～3 mL，摇匀，静置片刻后，沿试管壁加入吲哚试剂 2 mL（配法：对二甲基氨基苯甲醛 1.0 g 加上 95% 乙醇 95 mL 溶解后，再加浓盐酸 50 mL），使试剂浮于培养物表面，形成两层，即刻观察结果。两液面交界处呈现红色为阳性，无变化者为阴性。

小提示

细菌生化试验的主要用途是鉴别细菌，对革兰氏染色反应、菌体形态以及菌落特征相同或相似的细菌的鉴别具有重要意义。其中吲哚试验、甲基红试验、VP 试验、枸橼酸盐利用试验四种试验组成一个系统，合称为 IMViC 试验。主要用于鉴别肠杆菌科各个菌属，特别是大肠埃希菌和产气肠杆菌的鉴别。

6. 硫化氢试验（Hydrogen Sulfide Production Test）

（1）原理

某些细菌能分解培养基中的胱氨酸、甲硫氨酸等含硫氨基酸，产生硫化氢，与加到培养基中的醋酸铅或硫酸亚铁等反应，生成黑色的硫化铅或硫化亚铁，使培养基变黑色，为硫化氢试验阳性。该试验在肠杆菌科的细菌鉴别中有重要作用。

（2）试验操作及结果判定

将细菌接种于醋酸铅培养基中，于 37 ℃培养 4 d 后，观察并记录结果。醋酸铅培养基出现黑色沉淀为阳性，不变色为阴性。

7. 触酶试验（Catalase Test）

触酶又称接触酶或过氧化氢酶，能使过氧化氢快速分解成水和氧气。有的细菌能产生此酶，在细菌培养物上滴加过氧化氢水溶液，见到大量的气泡产生为阳性。

8. 氧化酶试验（Oxidase Test）

氧化酶又称细胞色素酶、细胞色素氧化酶 C 或呼吸酶。该试验用于检测细菌是否含有该酶。原理是氧化酶在有分子氧或细胞色素 C 存在时，可氧化四甲基对苯二胺，出现紫色反应。

9. 脲酶试验（Urease Test）

脲酶又称尿素酶。细菌如有脲酶，能分解尿素产生氨，使培养基的碱性增加，含酚红指示剂的培养基由粉红色转为紫红色为阳性。

小提示

常用生化培养基的配方及制法

二、材料准备

各种糖发酵管、蛋白胨水培养基、醋酸铅蛋白胨琼脂培养基、柠檬酸盐琼脂斜面培养基、MR 试剂、VP 试剂、靛基质试剂、恒温箱、接种环、酒精灯、大肠埃希菌等的 24 h 纯培养物等。

三、工具准备

签字笔、纸张等。

四、人员准备

人员分组，每组 5 人。明确职责分工。

任务角色	任务内容
组长：	任务：
组员：	任务：
组员：	任务：
组员：	任务：
组员：	任务：

任务筹划

1. 内容筹划

①根据所掌握的知识，完成下表。

合成代谢产物	作用	有益 / 有害

②根据所掌握的知识，完成下表。

生化试验名称	原理	所要接种的培养基	结果判定方法
糖发酵试验			
甲基红试验			
VP 试验			
吲哚试验			
硫化氢试验			
枸橼酸盐利用试验			

③请写出以下生化试验的结果（彩图见本书正文后彩图 3）。

接种前

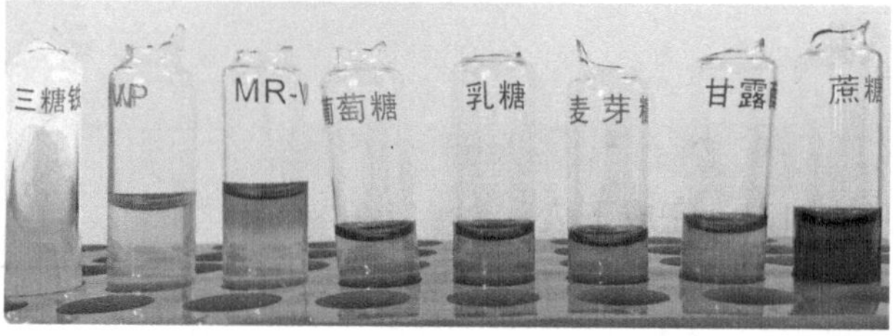

接种后

④根据已完成的生化试验，记录结果并判定细菌种类。

2. 流程筹划

第一步：查找相关的资料，掌握细菌生化试验原理、操作及结果判定方法。

第二步：制备（准备）生化培养基。

各类糖发酵管—葡萄糖蛋白胨水培养基 2 个—枸橼酸盐斜面培养基斜面—邓亨氏蛋白胨水培养基—醋酸铅培养基等。

第三步：进行生化试验。

糖发酵试验—甲基红试验—VP 试验—枸橼酸盐利用试验—吲哚试验—硫化氢试验等。

第四步：生化试验结果判定并记录。

第五步：根据结果，鉴定菌种。

任务实施

步骤一：

步骤二：

步骤三：

步骤四：

任务检测

请扫码答题。

细菌的生化试验

任务评价

班级:________________　组别:________________　姓名:________________

项目	评分标准	自我评价	小组评价	教师评价
细菌的代谢产物（20分）	知道细菌的合成代谢产物及作用（5分）			
	知道细菌的分解代谢产物及作用（5分）			
	知道细菌的生化试验有哪些（10分）			
细菌的生化试验（70分）	会进行糖发酵试验及结果判定（10分）			
	会进行甲基红试验及结果判定（10分）			
	会进行 VP 试验及结果判定（10分）			
	会进行吲哚试验及结果判定（10分）			
	会进行硫化氢试验及结果判定（10分）			
	会进行枸橼酸盐利用试验及结果判定（10分）			
	会进行其他生化试验及结果判定（10分）			
活动效果（10分）	整体的效果（很好为10分，较好为7～9分，一般为3～6分，较差为0～2分）			
合计				
自我评价与总结				
教师点评				

任务九　细菌病的诊断

任务导入

细菌是自然界广泛存在的一种微生物，细菌性传染病占动物传染病的50%左右。因此在动物生产过程中，必须做好细菌病的防治工作。对于发病的群体，及时而准确地做出诊断是十分重要的。那么又如何能快速、准确地诊断出细菌病呢？这就需要我们先从发病动物体内分离出细菌，再做进一步的试验来鉴定细菌并诊断疾病。因此，请同学们查阅资料，掌握常见致病细菌的生物学特性、致病特性等。再根据所学习的知识或查阅资料，讨论细菌病诊断的过程及方法。并以大肠埃希菌病为例进行诊断，图文并茂绘制出大肠埃希菌病诊断的整个过程、方法及结果依据等，举一反三说出其他细菌病的诊断。

任务工单

班级：________　组别：________　姓名：________

<table>
<tr><td>任务名称</td><td colspan="4">细菌病的诊断</td></tr>
<tr><td>任务描述</td><td colspan="4">任务内容：常见病原细菌的微生物学特性、致病性等，细菌病的诊断过程及方法。
任务目的：明确临床常见病原细菌的特性，会进行常见细菌病的诊断。
任务流程：查阅资料（掌握常见致病细菌的生物学特性、致病特性）—查阅资料（知道细菌病的诊断过程）—小组讨论（大肠埃希菌病的诊断）—进行诊断操作—图文并茂绘制出大肠埃希菌病诊断过程、方法及结果依据等—举一反三说出其他细菌病的诊断。
任务方法：查阅资料，小组讨论，实践操作，绘图。</td></tr>
<tr><td>获取信息</td><td colspan="4">要完成任务，需要掌握相关的知识。请收集资料，回答以下问题。
1. 常见的革兰氏阳性病原球菌有哪些？各有什么特性？

2. 常见的革兰氏阴性杆菌有哪些？各有什么特性？

3. 常见的革兰氏阳性杆菌有哪些？各有什么特性？

4. 常见的厌氧性病原梭菌有哪些？各有什么特性？

5. 病料的采集原则和方法是什么？

6. 细菌病诊断的过程、方法有哪些？各有什么意义？</td></tr>
<tr><td>制订计划</td><td colspan="4"></td></tr>
<tr><td rowspan="6">任务实施</td><td colspan="4">按照预先制订的工作计划，完成本任务，并记录任务实施过程。</td></tr>
<tr><td>序号</td><td>完成的任务</td><td>遇到的问题</td><td>解决办法</td></tr>
<tr><td></td><td></td><td></td><td></td></tr>
<tr><td></td><td></td><td></td><td></td></tr>
<tr><td></td><td></td><td></td><td></td></tr>
<tr><td></td><td></td><td></td><td></td></tr>
</table>

任务准备

一、知识准备

（一）常见的病原细菌实例——大肠埃希菌

大肠埃希菌又称大肠杆菌。

1. 生物学特性

①形态与构造。大肠埃希菌是两端钝圆、中等大小的革兰氏阴性杆菌，大小为（2～3）μm ×（0.4～0.7）μm，菌体有周身鞭毛，无芽孢，多散在存在。

②培养特性。本菌为需氧或兼性厌氧菌，在普通培养基上生长良好。在肉汤中培养，呈均匀浑浊，管底有黏性沉淀，液面管壁可有菌环，培养物具有粪臭味。在普通琼脂培养基上呈灰色、半透明、圆形、湿润、边缘整齐或不整齐的大菌落；在血液琼脂培养基上，菌落较大，少数菌株有明显的溶血环；在伊红美蓝琼脂平板上，产生紫黑色带金属光泽的菌落；在麦康凯琼脂上形成红色菌落；在 SS 琼脂一般不生长或生长较差，生长者呈红色；在远藤氏培养基上形成红色带金属光泽的菌落；一些致病菌株在绵羊血平板呈 β 溶血。

③生化特性。本菌生化反应活跃，能分解葡萄糖、乳糖、麦芽糖、甘露醇，产酸产气，靛基质试验、甲基红试验为阳性，VP 试验阴性，不能利用枸橼酸盐作为碳源，多数菌株不产生硫化氢。三糖铁（Trisaccharide Iron, TSI）琼脂上表现为斜面产酸，培养基变黄；底层产酸产气，培养基变黄含有气泡。

④抗原构造。大肠埃希菌具有 O 抗原、K 抗原和 H 抗原三种主要抗原。目前 O 抗原有 171 种，H 抗原 60 种，K 抗原 103 种。K 抗原位于细胞壁外层，根据 K 抗原的物理性质又可分为 L、A 和 B 三种主要型别。

⑤抵抗力。本菌的抵抗力中等，一般都能通过巴氏消毒杀死，对常用的消毒药敏感，可在数分钟内被杀死。亚硒酸胆盐和煌绿对本菌生长有抑制作用。

2. 致病性

大肠埃希菌一般不致病，且对机体有利，在特定条件下可致大肠埃希菌病。不同血清型的大肠埃希菌常使不同种动物发病，但也有几种血清型能对多种动物致病。大肠埃希菌 O138、O141、O8、O9、O115 常引起初生仔猪黄痢和断乳仔猪水肿病，而且具有溶血性，称为溶血性大肠埃希菌；O78 引起犊牛、羔羊下痢；O8、O7 对仔猪、犊牛、羔羊均能致病；O1、O2、O78 会引起家禽大肠埃希菌病。

根据毒力因子与发病机制的不同，与动物疾病有关的病原性大肠埃希菌可分为五类：产肠毒素性大肠杆菌（ETEC）、产类志贺毒素大肠杆菌（SLTEC）、肠致病性大肠杆菌（EPEC）、败血性大肠杆菌（SEPEC）及尿道致病性大肠杆菌（UPEC）。其中前两类研究得最清楚。ETEC 是一类致人和幼畜初生仔猪、犊牛、羔羊、断奶仔猪腹泻最常见的病原性大肠埃希菌。SLTEC 是一类在体内或体外生长时可产生类志贺毒素（SLT）的病原性大肠埃希菌。在动物中，它可致猪的水肿病，以头部、肠系膜和胃壁浆液性水肿为特征。近年来，发现 SLTEC 与犊牛出血性肠炎有密切关系。

3. 微生物诊断

应采集病变的内脏组织、小肠内容物或黏膜刮取物、肠系膜淋巴结等。

①分离培养及鉴定：病料直接接种于血琼脂或麦康凯琼脂平板上，挑取麦康凯琼脂上红色菌落及血平板上具有 β 型溶血的典型菌落，分别转种 TSI 培养基和普通琼脂斜面培养基做纯培养定和初步生化鉴，用培养物继续做 O 抗原鉴定。

②通过对致病性的毒力因子的检测可确定其属于何类致病性大肠埃希菌。

4. 防治

预防本病主要需做到加强饲养管理，搞好卫生消毒等工作，防止本病的发生。本菌有很多耐药菌株，极易产生耐药性，因此最好经药敏试验来确定高效的抗菌药物。针对幼畜大肠埃希菌病，国内外已有多种多样预防幼畜腹泻商品化菌苗，可用疫苗免疫接种。

小学士

常见的病原细菌

（二）细菌病的实验室诊断

除少数如破伤风等可根据流行病学、临床症状做出诊断外，多数细菌病需要借助病理变化初步诊断，确诊则需在临床诊断的基础上进行实验室诊断，确定细菌的存在或检出特异性抗体。细菌病的实验室诊断需要在正确采集病料的基础上进行，常用的诊断方法有：细菌的形态检查、细菌的分离培养、细菌的生化试验、细菌的血清学试验、动物接种试验、分子生物学的方法等。

1. 病料的采取、保存及运送

（1）采集病料的原则

①无菌采集病料。病料的采集要求进行无菌操作，所用器械、容器及其他物品均需事先灭菌。在采集病料时也要防止病原菌污染环境及造成人的感染，尸体剖检前先用消毒液浸泡，打开胸腹腔后先取病料后病理学检查，剖检的尸体进行焚烧或深埋处理，剖检操作者、用具及场地都要进行消毒或灭菌处理。

②适时采病料原则。病料一般采集于濒死或刚刚死亡的动物，若是死亡的动物，则应在动物死亡后立即采集，夏天不宜迟于 6～8 h，冬天不迟于 24 h。如果要采血清测抗体，最好采发病初期和恢复期两个时期的血清。

③病料含病原多原则。病料必须采自含病原菌最多的病变组织或脏器。

④采病料适量原则。采集的病料不宜过少，以免在送检过程中细菌因干燥而死亡，病料的采集量至少是检测量的 4 倍。

（2）采集病料的方法

①液体材料的采集方法。脓汁、胸腹水一般用灭菌的棉棒或吸管吸取放入无菌试管内，塞好胶塞送检。

②实质脏器的采集方法。应在解剖尸体后立即采集，用烧红的铁片烧烙表面，或用乙醇火焰灭菌后，在烧烙的深部取一块实质脏器，放在灭菌试管或平皿内。如

剖检现场有细菌分离培养条件，直接以烧红的烙刀烧烙脏器表面，并在烙烫部位做一切口，然后用灭菌的接种环自切口插入组织中，缓缓转动接种环，取少量组织或液体接种到适宜的培养基。

③肠道及其内容物的采集方法。肠道只需选择病变最明显的部分，将其中内容物去掉，用灭菌水轻轻冲洗后放在平皿内。粪便应采取新鲜的带有脓、血、黏液的部分，液态粪应采集絮状物。有时可将胃肠两端扎好剪下，保存送检。

④皮肤及羽毛的采集方法。皮肤要取病变明显且带有一部分正常皮肤的部位，被毛或羽毛要取病变明显部位，并带毛根，放入平皿内。

⑤胎儿的采集方法。可将流产胎儿及胎盘、羊水等送往实验室，也可用吸管或注射器吸取胎儿胃内容物放入试管送检。

（3）病料的保存与运送

供细菌检验的病料，若能 1～2 d 内送到实验室，可放在有冰的保温瓶或 4～10 ℃冰箱内，也可放入灭菌液体石蜡或 30% 甘油盐水缓冲保存液中（甘油 300 mL，氯化钠 4.2 g，磷酸氢二钾 3.1 g，磷酸二氢钾 1.0 g，0.02% 酚红 1.5 mL，蒸馏水加至 1 000 mL，pH 值 7.6）。

供细菌学检验的病料，最好及时由专人送检，并带好说明，内容包括：送检单位、地址、动物品种、性别、日龄、送检的病料种类和数量、检验目的、保存方法、死亡日期、送检日期、送检者姓名，并附临床病例摘要（发病时间、死亡情况、临床表现、免疫和用药情况等）。

2. 实验室诊断

（1）细菌的形态检查

细菌的形态检查是细菌检验技术的重要手段之一。在细菌病的实验室诊断中，形态检查的应用有两个时机。一是将病料涂片染色镜检，它有助于对细菌的初步认识，也是决定是否进行细菌分离培养的重要依据，有时通过这一环节即可得到确切诊断。如禽霍乱和炭疽的诊断有时可通过病料组织触片、染色、镜检即可确诊。另一个时机是在细菌分离培养之后，将细菌培养物涂片染色，观察细菌的形态、排列及染色特性，这是鉴定分离菌的基本方法之一，也是进一步生化鉴定、血清学鉴定的前提。

小提示

形态检查见项目一中任务一用光学显微镜油镜观察细菌和任务七细菌标本片的制备与染色。

（2）细菌的分离培养

细菌病的诊断与防治以及对未知菌的研究，常需要进行细菌的分离培养。细菌的分离培养法是微生物检验中不可缺少的操作过程。例如，有些时候病料中细菌较少，不易检出，此时需要通过增菌培养的方法培养出更多的细菌来进行检验，即将样品接种在液体培养基内，使细菌在其中生长繁殖，再进一步分离和鉴定；再者，很多时候有些标本中除含有数量较少的致病菌外，常含有更多的非致病菌及杂菌，从采集的病料中分离出目的病原菌是细菌病诊断的重要依据，此时就需要通过分离培养法来分离病原菌，进行下一步实验。将分离到的病原菌进一步纯化，可为进一步的生化试验鉴定和血清学试验鉴定提供纯的细菌。此外，细菌分离培养技术也可用于细菌的计数、扩增和动力观察等。

小提示

分离培养见项目一中任务六细菌的分离与培养。

细菌分离和纯化是获得典型的生长良好的细菌培养物所必需的。细菌分离培养和细菌纯化的方法很多，最常用的是平板划线接种和细菌移植法。

①平板划线接种法。平板划线接种法又称分离培养法，其目的是将混有多种细菌的培养物或样品标本于平板培养基上接种划线，使其分散生长，最终形成单个菌落或分离出单一菌株，从而有利于各种细菌的识别鉴定。被检材料如粪便、痰、脓汁、尿液、脑脊液等常混杂有多种细菌，平板划线法可使混杂的细菌在琼脂平板表面分散生长，各自形成不同的菌落，再根据菌落的形态特征，挑选单个菌落继续培养，以此分离获得纯种细菌，用于进一步研究、鉴定或保存。平板划线接种法是细菌分离培养的常用技术，划线方法较多，以分区划线法与平行划线法较为常用。

②细菌移植法。斜面移植，是从平板培养物上挑取一个菌落，移接至斜面培养基，或从一斜面移接到另一斜面，此种方法主要用于接种纯菌，使其增殖后用于鉴定或保存菌种。肉汤移植，多用于营养肉汤、单糖发酵试验等。

不同的细菌在一定培养基中有其特定的生长现象，如在液体培养基中有浑浊、沉淀和菌环或菌膜，在固体培养基上形成菌落和菌苔等。细菌菌落的形状、大小、色泽、气味、透明度、黏稠度、边缘结构和有无溶血现象等，均因细菌的种类不同而异，根据菌落的这些特征，即可初步确定细菌的种类。

（3）细菌的生化试验

细菌所具有的酶系统各不相同，对营养物质的利用能力各异，因而在代谢过程中所产生的代谢产物也不同。应用生物化学方法检测细菌的代谢产物，有助于细菌属、种的鉴定。

小提示

生化试验见项目一中任务八细菌的生化试验。

①糖发酵试验：主要是检查细菌对各种糖、醇等的发酵能力，从而进行各种细菌的鉴别。

② IMViC 试验：将吲哚试验（ I ）、甲基红试验（MR）、VP 试验、枸橼酸盐利用试验（C）组成一个系统，来对细菌进行鉴定，主要用于鉴别肠杆菌科各个菌属，特别是大肠埃希菌和产气肠杆菌的鉴别。

③硫化氢试验：某些细菌能分解培养基中的胱氨酸、甲硫氨酸等含硫氨基酸，产生硫化氢，与加到培养基中的醋酸铅或硫酸亚铁等反应，生成黑色的硫化铅或硫化亚铁，使培养基变黑色，为硫化氢试验阳性。

④触酶试验：触酶又称接触酶或过氧化氢酶，能使过氧化氢快速分解成水和氧

气。有的细菌能产生此酶，在细菌培养物上滴加过氧化氢水溶液，见到大量的气泡产生为阳性。

⑤氧化酶试验：氧化酶又称细胞色素酶、细胞色素氧化酶C或呼吸酶。该试验用于检测细菌是否含有该酶。原理是氧化酶在有分子氧或细胞色素C存在时，可氧化四甲基对苯二胺，出现紫色反应。

⑥脲酶试验：脲酶又称尿素酶，细菌如有脲酶，能分解尿素产生氨，使培养基的碱性增加，含酚红指示剂的培养基由粉红色转为紫红色为阳性。

（4）动物接种试验

试验动物有“活试剂”或“活天平”之誉，是生物学研究的重要基础和条件之一。动物试验也是微生物学检验中常用的技术，有时为了证实所分离菌是否有致病性可进行动物接种试验，最常用的是本动物接种和试验动物接种。

小提示

动物接种试验见项目二中任务四试验动物接种与剖检。

（5）细菌的血清学试验

血清学试验具有特异性强、检出率高、方法简易快速的特点，因此广泛应用于细菌病的诊断和细菌的鉴定。常用的血清学试验有凝集试验、沉淀试验、补体结合试验、免疫标记技术等。如在生产实践中常用凝集试验进行鸡白痢和布鲁氏菌病的检疫。

在细菌病的实验室诊断或细菌的鉴定中，除应用上述介绍的方法外，迅速兴起和发展起来的分子生物学技术也在广泛应用。如：传统的猪链球菌检测方法为细菌分离法，至少需要3 d时间。如果采用先进的聚合酶链式反应（Polymerase Chain Reaction, PCR）新技术，可将检测猪链球菌的时间缩短至1.5 h左右。

小提示

血清学试验见项目四任务六凝集试验、任务七沉淀试验和补体结合试验、任务八中和试验和免疫标记。

二、材料准备

光学显微镜、载玻片、香柏油、二甲苯、擦镜纸、恒温培养箱、鉴别培养基、生化培养基、接种坏、革兰氏染色液等。

三、工具准备

绘图用铅笔、红蓝铅笔、纸张等。

四、人员准备

人员分组，每组5人。明确职责分工。

任务角色	任务内容
组长：	任务：
组员：	任务：
组员：	任务：
组员：	任务：
组员：	任务：

任务筹划

1. 内容筹划

①对比常见的革兰氏阴性杆菌的异同点，并写出大肠埃希菌的特征，及微生物诊断要点（即与其他革兰氏阴性相似杆菌区别鉴定要点）。

②对比常见的革兰阳性病原球菌的异同点（即区别鉴定要点）。

③对比常见的革兰阳性杆菌的异同点（即区别鉴定要点）。

④对比出常见的厌氧性病原梭菌的异同点（即区别鉴定要点）。

⑤简述大肠埃希菌病的诊断流程，写出每一步该出现的结果。

2. 流程筹划

第一步：查阅资料，掌握常见病原菌的生物学特性、培养特性等。

第二步：小组讨论，大肠埃希菌的特征及微生物诊断要点，并确定诊断过程。

第三步：采集病料。小组讨论，确定采集的过程、方法及采集的组织。

第四步：实验室诊断。

病料染色镜检—病料中细菌的分离培养—培养物观察及染色镜检—细菌纯化—生化试验、接种鉴别培养基等—动物接种试验—结果判定

第五步：根据诊断流程写出每一步出现的结果及最终判定的依据。

第六步：整理总结后，图文并茂写出大肠埃希菌病的整个诊断过程及结果。

任务实施

步骤一：

步骤二：

步骤三：

步骤四：

步骤五：

任务检测

请扫码答题。

细菌病的诊断（上）

细菌病的诊断（下）

任务评价

班级：__________ 组别：__________ 姓名：__________

项目	评分标准	自我评价	小组评价	教师评价
对常见病原细菌的认识（20分）	能对比出革兰氏阴性杆菌的区别鉴定要点（5分）			
	能对比出革兰氏阳性球菌的区别鉴定要点（5分）			
	能对比出革兰氏阳性杆菌的区别鉴定要点（5分）			
	能对比出厌氧性梭菌的区别鉴定要点（5分）			
大肠埃希菌病的诊断（70分）	能正确采集病料（5分）			
	能进行病料中细菌的染色镜检并会对结果进行推理判定（10分）			
	会进行病料中细菌的分离培养（10分）			
	会进行分离菌的纯培养（10分）			
	会进行鉴别培养基接种及诊断（10分）			
	会进行生化试验及结果判定（10分）			
	会进行动物接种试验（10分）			
	能正确判定最终结果（5分）			
活动效果（10分）	整体的效果（很好为10分，较好为7～9分，一般为3～6分，较差为0～2分）			
合计				
自我评价与总结				
教师点评				

项目二 认识病毒

项目导读

病毒的分布广泛，人与动物、植物、藻类、真菌和细菌都有病毒感染。其中动物病毒多对宿主有致病作用，引起疫病流行，造成重大损失。如口蹄疫、流行性感冒、狂犬病等。有的则会引起肿瘤，如鸡马立克病毒、禽白血病病毒等。随着时间的推移和技术的进步不断有新的病毒被发现。病毒颗粒很小，比细菌还小，也没有细胞结构。那病毒又是怎样繁殖，生存下的呢？病毒和细菌还有哪些不同之处？病毒和细菌在结构和形态上是否一样，培养方法是否一样？常见的动物病毒又有哪些？我们又是如何进行识别的呢？

掌握了病毒的形态结构，知道了其生长繁殖需求和复制过程，熟悉了病毒的特点和其他特性，才能培养出病毒，并依据各种不同病毒的特性进行病毒病的诊断，从而有的放矢地采取合理的疾病防治措施。

知识目标

①掌握病毒的特点及结构，能够正确对病毒和其他微生物进行区分。

②知道病毒的繁殖方式和过程，熟悉病毒的培养方法。

③熟悉常见的动物病毒及其主要特性，知道病毒病的常用诊断方法，以及病料的保存和处理方法。

技能目标

①会进行试验动物的接种和剖检，会进行病毒的鸡胚接种，能够完成病毒的培养。

②会进行病毒的血凝及血凝抑制试验操作，并能做出正确的结果判定。

③会进行病毒病的诊断。

素质目标

能认知自己在团队中的角色，主动承担工作任务及责任，尊重他人及其意见，遵从集体决策，提升团队合作能力。

思政目标

认同微生物的发展与国家发展、科技的进步密切相关，培养学生的家国情怀，增强学生民族自豪感。

任务一　掌握病毒的形态结构

任务导入

很多病毒性传染病具有传染快、流行广、死亡率高的特点，迄今还缺乏确切有效的防治药物。病毒对人类、畜禽的危害最严重，给畜牧业生产带来巨大的经济损失。那么病毒是否和细菌一样，它又有什么样的形态结构呢？查阅资料，知道病毒有几种形态、大小如何衡量，了解病毒的特点，明确病毒含有哪些结构及其作用。最后，对病毒的形态结构进行汇总，绘制出自己所理解的病毒形态及结构模拟图。

任务工单

班级:________________　　组别:________________　　姓名:________________

任务名称	掌握病毒的形态结构
任务描述	任务内容：病毒的形态、大小和排列，病毒的特点，病毒的基本结构及意义。 任务目的：知道病毒有几种形态、大小如何衡量，了解病毒的特点，明确病毒含有哪些结构及其作用。 任务流程：查阅资料（知道病毒的形态、大小及特点）—小组讨论（绘制病毒形态图）—查阅资料（掌握病毒的特点及结构）—总结（病毒形态、大小及结构）—对所有内容汇总讨论—绘制病毒形态结构模拟图。 任务方法：查阅资料，小组讨论，根据要求进行绘图。
获取信息	要完成任务，需要掌握相关的知识。请收集资料，回答以下问题。 1. 病毒大小是不是都是一样的？病毒小到了什么程度？ 2. 病毒的形态是不是都一样？病毒有哪几种形态？

（续表）

<table>
<tr><td>获取信息</td><td colspan="4">3. 病毒有哪些特征？病毒有哪些分类？

4. 病毒是由哪些结构组成的？各有什么作用？哪些结构是病毒必须有的？</td></tr>
<tr><td>制订计划</td><td colspan="4"></td></tr>
<tr><td rowspan="6">任务实施</td><td colspan="4">按照预先制订的工作计划，完成本任务，并记录任务实施过程。</td></tr>
<tr><td>序号</td><td>完成的任务</td><td>遇到的问题</td><td>解决办法</td></tr>
<tr><td></td><td></td><td></td><td></td></tr>
<tr><td></td><td></td><td></td><td></td></tr>
<tr><td></td><td></td><td></td><td></td></tr>
<tr><td></td><td></td><td></td><td></td></tr>
</table>

任务准备

一、知识准备

（一）病毒的概念、大小和形态

1. 病毒的概念

病毒是一类比较原始的、有生命特征的、能够自我复制和严格细胞内寄生的非细胞型微生物。它形体微小，可以通过细菌滤器，必须在电子显微镜下能被看到。

2. 病毒的大小

病毒颗粒极微小，用于测量病毒大小的单位为 nm（纳米，1 nm=1 000 μm）。各种病毒的大小差别很大，最大的为 300 nm（如痘病毒），在光学显微镜下可以看到；最小的病毒仅为 17 nm（如圆环病毒）；中等大小的病毒，其大小为 80～100 nm（如流感病毒）。

3. 病毒的形态

病毒的外形多为球形或近似球形，但也有呈砖形、杆状、子弹状和蝌蚪形的。病毒的形态与结构有关。

在脊椎动物中，有囊膜的病毒形态有三类：第一类是痘病毒，近乎砖形；第二类是弹状病毒（如狂犬病病毒、水疱性口炎病毒等），其形态像一个子弹头，一端较圆，一端较平，呈子弹状；第三类是其余的病毒，都是近圆形。无囊膜的病毒的形态有两类：一类近似圆形，它实际上是二十面体立体对称的核衣壳；另一类是圆柱形，实质上是一个螺旋对称的核衣壳（图 2-1）。

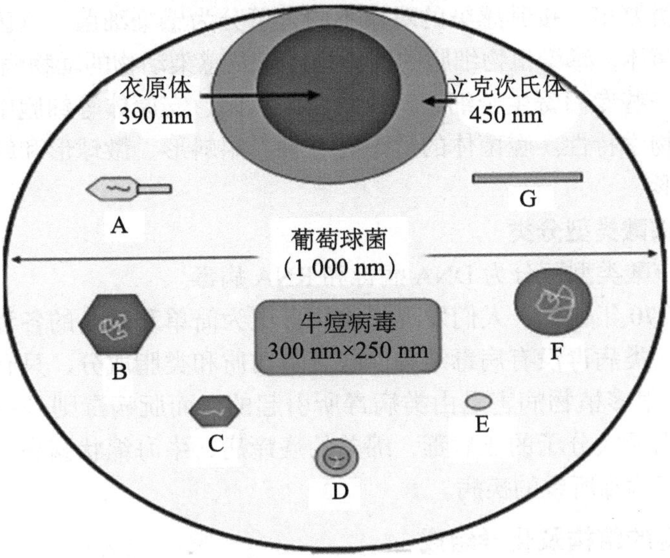

A—大肠埃希菌噬菌体（65 nm × 95 nm）；B—腺病毒（70 nm）；
C—脊髓灰质炎病毒（30 nm）；D—乙脑病毒（40 nm）；E—蛋白分子（10 nm）；
F—流感病毒（100 nm）；G—烟草花叶病毒（300 nm）。

图 2-1 不同病毒的大小形态对比图

（二）病毒的特点

病毒与其他微生物有许多重要的区别，主要表现为以下五点：一是病毒没有细胞结构；二是病毒只含有一种核酸（脱氧核糖核酸或核糖核酸）；三是病毒的增殖方式为复制；四是病毒营寄生生活，其缺乏完整的酶系统，不能单独进行物质代谢，不能在无生命的培养基上生长，必须寄居于宿主细胞内进行复制；五是病毒对抗生素不敏感，抗生素能干扰微生物代谢过程而影响微生物结构和功能，而病毒不具备完整的细胞结构，所以抗生素对病毒没有作用。病毒和其他微生物的主要区别如表 2-1 所示。

表 2-1 病毒与其他微生物的主要鉴别要点

微生物类别	在无生命的培养基上生长	二分裂繁殖	核酸	核蛋白体	对抗生素的敏感性	对干扰素的敏感性
细菌	+	+	D+R	+	+	−
霉形体	+	+	D+R	+	+	−
立克次氏体	−	+	D+R	+	+	−
衣原体	−	+	D+R	+	+	+
病毒	−	−	D/R	−	−	+

注：D=DNA，R= 核糖核酸（Ribonucleic Acid，RNA）；有些细菌和立克次氏体对干扰素也敏感。

（三）病毒的分类

1. 按感染对象分类

病毒的种类繁多，按其感染的对象不同，可分为感染细菌、真菌、放线菌等多种微生物的噬菌体，感染植物细胞的植物病毒以及感染动物的动物病毒。

噬菌体是一些专门寄生于细菌、放线菌、真菌、支原体等细胞中的病毒，具有病毒的一般生物学特性。噬菌体的形态有三种：蝌蚪形、微球形和纤丝形。大多数噬菌体呈蝌蚪形。

2. 按病毒核酸类型分类

病毒按照核酸类型可分为 DNA 病毒和 RNA 病毒。

在 20 世纪 70 年代初，人们发现了比病毒更为简单和微小的各种亚病毒。如类病毒和朊病毒。类病毒没有病毒结构，缺乏蛋白质和类脂成分，只有裸露的侵染性核酸（RNA）。很多植物病害是由类病毒所引起的。而朊病毒则是一种无核酸，仅含有可遗传蛋白质大分子的亚病毒，绵羊的瘙痒病、牛海绵状脑病（疯牛病）是两种最重要的因朊病毒所致的疾病。

（四）病毒的结构及化学组成

完整的病毒颗粒主要由核酸和蛋白质组成。核酸构成病毒的基因组（Genome），它为病毒的复制、遗传和变异等功能提供遗传信息。成熟的病毒颗粒是由蛋白质衣壳包裹着核酸构成的。衣壳与核酸一起组成核衣壳。有些病毒在核衣壳外面还有一层外套称为囊膜。如新城疫病毒、流感病毒等有囊膜。有的囊膜上还有纤突。囊膜主要来源于宿主细胞膜，由病毒成熟释放时获得（图 2-2）。

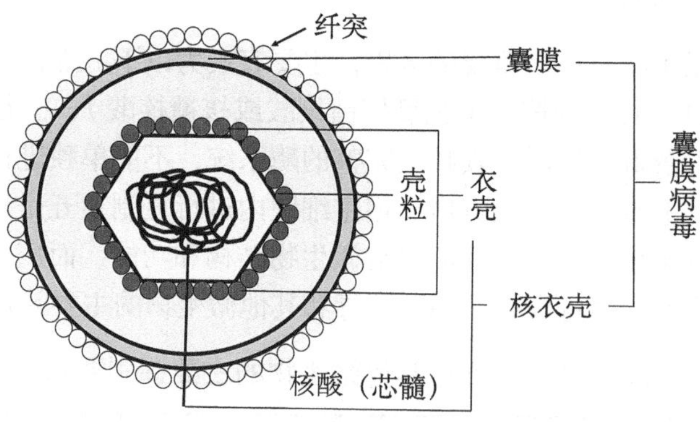

图 2-2　病毒颗粒结构示意图

1. 核酸

核酸存在于病毒的中心部分，又称为芯髓。一种病毒只含有一种类型的核酸，即 DNA 或 RNA。病毒核酸与其他生物的核酸构型相似，根据病毒的核酸类型，将病毒分为：双股 DNA 病毒、单股 DNA 病毒、双股 RNA 病毒、单股正链 RNA 病毒、单股负链 RNA 病毒、单股 RNA 反转录病毒及双股 DNA 反转录病毒。但病毒的核酸无论是 DNA 或 RNA，均带遗传信息，控制着病毒的遗传、变异增殖和对宿主的感染性等特性。核酸可用化学方法从病毒颗粒中提取出来。从某些病毒提取的核酸，如果进入易感细胞，表现出与完整病毒一样传染性，一般认为核酸是病毒遗传的物质基础。这种失去衣壳保护的核酸称为传染性核酸。

2. 衣壳

衣壳是包围在病毒核酸外面的一层外壳。衣壳的化学成分为蛋白质，是由许多蛋白质亚单位，即多肽链构成的壳粒组成的。这些多肽分子围绕核酸呈二十面体对称型（图 2-3）或螺旋对称型（图 2-4）。衣壳的主要功能是对病毒核酸形成保护性外壳，保护病毒免受核酸酶破坏，使病毒吸附于易感细胞表面受体，再穿入细胞引起感染。病毒蛋白质具有抗原性，可使机体产生免疫反应，如产生特异性抗体。

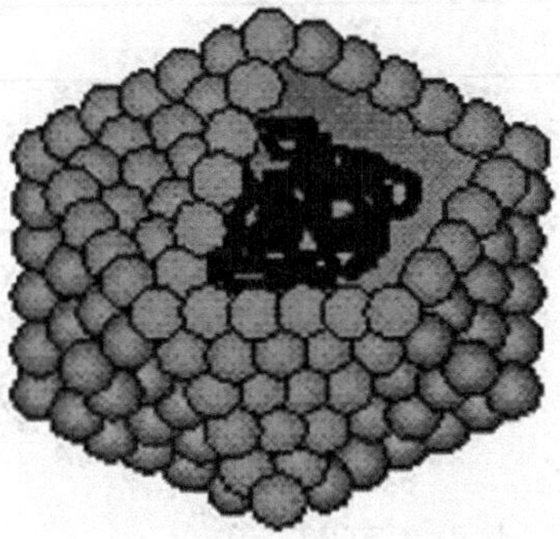

图 2-3　病毒的二十面体对称

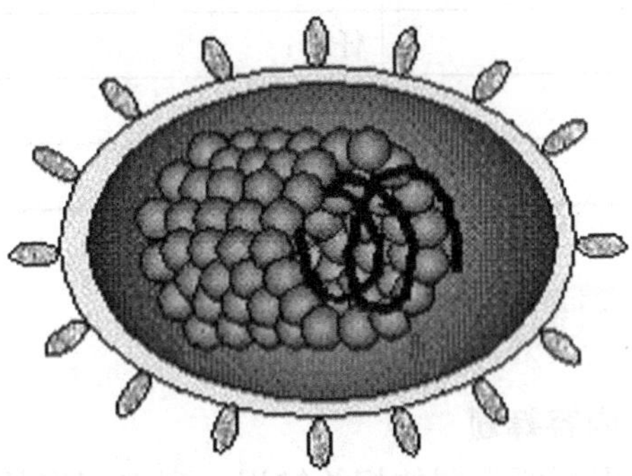

图 2-4　病毒的螺旋对称（有囊膜）

病毒的衣壳由大量壳粒组成，壳粒是衣壳的基本单位，即电子显微镜下可见的形态单位。壳粒由单个或多个多肽分子组成，这些分子对称排列，围绕着核酸形成一层保护性外壳。由于核酸的形态和结构不同，多肽排列也不同，因而形成了几种对称形式，它在病毒分类上可作为一种指标。

3. 囊膜

有些病毒的核衣壳外面还包有一层由类脂、蛋白质和糖类构成的囊膜。囊膜是病毒复制成熟后，通过宿主细胞膜或核膜时获得的，所以具有宿主细胞的类脂成分，易被脂溶剂如乙醚、氯仿和胆盐等溶解破坏。囊膜对衣壳有保护作用，并与病毒吸附宿主细胞有关。

有些病毒囊膜表面具有呈放射排列的突起，称为纤突（又称囊膜粒或刺突）。如流感病毒囊膜上的纤突有血凝素和神经氨酸酶。纤突不仅具有抗原性，而且与病毒的致病力及病毒对细胞的亲和力有关。因此一旦病毒失去囊膜上的纤突，也就丧失了对易感细胞的感染能力。

另外，有些病毒虽没有囊膜，但有其他一些特殊结构，如腺病毒在核衣壳的各个顶角上长出共计 12 根细长的“触须”，其形态好似大头针状，具有凝集和毒害敏感细胞的作用。

二、材料准备

收集任务资料，查找各种病毒形态、结构等示意图进行标注并对比。

三、工具准备

绘图用铅笔、纸张等。

四、人员准备

人员分组，每组 5 人。明确职责分工。

任务角色	任务内容
组长：	任务：
组员：	任务：
组员：	任务：
组员：	任务：
组员：	任务：

任务筹划

1. 内容筹划

①根据所掌握的相关知识，列出病毒的形态、大小（可图示）。

②根据所掌握的相关知识，罗列出病毒的结构及作用等，完成下表。

病毒结构名称	是否必须存在	主要位置	主要成分	主要功能或作用

③对比病毒与其他微生物的异同点。

④标出以下噬菌体的结构并标明对称性。自己绘制出较完善的病毒形态结构图。

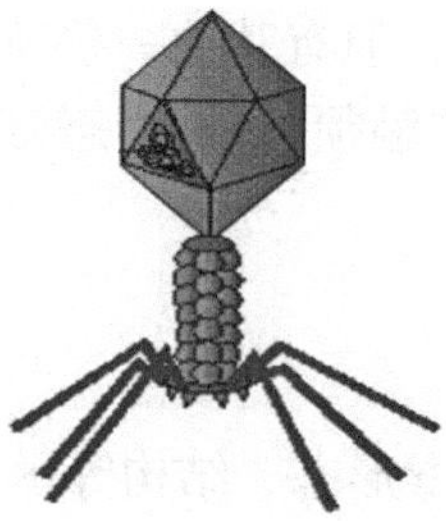

2. 流程筹划

第一步：查找相关的资料了解病毒的大小及特征，并与细菌作对比，进一步体验病毒的形态微小。

第二步：小组讨论绘制病毒形态图。

第三步：对形态图进行标注或描述。

第四步：查找相关的资料，罗列总结出病毒的结构及作用。

第五步：小组讨论，在病毒形态图中放大某一病毒局部，绘制结构图。

第六步：对局部放大的结构图进行标注。

第七步：完善绘图，任务总结。

任务实施

步骤一：

步骤二：

步骤三：

步骤四：

任务检测

请扫码答题。

掌握病毒的形态结构

任务评价

班级：__________ 组别：__________ 姓名：__________

项目	评分标准	自我评价	小组评价	教师评价
病毒（50分）	掌握病毒的形态、大小（10分）			
	能绘制出病毒形态图（10分）			
	掌握病毒的特点，了解病毒的分类（10分）			
	掌握病毒的结构及其作用（10分）			
	能绘制出病毒的结构图（10分）			

（续表）

项目	评分标准	自我评价	小组评价	教师评价
活动完成过程（40分）	能够根据工作任务资料，分析讨论并总结（10分）			
	认真思考，积极动手、动脑（5分）			
	积极参与小组合作与交流，配合默契，互帮互助（10分）			
	通过小组讨论与学习，完成任务工单（5分）			
	能很好地展示活动成果（10分）			
活动效果（10分）	整体的效果（很好为10分，较好为7～9分，一般为3～6分，较差为0～2分）			
合计				
自我评价与总结				
教师点评				

任务二　了解病毒的繁殖方式和过程

任务导入

病毒颗粒很小，比细菌还小，也没有细胞结构。那病毒又是怎样繁殖、生存的呢？查阅资料，掌握病毒的繁殖方式和繁殖过程，并绘制或收集相关示意图展示出自己所理解的病毒复制过程，最终提交一张病毒复制过程的描绘单。

任务工单

班级：____________　　组别：____________　　姓名：____________

任务名称	了解病毒的繁殖方式和过程
任务描述	任务内容：病毒的繁殖方式和过程。 任务目的：掌握病毒的繁殖方式和繁殖过程。 任务流程：查阅资料（知道病毒的繁殖方式和过程）—小组讨论（绘制或搜集病毒繁殖过程图）。 任务方法：查阅资料，小组讨论，根据要求进行展示。

（续表）

<table>
<tr><td>获取信息</td><td colspan="4">要完成任务，需要掌握相关的知识。请收集资料，回答以下问题。
1. 病毒繁殖方式是什么？是否和细菌一样？
2. 病毒为什么要进行复制？
3. 病毒的复制过程是怎样的？
4. 是不是所有病毒的复制过程都一样？可举例说明。</td></tr>
<tr><td>制订计划</td><td colspan="4"></td></tr>
<tr><td rowspan="6">任务实施</td><td colspan="4">按照预先制订的工作计划，完成本任务，并记录任务实施过程。</td></tr>
<tr><td>序号</td><td>完成的任务</td><td>遇到的问题</td><td>解决办法</td></tr>
<tr><td></td><td></td><td></td><td></td></tr>
<tr><td></td><td></td><td></td><td></td></tr>
<tr><td></td><td></td><td></td><td></td></tr>
<tr><td></td><td></td><td></td><td></td></tr>
</table>

任务准备

一、知识准备

（一）病毒的增殖方式

病毒的增殖方式为复制，是由宿主细胞供应原料、能量和生物合成场所，在病毒核酸遗传密码的控制下，于宿主细胞内复制出病毒的核酸和合成病毒的蛋白质，进一步装配成大量的子代病毒，并将它们释放到细胞外，这种增殖方式称为复制。

（二）病毒的复制过程

病毒的复制过程大致可分为吸附、穿入、脱壳、生物合成、装配与释放五个主要阶段。

1. 吸附

病毒吸着在宿主细胞的表面称为吸附。一方面是依靠病毒与细胞之间的静电作用而结合。另一方面病毒对细胞的吸附是有选择性的，并不是任何细胞都可以吸附，必须是病毒颗粒与细胞表面有亲和力才能吸附，这也是病毒感染具有明显选择性的原因。病毒与细胞之间的亲和力，是因为易感的细胞膜上具有特异性受体，病毒颗粒表面存在与受体相对应的吸附点，两者互相结合即发生吸附。

2. 穿入

病毒吸附于细胞表面后，迅速侵入细胞。侵入的方法有以下四种方式：其一，通过胞饮作用进入细胞，如牛痘病毒；其二，通过病毒与宿主细胞膜的融合而进入细胞质中，如疱疹病毒；其三，病毒颗粒与宿主细胞膜上的受体相互作用，而使其核衣壳穿入细胞质中，如脊髓灰质炎病毒；其四，某些病毒以完整的病毒颗粒直接通过宿主细胞穿入细胞质中，如呼肠孤病毒。

3. 脱壳

病毒脱壳包括脱囊膜和脱衣壳两个过程。没有囊膜的病毒，则只有脱衣壳的过程。某些病毒在细胞表面脱囊膜，如疱疹病毒的囊膜可与细胞膜融合，同时向细胞质内释放核衣壳。痘病毒的囊膜则在吞饮泡内脱落。

病毒在细胞质内脱去包围病毒核酸的外壳，使病毒核酸能够在细菌内裸露并进行复制。

病毒衣壳的脱落，主要发生在细胞质或细胞核内。由吞饮方式进入细胞的病毒，在其吞噬泡中和溶酶体融合，经溶酶体酶的作用脱壳。某些病毒如腺病毒，可能因宿主细胞酶的作用或经某种物理因素脱壳。至于牛痘病毒，由胞饮进入细胞后，需经两步脱壳。先在吞噬泡中脱去外膜与部分蛋白，部分脱壳的核心含有一种依赖 DNA 的多聚酶，转录信使 RNA（Messenger RNA, mRNA）以译制另一种脱壳酶，完成这种病毒的全脱壳过程。也有个别病毒的衣壳不完全脱去，仍能进行复制，如呼肠孤病毒。

4. 生物合成

生物合成包括核酸复制与蛋白质合成。病毒脱壳后，释放核酸，这时在细胞内查不到病毒颗粒，故称为隐蔽期或黑暗期。隐蔽期实际上是病毒增殖过程中最主要的阶段。此时，病毒的遗传信息向细胞传达，细胞在病毒遗传信息的控制下合成病毒的各种组成成分，以及其所需的酶类，包括病毒核酸转录或复制时所需的聚合酶。

5. 成熟与释放

无囊膜的 DNA 病毒（如腺病毒）核酸与衣壳在胞核内装配。无囊膜的 RNA 病毒（如脊髓灰质炎病毒），其核酸与衣壳在细胞质内装配，呈结晶状排列。这两类病毒均待宿主细胞溶解后，再释放出来。

有囊膜的 DNA 病毒（如单纯疱疹病毒）在核内装配成核衣壳，移至核膜上，以芽生方式进入细胞质中，获得宿主细胞核膜成分的囊膜，并逐渐从细胞质中释放到细胞之外。另一部分能通过核膜裂隙进入细胞质，从细胞质膜上获得囊膜，沿核周围与内质网相通部位从细胞内逐渐释放。

有囊膜的RNA病毒（如副流感病毒），其RNA与蛋白质在细胞质中装配成螺旋状的核衣壳，宿主细胞膜上在感染过程中已整合有病毒的特异抗原成分（如血凝素与神经氨酸酶）。当成熟病毒以芽生方式通过细胞膜时，就带有这种胞膜成分，并产生刺突。

二、材料准备

收集任务资料，查找病毒复制过程的示意图进行标注并对比。

三、工具准备

绘图用铅笔、纸张等。

四、人员准备

人员分组，每组5人。明确职责分工。

任务角色	任务内容
组长：	任务：
组员：	任务：
组员：	任务：
组员：	任务：
组员：	任务：

任务筹划

1. 内容筹划

①病毒是如何进行吸附的？请图示并详细说明标注。

②病毒的囊膜是怎样形成的？请图示并详细说明标注。

2. 流程筹划

第一步：查找相关的资料掌握病毒的繁殖方式和繁殖过程。

第二步：小组讨论，确定提交单中病毒繁殖过程的框架。

第三步：绘制或收集病毒吸附过程示意图，完善填充复制过程单。

第四步：绘制或收集病毒穿入过程示意图，完善填充复制过程单。

第五步：绘制或收集脱壳过程示意图，完善填充复制过程单。

第六步：绘制或收集生物合成过程示意图，完善填充复制过程单。

第七步：完善复制过程图。绘制或收集成熟与释放过程示意图，完善填充复制过程单。

第八步：完善病毒复制过程单并进行展示，任务总结。

任务实施

步骤一：

步骤二：

步骤三：

步骤四：

任务检测

请扫码答题。

了解病毒的繁殖方式和过程

任务评价

班级：__________ 组别：__________ 姓名：__________

项目	评分标准	自我评价	小组评价	教师评价
病毒的复制过程（65分）	知道病毒的复制及其意义（5分）			
	知道病毒的繁殖过程（10分）			
	能绘制病毒的吸附过程（10分）			
	能绘制病毒的穿入过程（10分）			
	能绘制病毒的脱壳过程（10分）			
	能绘制病毒的生物合成过程（10分）			
	能绘制病毒的装配和释放过程（10分）			

（续表）

项目	评分标准	自我评价	小组评价	教师评价
活动完成过程（25分）	能够根据工作任务资料，分析讨论并总结（5分）			
	认真思考，积极动手、动脑（5分）			
	积极参与小组合作与交流，配合默契，互帮互助（5分）			
	通过小组讨论与学习，完成任务工单（5分）			
	能很好地展示活动成果（5分）			
活动效果（10分）	整体的效果（很好为10分，较好为7～9分，一般为3～6分，较差为0～2分）			
合计				
自我评价与总结				
教师点评				

任务三　血凝和血凝抑制试验

任务导入

病毒和其他微生物都不相同，有着很大的区别，病毒因为没有细胞结构，所以繁殖方式只能以复制的形式进行。那么病毒是否还有和其他微生物不一样的其他特性呢？请同学们查阅资料，掌握病毒的其他特性及其意义，知道病毒的血凝和血凝抑制试验原理及其在临床的应用，会进行病毒的血凝和血凝抑制试验，并通过血凝和血凝抑制试验测定被检鸡只血清样本中新城疫抗体水平。

任务工单

班级：________ 组别：________ 姓名：________

<table>
<tr><td>任务名称</td><td colspan="4">血凝和血凝抑制试验</td></tr>
<tr><td>任务描述</td><td colspan="4">任务内容：病毒的其他特性，血凝和血凝抑制试验。
任务目的：掌握病毒的其他特性及其意义，知道病毒的血凝和血凝抑制试验原理及其在临床的应用，并会进行病毒的血凝和血凝抑制试验。
任务流程：查阅资料（知道病毒的其他特性及其意义）—小组讨论（病毒的血凝和血凝抑制现象的原理）—查阅资料（新城疫血凝和血凝抑制试验操作过程及结果判定）—小组讨论（试验过程及结果判定标准）—实践操作血凝和血凝抑制试验（进行所给样本中新城疫抗体水平测定）。
任务方法：查阅资料、小组讨论、实践操作、整理总结分析。</td></tr>
<tr><td>获取信息</td><td colspan="4">要完成任务，需要掌握相关的知识。请收集资料，回答以下问题。
1. 病毒的其他特性还有哪些？

2. 什么是病毒的干扰和干扰现象？在临床有什么意义？

3. 病毒血凝和血凝抑制现象是怎么产生的？简述血凝和血凝试验流程。

4. 病毒的包涵体是复制出来的病毒吗？能不能用光学显微镜看到？

5. 简述病毒的抵抗力。</td></tr>
<tr><td>制订计划</td><td colspan="4"></td></tr>
<tr><td rowspan="6">任务实施</td><td colspan="4">按照预先制订的工作计划，完成本任务，并记录任务实施过程。</td></tr>
<tr><td>序号</td><td>完成的任务</td><td>遇到的问题</td><td>解决办法</td></tr>
<tr><td></td><td></td><td></td><td></td></tr>
<tr><td></td><td></td><td></td><td></td></tr>
<tr><td></td><td></td><td></td><td></td></tr>
<tr><td></td><td></td><td></td><td></td></tr>
</table>

任务准备

一、知识准备

（一）病毒的血凝现象

许多病毒表面有血凝素，能与鸡、豚鼠、人等红细胞表面受体（多数为糖蛋白）结合，而出现红细胞凝集现象，简称病毒的血凝现象。这种血凝现象是非特异性的，当加入特异性抗病毒血清时，血凝素的作用被抑制，凝集现象即不会发生，称为病毒的红细胞凝集抑制试验，简称病毒的血凝抑制。抗血清中有阻止病毒凝集红细胞的抗体称为红细胞凝集抑制抗体，其特异性很高。因此，利用此法鉴定病毒和检查动物体内抗体滴度，以诊断某些传染病，如鸡新城疫、流行性乙型脑炎、流感等病毒性传染病。

小学士

病毒的其他特性

（二）血凝和血凝抑制试验

1. 试验原理及目标

新城疫病毒、禽流感病毒颗粒表面的血细胞凝集素（Hemagglutinin, HA），具有识别并吸附于红细胞表面受体的功能，使病毒与红细胞结合在一起，出现肉眼可见的凝集现象，而血凝素刺激机体产生的抗体与红细胞受体的特异性结合能够干扰血凝素与红细胞受体的结合，从而出现凝集抑制现象。这种凝集和凝集抑制现象，可被用来鉴定病毒、免疫抗体监测及进行流行病学调查。

2. 方法及步骤

（1）制备 1% 红细胞悬液

①制备抗凝血。在采血器（注射器）中吸入抗凝剂（3.8% 枸橼酸钠，抗凝比例为 1∶10），心脏或静脉采血 3～4 mL，颠倒采血器使血液与抗凝剂充分混匀，然后将血液注入离心管中，用天平配平。

②离心洗涤红细胞。共洗涤 3 次，转速和时间均为 2 000 r/min 和 5 min。第一次离心结束，用移液器吸取并弃掉上清液、白细胞和血小板，加生理盐水，吹打混匀红细胞，配平后进行第二次离心，然后依次进行第三次离心。第三次离心结束，吸取并弃掉上清液、白细胞和血小板后，读出离心管中红细胞的体积。

③配制 1% 红细胞悬液。根据红细胞的体积，计算所需生理盐水量，用所需生理盐水将红细胞泥全部冲入小烧杯中，摇匀即可。

（2）血凝试验

①在微量反应板的 1～12 孔均加入 25 μL 生理盐水，共加四排，更换移液枪头。

②吸取 25 μL 抗原（病毒悬液）加入第一孔，吹打 3～5 次混匀。

③从第一孔吸取 25 μL 病毒液加入第二孔，混匀后吸取 25 μL 加入第三孔，如此进行对倍稀释至第十一孔，从第十一孔吸取 25 μL 弃之，换滴头。第十二孔设为

生理盐水对照。

④每孔再加入 25 μL 生理盐水。每孔均加入 25 μL 体积分数为 1% 的鸡红细胞悬液。

⑤振荡混匀，在室温（20～25 ℃）下静置 40 min 后观察结果（如果环境温度太高，可在 4 ℃环境下静置 60 min）。对照孔红细胞呈明显的纽扣状沉到孔底时判定结果（图 2-5）。

⑥结果判定。在生理盐水对照孔出现正确结果的情况下，将反应板倾斜，观察红细胞是否完全凝集（有无泪滴状流淌）。以完全血凝（红细胞不流淌）的抗原或病毒最高稀释度为该抗原的血凝滴度。完全凝集的最高稀释倍数为一个血凝单位（HAU）。

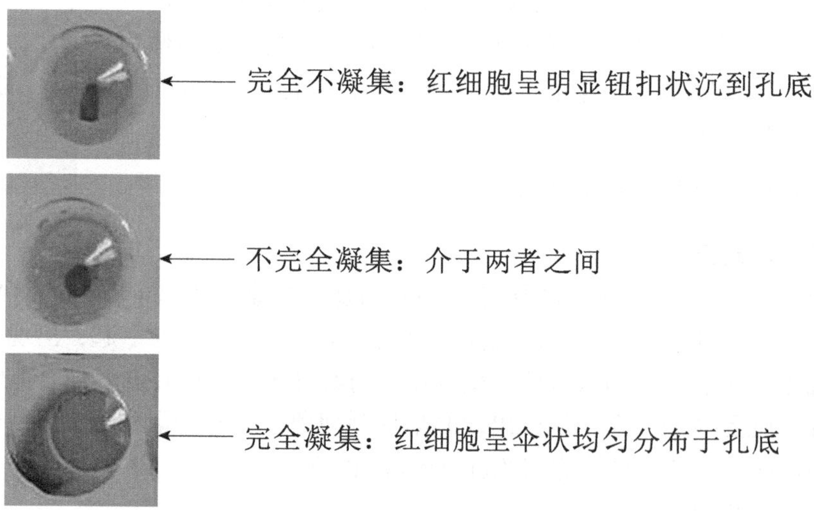

图 2-5　凝集程度示意图

3. 血凝抑制试验操作步骤

①根据血凝试验结果配制 4 HAU 的病毒抗原。以完全血凝的病毒最高稀释倍数作为终点，终点稀释倍数除以 4 即为含 4 HAU 的抗原的稀释倍数。例如，如果血凝的终点滴度为 1∶256，则 4 HAU 抗原的稀释倍数应是 1∶64（256 除以 4）。

②在微量反应板的 1～11 孔加入 25 μL 生理盐水，第十二孔加入 50 μL 生理盐水。

③吸取 25 μL 血清加入第一孔内，充分混匀后吸 25 μL 于第二孔，依次倍比稀释至第十孔，从第十孔吸取 25 μL 弃去，第十一孔为阳性对照，第十二孔为生理盐水对照。

④ 1～11 孔均加入含 4 HAU 混匀的病毒抗原液 25 μL，室温静置至少 30 min 或 4 ℃环境下静置 60 min。

⑤每孔加入 25 μL 体积分数为 1% 的鸡红细胞悬液，轻轻混匀，室温下静置约 40 min。对照孔红细胞出现明显纽扣状沉于孔底时判定结果。

⑥结果判定。在磷酸盐缓冲溶液对照孔出现正确结果的情况下，将反应板倾斜，从背侧观察，看红细胞是否呈泪珠状流下。滴度是指完全不凝集（红

细胞完全流下）的最高稀释度。只有当阴性血清与标准抗原对照的血凝抑制（Hemagglutination Inhibition, HI）滴度不大于 $2\log_2$，阳性血清与标准抗原对照的 HI 滴度与已知滴度相差在 1 个稀释度范围内，并且所用阴、阳性血清都不发生自凝的情况下，HI 试验结果方判定有效。

4. 注意事项

①在洗涤红细胞，使用离心机前一定要进行配平，以免损坏离心机。混匀红细胞时不要太用力，以免破坏红细胞。

②试验中加入红细胞悬液前，先将红细胞悬液充分摇匀后加入，否则会影响试验结果。红细胞摇匀时动作要轻柔，以防红细胞破碎或液体外溢。

③使用微量移液器，移液枪头要固定紧，加样时要悬滴，并每次都排空。

④试验过程中加样时，移液枪头要随时更换，不能混用。倍比稀释吹打混匀时动作要轻微，避免出现气泡和溢出加样孔。

小学士

血凝试验及血凝抑制试验反应原理、操作竖式及结果判定图

小学士

血凝试验加样示意动画

二、材料准备

器材：天平、普通离心机、恒温箱、冰箱、微型振荡器、微量移液器、吸头、96 孔“V”形血凝反应板。

试剂：抗原、阳性血清、1% 鸡红细胞悬液、生理盐水。

三、人员准备

人员分组，每组 5 人。明确职责分工。

任务角色	任务内容
组长：	任务：
组员：	任务：
组员：	任务：
组员：	任务：
组员：	任务：

任务筹划

1. 内容筹划

①图示血凝和血凝抑制试验的原理。

②简述 1% 红细胞制备及注意事项。

③简述血凝试验操作过程、结果判定方法及注意事项。简述血凝抑制试验操作过程、结果判定方法及注意事项。

④简述 4 单位抗原的配置过程及计算方法。

⑤请根据表格中的提示判断以下试验结果数据并分析说明是血凝试验结果还是血凝抑制试验结果。

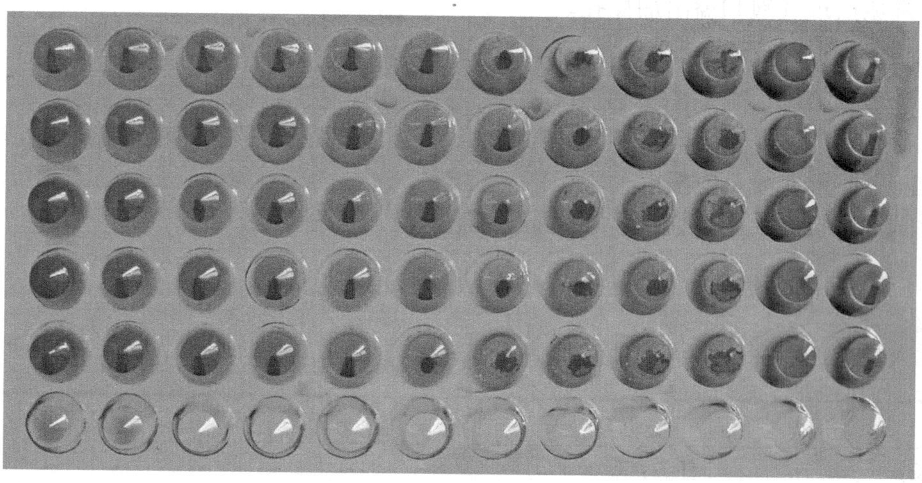

名称	判定试验名称	对照是否成立	数据结果	判定依据说明
第一排				
第二排				
第三排				
第四排				
第五排				

2. 流程筹划

第一步：查阅资料，知道病毒的其他特性及其意义。

第二步：小组讨论，掌握病毒的血凝和血凝抑制现象的原理，清楚 1% 红细胞制备过程及注意事项。

第三步：制备 1% 红细胞悬液。
第四步：小组讨论，清楚血凝试验的操作过程及注意事项。
第五步：进行血凝试验操作。
第六步：小组讨论，清楚血凝试验的结果判定方法。
第七步：判定血凝试验结果。
第八步：小组讨论，清楚 4 单位抗原的制备过程及完成计算。
第九步：配置 4 单位抗原。
第十步：小组讨论，清楚血凝抑制试验的操作过程及注意事项。
第十一步：进行血凝抑制试验操作。
第十二步：小组讨论，清楚血凝抑制试验的结果判定方法。
第十三步：判定血凝抑制试验结果。
第十四步：总结整理，结果分析。

任务实施

步骤一：

步骤二：

步骤三：

步骤四：

步骤五：

任务检测

请扫码答题。

血凝和血凝抑制试验

任务评价

班级：__________　组别：__________　姓名：__________

项目	评分标准	自我评价	小组评价	教师评价
病毒的其他特性（15 分）	知道病毒的其他特性及其意义（5 分）			
	知道血凝和血凝抑制现象的原理（10 分）			

（续表）

项目	评分标准	自我评价	小组评价	教师评价
血凝和血凝抑制试验（50分）	会进行试验前的器材等的准备（10分）			
	会进行1%红细胞悬液的配置（10分）			
	会进行血凝试验及结果判定（10分）			
	会准确完成4单位抗原的配置（10分）			
	会进行血凝抑制试验及结果判定（10分）			
活动完成过程（25分）	能够根据工作任务资料，分析讨论并总结（5分）			
	认真思考，积极动手、动脑（5分）			
	积极参与小组合作与交流，配合默契，互帮互助（5分）			
	通过小组讨论与学习，完成任务工单（5分）			
	能很好地展示活动成果（5分）			
活动效果（10分）	整体的效果（很好为10分，较好为7～9分，一般为3～6分，较差为0～2分）			
合计				
自我评价与总结				
教师点评				

任务四　试验动物接种与剖检

任务导入

病毒既缺乏完整的酶系统，又无核糖体等细胞器，所以不能在任何无生命的培养基上生长。那么病毒又如何去培养呢？请同学们查阅资料，掌握病毒的培养方法，掌握动物接种的特点及优缺点，掌握常用的试验动物接种方法与剖检方法，清楚动物接种的应用，并会通过动物接种试验进行病毒培养。

任务工单

班级：________ 组别：________ 姓名：________

<table>
<tr><td>任务名称</td><td colspan="4">试验动物接种与剖检</td></tr>
<tr><td>任务描述</td><td colspan="4">任务内容：病毒培养方法，动物接种试验。
任务目的：掌握病毒的培养方法，掌握动物接种的特点及优缺点，掌握常用的试验动物接种方法与剖检方法，清楚动物接种的应用，并会通过动物接种试验进行病毒培养。
任务流程：查阅资料（知道病毒的培养方法）—小组讨论（各培养方法的特点、优缺点及临床应用）—查阅资料（动物接种试验操作）—小组讨论（试验过程及结果判定）—实践操作动物接种试验。
任务方法：查阅资料；小组讨论、实体操作、整理总结分析。</td></tr>
<tr><td>获取信息</td><td colspan="4">要完成任务，需要掌握相关的知识。请收集资料，回答以下问题。
1. 病毒的培养方法有哪些？

2. 动物接种是否可以用于所有病毒的培养？

3. 动物接种有哪些方法？主要接种的动物有哪些？有什么要求？

4. 动物接种有哪些优缺点？</td></tr>
<tr><td>制订计划</td><td colspan="4"></td></tr>
<tr><td rowspan="6">任务实施</td><td colspan="4">按照预先制订的工作计划，完成本任务，并记录任务实施过程。</td></tr>
<tr><td>序号</td><td>完成的任务</td><td>遇到的问题</td><td>解决办法</td></tr>
<tr><td></td><td></td><td></td><td></td></tr>
<tr><td></td><td></td><td></td><td></td></tr>
<tr><td></td><td></td><td></td><td></td></tr>
<tr><td></td><td></td><td></td><td></td></tr>
</table>

任务准备

一、知识准备

（一）动物接种

病毒经注射、口服等途径进入易感动物体后可大量增殖，并使动物产生特定反应。动物接种分本动物接种和试验动物接种两种方法。试验用动物，应该是健康的，血清中无相应病毒的抗体，并符合其他要求。当然，理想的动物是无菌动物或无特定病原体（Specific Pathogen Free, SPF）动物。常用的试验动物有小鼠、家兔、豚鼠、鸡等。

动物接种是分离病毒较早应用的方法，该方法在分离病毒方面，现多数已被组织培养法所取代，但在某些对其敏感性强的病毒的分离，或科学研究需要制作“动物模型”方面，至今仍有其重要性。动物接种的优点是操作方便易行、经济，缺点是受机体免疫力的影响，病毒不能很好地生长。一般试验动物常自身带有病毒，给病毒疫苗的制作带来严重的潜在危险，目前已通过微生物控制手段培育出无菌动物，克服了这个缺点。

病毒的人工培养方法有三种，分别是动物接种、鸡胚培养以及体外培养的组织细胞培养。

小学士

病毒其他培养方法

（二）动物接种的方法与步骤

1. 试验动物的接种

试验动物的接种方法主要有皮内注射、皮下注射、肌内注射、腹腔注射、静脉注射、脑内注射等。

（1）皮内注射

小鼠、家兔及豚鼠的皮内注射均需助手伏卧或仰卧保定。注射者以左手拇指及食指夹起皮肤，右手持注射器，将针头插入皮肤内，针头插入不宜过深，同时插入角度要小（与皮肤呈 10° 角或更小），注入时感到有阻力且注射完毕后皮肤上有硬的隆起即可拔出针头，用消毒棉球按住针眼并稍加按摩。皮内接种要慢，以防使皮肤胀破或自针眼流出注射物而散播传染。鸡的皮内注射部位在鸡冠或肉髯，注射 0.1～0.2 mL。

（2）皮下注射

动物保定与皮内注射法同样，于动物背侧或腹侧皮下结缔组织疏松部位剪毛消毒，接种者持注射器，以左手拇指、食指和中指捏起皮肤使成一个三角形褶皱，于其底部进针（与皮肤大概呈 30° 角）。感到针头可以随意拨动即表示插入皮下。当推入注射物时应感到流利畅通。注射后处理同皮内接种法。鸡的皮下注射可在颈部、背部皮下注射。小鼠的皮下注射部位选在小鼠背部（背中线一侧），注射量一般为 0.2～0.5 mL。

（3）肌内注射

小鼠的肌内注射，由助手提住或用特制的保定绳保定小鼠，注射者左手握住小鼠的一侧后肢，在后肢上部肌肉丰满处消毒，垂直进针刺入肌肉，注射 0.1～0.5 mL。鸡的肌内注射，由助手捉住两腿保定，小鸡可由注射者左手捏握保定，然后在其胸肌、腿肌或翅膀内侧肌肉处注射 0.1 mL。

（4）腹腔注射

小鼠腹腔注射时，用右手提起鼠尾，左手拇指和食指捏住头背部，翻转鼠体使腹部向上，把鼠尾和后腿夹于术者掌心和小指之间，右手持注射器，将针头平行刺入皮下，然后向下斜行，通过腹部肌肉进入腹腔，注射量为 0.5～1.0 mL。在家兔和豚鼠，先在腹股沟处刺入皮下，进针少许，再刺入腹腔。

（5）静脉注射

此法主要适用于家兔和豚鼠。将家兔放入保定器或由助手保定，选一侧耳边缘静脉，用 75% 乙醇涂擦兔耳或以手指轻弹耳朵，使静脉怒张。注射时，左手拇指和食指拉紧兔耳，右手持注射器，使针头与静脉平行，向心方向刺入静脉内注射，无阻力且有血向前流动提示注入静脉，若注射正确，注射后耳部应无肿胀。注射完毕，用消毒棉球紧压针眼，以免流血和注射物流出。一般注射 0.2～1.0 mL。小鼠注射时用乳钵或烧杯将小鼠倒扣在桌面上，尾巴露出，注射者持注射器与小鼠尾根部静脉平行刺入，注射时无阻力，血液向前流动提示注入静脉。

（6）脑内注射

此法主要用于乳鼠和乳兔，也可用于家兔、小鼠和豚鼠。注射部位在两耳根连线的中点略偏左或略偏右。接种时用乙醚使动物轻度麻醉，术部用乙醇消毒，用小号针头经皮肤和颅骨稍向后下刺入脑内进行注射，注射完毕用棉球按压针眼片刻。乳鼠接种时一般不麻醉。家兔和豚鼠的颅骨较硬厚，最好事先用短锥钻孔，然后注射，深度宜浅，以免伤及脑组织。注射量一般家兔为 0.2 mL，豚鼠 0.15 mL，小鼠 0.03 mL。一般认为，注射后 1h 内出现神经症状的，是接种时脑创伤所致，此动物应废弃。

2. 试验动物的剖检

试验动物接种后死亡或予以扑杀后，对其尸体进行解剖，以观察其病变情况，并取材料保存或做进一步检查。一般剖检程序如下。

①肉眼观察动物体表的情况并记录，主要观察体表有无出血点，有无损伤及体表是否完整等情况。

②将动物尸体仰卧固定于解剖板上，充分暴露胸腹部。用 3% 来苏尔或其他消毒液浸擦尸体的颈、胸、腹部的皮毛。

③无菌的条件下，用剪刀自其颈部至耻骨部切开皮肤，并将四肢腋窝处皮肤剪开，剥离胸腹部皮肤并翻向外侧，注意皮下组织有无出血、水肿等病变，观察腋下、腹股沟淋巴结有无病变。

④用注射器穿过腹壁吸取腹腔渗出液供直接培养或涂片检查。另换一套灭菌剪刀剪开腹膜，观察肝、脾及肠系膜等有无变化，采取肝、脾、肾等实质性脏器各一

小块放在灭菌平皿内，以备培养和直接涂片检查。然后开胸腔，观察心、肺有无病变，并取样。

⑤必要时破颅取出脑组织做检查。如做组织切片检查，应将样品置于10%甲醛中固定。

⑥剖检完毕后，应妥善处理动物尸体以免病原散播。最好焚化或高压灭菌。解剖器械也须无菌化处理。

3. 注意事项

①接种动物时，应将试验动物保定确实，防止咬伤人员。

②病料的采集过程要无菌操作。剖检用具及尸体要无害化处理。

二、材料准备

注射器、头皮针、滴管、解剖盘及解剖刀剪、接种环、酒精灯、显微镜、细菌培养物、常用培养基、碘酊及酒精棉球、染色液、小鼠或家兔、鸡等。

三、人员准备

人员分组，每组5人。明确职责分工。

任务角色	任务内容
组长：	任务：
组员：	任务：
组员：	任务：
组员：	任务：
组员：	任务：

任务筹划

1. 内容筹划

①简述试验动物的接种方法。

②根据所掌握知识，完成下表。

接种方法	注射部位	接种剂量	注射过程描述或图示	注意事项
皮内注射				
皮下注射				
肌内注射				
腹腔注射				
静脉注射				
脑内注射				

③简述试验动物的剖检过程。

2. 流程筹划

第一步：查阅资料，知道病毒的培养方法，清楚动物接种的特点、优缺点及应用。

第二步：查阅资料，知道试验动物的接种与剖检。

第三步：小组讨论并选择合适的接种方法及接种过程。

第四步：小组配合完成试验动物接种。

第五步：小组讨论试验动物的剖检过程及注意事项。

观察体表—消毒—切开皮肤观察—腹腔（观察取样）—胸腔（观察取样）—脑—处理。

第六步：剖检尸体及解剖器械处理。

第七步：总结、分析。

任务实施

步骤一：

步骤二：

步骤三：

步骤四：

步骤五：

任务检测

请扫码答题。

试验动物接种与剖检

任务评价

班级:________ 组别:________ 姓名:________

项目	评分标准	自我评价	小组评价	教师评价
动物接种（55分）	知道病毒培养的方法（10分）			
	知道动物接种的特点、优缺点及临床应用（10分）			
	掌握试验动物的接种方法（10分）			
	会进行试验动物的接种（10分）			
	会进行试验动物的剖检并处理（15分）			
活动完成过程（35分）	能够根据工作任务资料，分析讨论并总结（5分）			
	认真思考，积极动手、动脑（5分）			
	积极参与小组合作与交流，配合默契，互帮互助（10分）			
	通过小组讨论与学习，完成任务工单（5分）			
	能很好地展示活动成果（10分）			
活动效果（10分）	整体的效果（很好为10分，较好为7～9分，一般为3～6分，较差为0～2分）			
合计				
自我评价与总结				
教师点评				

任务五　病毒的鸡胚接种

任务导入

病毒既缺乏完整的酶系统，又无核糖体等细胞器，所以不能在任何无生命的培养基上生长。那么病毒又如何去培养呢？请同学们查阅资料，知道病毒的培养方法，掌握鸡胚接种的特点及优缺点，掌握鸡胚接种技术和鸡胚收毒方法。明确鸡胚培养病毒的应用，并能通过鸡胚接种进行病毒培养。

任务工单

班级：__________　　组别：__________　　姓名：__________

<table>
<tr><td>任务名称</td><td colspan="4">病毒的鸡胚接种</td></tr>
<tr><td>任务描述</td><td colspan="4">任务内容：病毒培养方法，病毒的鸡胚接种。
任务目的：掌握鸡胚接种的特点及优缺点，掌握鸡胚接种技术和鸡胚收毒方法，明确鸡胚培养病毒的应用，并能通过鸡胚接种进行病毒培养。
任务流程：查阅资料（知道病毒的培养方法）—小组讨论（鸡胚培养的特点、优缺点及临床应用）—查阅资料（鸡胚接种试验操作）—小组讨论（试验过程及结果判定）—实践操作鸡胚接种试验。
任务方法：查阅资料、小组讨论、实践操作、整理总结分析。</td></tr>
<tr><td>获取信息</td><td colspan="4">要完成任务，需要掌握相关的知识。请收集资料，回答以下问题。
1. 鸡胚培养是否可以用于所有病毒的培养？可以主要用于什么样的病毒培养？

2. 鸡胚培养有什么要求？鸡胚接种部位有哪些？各有什么要求？

3. 鸡胚培养有哪些优缺点？</td></tr>
<tr><td>制订计划</td><td colspan="4"></td></tr>
<tr><td rowspan="6">任务实施</td><td colspan="4">按照预先制订的工作计划，完成本任务，并记录任务实施过程。</td></tr>
<tr><td>序号</td><td>完成的任务</td><td>遇到的问题</td><td>解决办法</td></tr>
<tr><td></td><td></td><td></td><td></td></tr>
<tr><td></td><td></td><td></td><td></td></tr>
<tr><td></td><td></td><td></td><td></td></tr>
<tr><td></td><td></td><td></td><td></td></tr>
</table>

任务准备

一、知识准备

小提示

病毒的人工培养方法有三种，分别是动物接种、鸡胚培养以及体外培养的组织细胞培养。而病毒的人工培养，又是病毒实验研究以及制备疫苗和特异性诊断制剂的先决条件。

（一）鸡胚培养

鸡胚是正在孵化中的鸡胚胎（图 2-6）。因鸡胚胎组织分化程度低，又可选择不同的日龄和接种途径，病毒易于在其中增殖；多种动物病毒能在鸡胚中增殖和传代，并可用鸡胚制备某些病毒抗原、疫苗等；感染的胚胎组织中病毒含量高，培养后易于采集和处理；禽胚来源充足，设备和操作简便易行而又经济；并且病毒在鸡胚内增殖时，可产生痘斑、引起充血、出血、坏死和死亡等典型病变。因此鸡胚接种也是病毒培养最常用的方法。但鸡胚中可能污染细菌（如沙门菌等）和病毒，尤其是经母鸡垂直传播的病毒，如禽白血病、新城疫以及禽脑脊髓炎病毒等；同时鸡胚中可能含有因母鸡免疫而产生的卵黄抗体，影响同种病毒的增殖，因此所用鸡蛋应来自于 SPF 鸡群。

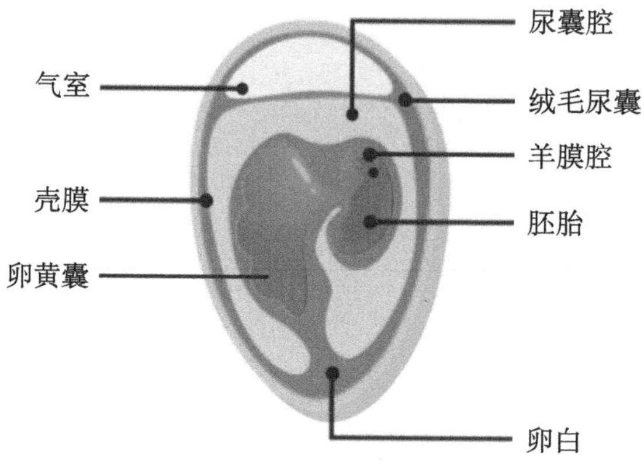

图 2-6　鸡胚结构图

接种时，不同的病毒可采用不同的接种途径，并选择日龄合适的鸡胚，如绒毛尿囊膜、尿囊腔和卵黄囊和羊膜腔接种等（图 2-7）。绒毛尿囊膜接种，主要用于痘病毒和疱疹病毒的分离和增殖，用 10～13 日龄鸡胚；尿囊腔接种，主要用于正黏病毒和副黏病毒的分离和增殖，用 9～12 日龄鸡胚；卵黄囊接种，主要用于虫媒披膜病毒、鹦鹉热衣原体和立克次氏体等的增殖，用 6～8 日龄鸡胚；羊膜腔接种，主要用于正黏病毒和副黏病毒的分离和增殖，此途径比尿囊腔接种更敏感，但操作较困难，且鸡胚易受伤致死，选用 10～11 日龄鸡胚。

病毒接种后，经一定时间培养，常可引起病变，或使鸡胚死亡。取出置冰箱后，收集病毒，即可进行鉴定或用作诊断抗原、疫苗生产等。根据接种途径不同，收获相应的材料，绒毛尿囊膜接种收获绒毛尿囊膜，尿囊腔接种收获尿囊液，卵黄囊接种收获卵黄囊及胚体，羊膜腔接种收获羊水。

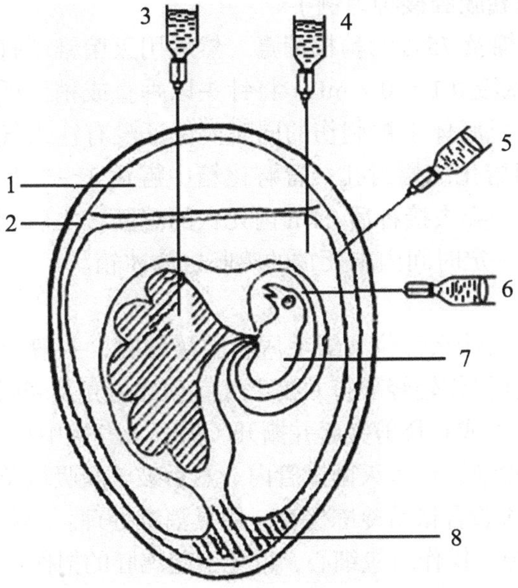

1—气室；2—壳膜；3—卵黄囊；4—尿囊腔；
5—绒毛尿囊；6—羊膜腔；7—胚胎；8—卵白。

图 2–7 鸡胚接种图示

小学士

病毒的鸡胚接种

（二）方法及步骤

1. 鸡胚的选择和孵化

①鸡胚选择。接种鸡胚应选择 SPF 鸡胚或无病鸡群的新鲜受精蛋。为便于照蛋观察，以白壳蛋为好。

②鸡胚孵化。将选择好的鸡胚放入孵化箱进行孵化，要注意温度、湿度和翻蛋，一般孵化温度为 36.0 ~ 37.5 ℃，相对湿度为 60%，每日最少翻蛋 3 次。发育正常的鸡胚照蛋时可见清晰的血管及鸡胚的活动。要注意的是，接种不同的病毒材料需选择不同的接种部位，不同的接种部位需选用不同日龄的鸡胚，具体如卵黄囊接种，需用 6 ~ 8 日龄的鸡胚；绒毛尿囊膜接种，用 9 ~ 13 日龄的鸡胚；绒毛尿囊腔接种，用 10 ~ 13 日龄的鸡胚；血管注射，用 12 ~ 13 日龄的鸡胚；羊膜腔和脑内注射，用 10 日龄的鸡胚。

2. 接种前的准备

①病毒材料的处理。接种材料若为患病动物组织，应剪碎、匀浆、离心后取上清液，必要时加抗生素处理或过滤除菌。若为液体材料，怀疑有细菌污染可加抗生素（青霉素 1 000 IU/mL 和链霉素 1 000 μg/mL）置室温 1 h 或 4 ℃冰箱 12 ~ 24 h，高速离心，取上清液，或经细菌滤器滤过除菌。若用新城疫Ⅰ系或Ⅳ系疫苗，则无

菌操作用生理盐水将其稀释 100 倍即可。

②照蛋。根据接种部位选择适宜孵化日龄的鸡胚进行照蛋，气室朝上立于蛋架上，用铅笔画出气室、胚胎及接种的位置，标明胚龄和日期。尿囊腔接种部位可选择在气室中心或远离胚胎侧气室边缘，避开大血管。

3. 鸡胚的接种（以绒毛尿囊膜腔接种为例）

在接种部位先后用 5% 碘棉及 75% 酒精棉消毒，然后用灭菌锥子打一小孔，用 1 mL 一次性注射器吸取病料悬液 0.1～0.2 mL，将针头以垂直或稍斜插入气室，进入尿囊腔，并将病料注入，注意胚体不被刺伤的同时要保证没有注入气室，并不能将其溢出壳外。注射完毕，用熔化的蜡封孔，置孵化箱中孵化 3～7 d，期间每 6 h 照蛋一次，观察胚胎存活情况。弃去接种后 24 h 内死亡的鸡胚。之后死亡的鸡胚都应置于 0～4 ℃冰箱中冷藏，一定时间内未死亡的鸡胚也放冰箱。

4. 鸡胚材料的收获

原则上接种什么部位，收获什么部位。绒毛尿囊腔接种时，一般收获尿囊液和羊水。将冷藏的鸡胚取出，无菌操作轻轻敲打并揭去气室顶部蛋壳及壳膜，形成直径 1.5～2.0 cm 的开口。用灭菌镊子或眼科剪夹起并撕开（剪开）气室中央绒毛尿囊膜，后用灭菌吸管从破口处吸取尿囊液，注入灭菌试管内。然后破羊膜吸取羊水，收获的尿囊液和羊水应清亮，经无菌检验合格后冷冻保存。用具消毒处理。鸡胚置消毒液中浸泡过夜或高压灭菌，然后弃掉。操作时应细心，以免引起鸡胚的损伤。

二、材料准备

受精卵、照蛋器、蛋架、一次性注射器、毛细吸管、橡皮乳头、试管、吸管、灭菌平皿、酒精灯、试剂架、蜡、眼科剪、镊子、胶布、疫苗、消毒剂。

三、人员准备

人员分组，每组 5 人。明确职责分工。

任务角色	任务内容
组长：	任务：
组员：	任务：
组员：	任务：
组员：	任务：
组员：	任务：

任务筹划

1. 内容筹划

①画图展示鸡胚结构及接种的部位，说明鸡胚选择要求。

②鸡胚接种前的准备工作有哪些?

③以绒毛尿囊膜腔接种为例简述鸡胚接种过程。

④以绒毛尿囊膜腔接种为例简述鸡胚材料的收获。

2. 流程筹划

第一步：查阅资料，知道病毒的培养方法，清楚鸡胚培养的特点、优缺点及应用。

第二步：查阅资料，知道鸡胚接种的部位及要求。

第三步：小组讨论鸡胚的接种方法、过程及注意事项。

第四步：选择合适的鸡胚，完成接种前的准备，小组配合完成鸡胚的接种。

鸡胚选择孵化—照蛋（确定胚胎的位置等）—病毒材料的处理。

第五步：小组讨论鸡胚材料收获的操作过程及注意事项。

鸡胚消毒—打孔—吸取接种液—无菌注入—封口—照蛋。

第六步：小组配合完成鸡胚材料的收获。

消毒—去壳—无菌操作吸取尿囊液—处理。

第七步：总结、分析。

任务实施

步骤一：

步骤二：

步骤三：

步骤四：

步骤五：

任务检测

请扫码答题。

病毒的鸡胚接种

任务评价

班级：________ 组别：________ 姓名：________

项目	评分标准	自我评价	小组评价	教师评价
鸡胚培养（65分）	知道病毒培养的方法（10分）			
	知道鸡胚培养的特点、优缺点及临床应用（10分）			
	掌握鸡胚接种的接种方法（10分）			
	会进行鸡胚接种前的准备（10分）			
	会进行鸡胚的接种（10分）			
	会进行鸡胚材料的收获并处理（15分）			
活动完成过程（25分）	能够根据工作任务资料，分析讨论并总结（5分）			
	认真思考，积极动手、动脑（5分）			
	积极参与小组合作与交流，配合默契，互帮互助（5分）			
	通过小组讨论与学习，完成任务工单（5分）			
	能很好地展示活动成果（5分）			
活动效果（10分）	整体的效果（很好为10分，较好为7～9分，一般为3～6分，较差为0～2分）			
合计				
自我评价与总结				
教师点评				

任务六　病毒病的诊断

任务导入

畜禽病毒性传染病，除少数如绵羊痘等可根据临诊症状、流行病学、病变做出诊断外，大多数病毒性传染病的确诊，必须依靠实验室诊断以确定病毒的存在或检出特异性抗体。那么又如何能快速、准确地诊断出病毒病呢？这就需要我们从发病动物体内分离病毒，再做进一步的试验来鉴定病毒并诊断疾病。因此，请同学们查阅资料，掌握常见动物病毒的生物学特性、致病特性等。再根据所学习的知识或查阅资料，讨论病毒病诊断的过程及方法。并以新城疫为例进行诊断，图文并茂绘制出新城疫诊断的整个过程、方法及结果依据等，举一反三说出其他病毒病的诊断。

任务工单

班级:________________　　组别:________________　　姓名:________________

任务名称	病毒病的诊断
任务描述	任务内容：常见动物病毒的微生物学特性、致病性等，病毒病的诊断过程及方法。 任务目的：明确临床常见动物病毒的特性，会进行常见动物病毒病的诊断。 任务流程：查阅资料（掌握常见动物病毒的生物学特性、致病特性）—查阅资料（知道病毒病的诊断过程）—小组讨论（新城疫的诊断）—进行诊断操作—图文并茂绘制出新城疫诊断过程、方法及结果依据等—举一反三说出其他病毒病的诊断。 任务方法：查阅资料、小组讨论、实践操作、绘图。
获取信息	要完成任务，需要掌握相关的知识。请收集资料，回答以下问题。 1. 常见的人兽共患病病毒有哪些？各有什么特性？ 2. 常见的猪病病毒有哪些？各有什么特性？ 3. 常见的禽病病毒有哪些？各有什么特性？

（续表）

<table>
<tr><td>获取信息</td><td colspan="4">4. 常见的牛羊病病毒有哪些？各有什么特性？其他动物病毒有哪些？有什么特性？

5. 病毒病料的采集原则和方法是什么？与细菌病料的采集有何不同？

6. 病毒病诊断的过程、方法有哪些？各有什么意义？</td></tr>
<tr><td>制订计划</td><td colspan="4"></td></tr>
<tr><td rowspan="6">任务实施</td><td colspan="4">按照预先制订的工作计划，完成本任务，并记录任务实施过程。</td></tr>
<tr><td>序号</td><td>完成的任务</td><td>遇到的问题</td><td>解决办法</td></tr>
<tr><td></td><td></td><td></td><td></td></tr>
<tr><td></td><td></td><td></td><td></td></tr>
<tr><td></td><td></td><td></td><td></td></tr>
<tr><td></td><td></td><td></td><td></td></tr>
</table>

任务准备

一、知识准备

（一）常见的动物病毒实例——新城疫病毒

新城疫病毒能使鸡发生新城疫，又称亚洲鸡瘟。新城疫于 1926 年首次发生于印度尼西亚，同年在英国新城流行，因此而得名。以后在朝鲜、印度、美国和中国都先后报道了本病的存在。此病具有高度的传染性，死亡率在 90% 以上，对养鸡业危害极大。

1. 主要特性

鸡新城疫病毒是 RNA 病毒，属于副黏病毒科、腮腺病毒属。病毒呈圆形，直径 140～170 nm，多有囊膜破损而造成不规则形，并有核衣壳呈螺旋形对称盘绕。囊膜表面有纤突呈放射状排列，具有血凝抑制的抗原成分和刺激宿主产生病毒中和抗体的成分。新城疫病毒的血凝素能凝集鸡、鸭、鸽、火鸡、人、豚鼠、小鼠等的红细胞，这种血凝性，能被特异的抗血清所抑制，多用鸡胚或鸡胚细胞培养来分离病毒。

目前本病毒仅一个血清型，然而不同毒株之间的毒力差异较大。根据毒力的差异可将病毒分为 3 个类型：强毒型、中毒型和弱毒型。

病毒易为日光及各种消毒剂灭活。在 55 ℃环境中 15 h 或者于阳光直射 30 h 可被灭活。对氯仿和乙醚的脂溶剂敏感，使用 2% 氢氧化钠、5% 漂白粉及 70% 乙醇等消毒剂一般均可将其杀死。

2. 致病性

鸡新城疫病毒对鸡有很强的致病力，使鸡发生新城疫，而对水禽、野禽的致病力较差。哺乳动物中牛及猫也有感染死亡的病例。绵羊、猪、猴、小鼠及地鼠可用人工方法感染。人也可感染，引起结膜炎、流感样症状及耳下腺炎等。病毒主要通过饲料、饮水传播，也可由呼吸道或皮肤外伤而使鸡感染。

3. 微生物诊断

当怀疑患病鸡疑似感染新城疫病毒时，应采取病鸡脑、肺、脾、肝和血液分别盛于无菌容器内，送实验室诊断。

①病毒的分离和鉴定：取上述鸡病料制成匀浆液，通过鸡胚尿囊腔接种，分离病毒。

②血凝和血凝抑制试验：用尿囊液测定对鸡红细胞的凝集效价，再用新城疫病毒标准免疫血清做血凝抑制试验，便可迅速获得结果。

近年来，还用荧光抗体、琼脂扩散试验、酶联免疫吸附试验（Enzyme Linked Immunosorbent Assay, ELISA）及 PCR 技术等进行新城疫诊断。

4. 防治

防治须采取综合性措施，包括卫生、消毒、检疫、免疫等。目前我国常用的疫苗有 Mukte-swar 系（又称印度系）、B1 系、F 系以及 Lasota 系四种，我国分别称为Ⅰ、Ⅱ、Ⅲ、Ⅳ系疫苗。其中Ⅰ系苗为中毒型，适用于 2 月龄以上的鸡，肌内注射，免疫期可达 1～2 年。后三种疫苗毒力较弱，适用于所有年龄的鸡，可做滴鼻、点眼、饮水、气雾免疫，免疫期较短。我国生产并使用新城疫油佐剂灭活苗，适用于雏鸡和成年鸡的免疫。成年鸡在上笼开产前注射一次，则整个产蛋期不需要再注射疫苗。为使鸡群的免疫接种更加安全、有效，可用缓发型疫苗作基础免疫后再用Ⅰ系苗加强免疫。免疫必须按免疫程序进行。

小学士

其他常见的动物病毒

（二）病毒的一般诊断程序

病毒性传染病，除少数临诊症状、病变典型、流行病学特别的疾病外，大部分需要进行实验室诊断以做确诊。其一般诊断程序如下。

1. 病料的采集、保存和运送

病毒性传染病一般在发病初期和急性期比较容易分离出病毒，因此，采取病料的时机必须适当。常用于病毒分离的病料有血液、粪便、渗出液、脑脊液、水疱液、活检组织或尸检组织等。根据病毒的性质采取不同病料。

进行畜禽病毒性传染病的病料采集时，应注意以下几点。

①采集适宜的病料。这一点与病毒的分离成败关系很大。一般应采集病畜禽体内含病毒最多的器官或组织。例如，上呼吸道疾病应采取鼻分泌物，而脑炎则采取脑组织。

②注意采集病料的时间。采集病料的时间以症状刚出现时最佳。检查抗体时，则应采取一头病畜的发病初期和恢复期的血清，以便了解抗体滴度的消长程度。

③防止病料污染。采集病料时，必须无菌操作。为防止液体病料被污染，有的可在其中加入适量的青霉素和链霉素或其他抗生素，如庆大霉素；若防止霉菌污染，还可加入霉菌素、两性霉素 B 等。供抗体检测的血清可加入防腐剂。

④保存与运送。病毒对外界因素特别是热很敏感。因此，必须将病料放在灭菌的保存液中（一般用 50% 甘油磷酸盐缓冲液）。盛有病料的器皿应封口，再放入冰瓶内，在此低温条件下保存和送检病料。对送检病料做好记录，如时间、地点、动物种类等。

2. 包涵体检查

有些病毒可在宿主细胞或组织中形成包涵体，将被检病料直接制成涂片或组织切片，染色后，可用普通光学显微镜检查，如狂犬病病毒，在病犬的大脑海马角中形成内基氏小体，可经特殊染色后用普通光学显微镜检查。但包涵体的形成有个过程，出现率也不是 100%。

拓展知识

产生包涵体的一些重要畜禽病毒

3. 病毒的分离培养

采取可能含有病毒的材料，接种动物、鸡胚或组织培养。被接种的动物、鸡胚或细胞出现死亡或病变时（但有的病毒须盲目传代后才能检出），可应用血清学试验进一步鉴定。

供接种或培养的病料应作除菌处理。除菌方法有滤器除菌、高速离心除菌和用抗生素处理三种。如用口蹄疫的水疱皮病料进行病毒的分离培养时，将送检的水疱皮置平皿内，以灭菌的 pH 值 7.6 的磷酸盐缓冲液洗数次，并用灭菌滤纸吸干、称重，制成 1∶5 悬液，为防止细菌污染，每毫升加青霉素 1 000 IU，链霉素 1 000 ug，置 2～4 ℃冰箱内 4～6 h，然后用 3 000 r/min 速度离心沉淀 10～15 min，吸取上清液备用。

小提示

病毒的分离培养见项目二任务五病毒的鸡胚接种。

4. 动物接种试验

病毒病的诊断也可以用动物接种试验来进行。取病料或分离到的病毒处理后接种试验动物，通过观察记录动物的发病时间、临床症状及病变甚至死亡的情况，也可以借助一些实验室方法来判断病毒的存在。此方法尤其在病毒毒力测定上应用广泛。

小提示

动物接种试验见项目二任务四试验动物接种与剖检。

5.病毒的血清学试验

血清学试验在病毒诊断及流行病学调查中占有很重要的地位。常用的方法如下。

①中和试验。中和试验应用的原则有两种：一是可用已知抗原检测未知抗体，二是用已知抗体鉴定未知病毒。

②补体结合试验。补体结合试验是用已知的病毒抗原测定动物体内有无相应的抗体，以对某些传染病做出诊断。如用于诊断马流行性乙型脑炎和马传染性贫血等。

③病毒的红细胞凝集和红细胞凝集抑制试验。病毒的红细胞凝集和红细胞凝集抑制试验可以用已知的抗血清鉴定病毒，用于诊断鸡新城疫、流行性乙型脑炎、流感、减蛋综合征等；也可以用已知的病毒测定被检动物血清中抗体情况，用于监测鸡群对新城疫等病的免疫状况及发病情况。

④荧光抗体技术。荧光抗体技术能较快地测出少量抗原（抗体）在细胞内或组织内的分布，也是测定血清抗体的一种比较敏感的方法。已用于口蹄疫、马传贫、狂犬病、猪瘟、猪水疱病、猪传染性胃肠炎等的诊断。

小提示

病毒的血清学试验见项目四任务六凝集试验、任务七沉淀试验和补体结合试验、任务八中和试验和免疫标记。

⑤免疫酶标记技术。免疫酶标记技术是目前比较先进的诊断技术，它具有敏感性高的特点。现已广泛应用于牛腹泻病毒、猪瘟病毒、鸡新城疫病毒和流感病毒等的检查以及法医鉴定。

⑥免疫扩散试验。免疫扩散试验是用已知抗体鉴定病毒，或者用已知病毒抗原检查待检血清中的相应抗体。常用于诊断马传贫、鸡马立克病、鸡传染性法氏囊病、鸡白血病、伪狂犬病、小鹅瘟、禽流感等。

6.分子生物学方法鉴定病毒

分子生物学诊断主要是针对不同病原微生物所具有的特异性核酸序列和结构进行测定。其特点是反应的灵敏度高、特异性强、检出率高，是目前最先进的诊断技术。主要方法有核酸探针、PCR 技术和 DNA 芯片技术等。

（1）PCR 诊断技术

PCR 技术就是根据已知病原微生物特异性核酸序列，设计合成与其 5′ 端同源，3′ 端互补的二条引物。在体外反应管中加入待检的病原微生物核酸（称为模板 DNA）、引物、脱氧核糖核苷三磷酸（Deoxy-ribonucleoside Triphosphate, dNTP）和具有热稳定性的 TaqDNA 聚合酶，在适当条件下（镁离子，pH 等），置于 PCR 仪，经过变性、复性、延伸，三种反应温度为一个循环，进行 20～30 次循环。如果待检的病原微生物核酸与引物上的碱基匹配，合成的核酸产物就会以2的n次方（n为循环次数）递增。产物经琼脂糖凝胶电泳，可见到预期大小的DNA条带出现，就可做出诊断。

此技术具有特异性强、灵敏度高、操作简便、快速、重复性好和对原材料要求较低等特点，尤其适于那些培养时间较长的病原菌的检查，如结核分枝杆菌、支原体等。PCR的高度敏感性使该技术在病原体诊断过程中极易出现假阳性，避免污染是提高PCR诊断准确性的关键环节。PCR的高度敏感性和特异性，使其成为当前病毒诊断上备受关注的一种新技术。

常用检测病原体的PCR技术有逆转录PCR（RT-PCR）、免疫PCR等。RT-PCR是先将mRNA在逆转录酶的作用下，反转录为cDNA（互补DNA），然后以cDNA为模板进行PCR扩增，通过对扩增产物的鉴定，检测mRNA相应的病原体。

（2）核酸杂交技术

核酸杂交技术是利用核酸碱基互补的理论，将标记过的特异性核酸探针同经过处理、固定在滤膜上的DNA进行杂交，以鉴定样品中未知的DNA。由于每一种病原体都有其独特的核苷酸序列，所以应用一种已知的特异性核酸探针，就能准确地鉴定样品中存在的是何种病原体，进而做出疾病诊断。核酸杂交技术敏感、快速、特异性强，特别是结合应用PCR技术之后，对靶核酸检测量已减少到皮克（pg）水平。

（3）核酸分析技术

核酸分析技术包括核酸电泳、核酸酶切电泳、寡核苷酸指纹图谱和核苷酸序列分析等技术，这些技术都已开始用于病原体的鉴定。

另外，近年来分子病毒学的发展，使诊断技术不受抗原抗体反应的限制，如应用核酸电泳法可从粪便样品中直接检出轮状病毒等的RNA电泳图。20世纪70年代在基因工程学基础上发展起来的核酸探针技术，已经广泛用于病毒实验诊断。

拓展阅读

我国曾首次在全世界推出了最快能在4 h内同时检测出禽流感H5、H7、H9亚型病毒的新型检测试剂盒，猪链球菌通用荧光PCR快速检测技术、猪链球菌2型荧光PCR检测技术等，将传统细菌分离方法的3～7 d检测时间缩短为1.5 h。同时，努力自主研发，打破中国基因检测仪长期依赖国外进口的现状，突破“卡脖子”问题。目前，随着经济、科技的不断发展，荧光定量PCR法快速检测不仅可以将检测时间缩短到2 h以内，且已成为常规检测技术普遍应用；而且各种国产基因检测仪器已经大量上市。可见，疾病的防治和诊断技术的进步与国家的发展、科技的发展密切相关，动物微生物的发展和应用前景将会更加广阔。

二、材料准备

天平、普通离心机、恒温箱、冰箱、微型振荡器、微量移液器、吸头、96孔

“V”形血凝反应板，受精卵、照蛋器、蛋架、一次性注射器、毛细吸管、橡皮乳头、试管、吸管、灭菌平皿、酒精灯、试剂架、蜡、眼科剪、镊子、胶布、疫苗、消毒剂。

三、工具准备

绘图用铅笔、红蓝铅笔、纸张等。

四、人员准备

人员分组，每组 5 人。明确职责分工。

任务角色	任务内容
组长：	任务：
组员：	任务：
组员：	任务：
组员：	任务：
组员：	任务：

任务筹划

1. 内容筹划

①请整理出有血凝性，可以用血凝和血凝抑制试验做诊断的病毒。

②是不是所有病毒病的诊断方法都一样？请举例说明。

③分子生物学诊断的方法有哪些？什么是 PCR ?

2. 流程筹划

第一步：查阅资料，掌握常见动物病毒的生物学特性、培养特性等，知道病毒病诊断的程序及过程。

第二步：小组讨论，确定采集的过程、方法及采集的组织，采集病料。

第三步：小组讨论，新城疫的诊断要点，并确定诊断过程。

第四步：实验室诊断。

病料处理—病毒鸡胚培养—尿囊液收获—血凝和血凝抑制试验—结果判定。

第五步：根据诊断流程写出每一步出现的结果及最终判定的依据。

第六步：整理总结后，图文并茂写出新城疫的整个诊断过程及结果。

任务实施

步骤一：

步骤二：

步骤三：

步骤四：

步骤五：

任务检测

请扫码答题。

病毒病诊断

任务评价

班级：__________ 组别：__________ 姓名：__________

项目	评分标准	自我评价	小组评价	教师评价
对常见病毒的认识（40分）	能罗列出常见人兽共患病病毒的特性（10分）			
	能罗列出猪病病毒的特性（10分）			
	能罗列出禽病病毒的特性（10分）			
	能罗列出牛羊病和其他动物疾病病毒的特性（10分）			
新城疫的诊断（50分）	能正确采集病料（10分）			
	会进行病料的处理（10分）			
	会进行病毒的培养（10分）			
	会进行病毒的血清学试验（10分）			
	知道分子生物学诊断技术（10分）			

（续表）

<table>
<tr><td>项目</td><td>评分标准</td><td>自我评价</td><td>小组评价</td><td>教师评价</td></tr>
<tr><td>活动效果（10 分）</td><td>整体的效果（很好为 10 分，较好为 7～9 分，一般为 3～6 分，较差为 0～2 分）</td><td></td><td></td><td></td></tr>
<tr><td colspan="2">合计</td><td></td><td></td><td></td></tr>
<tr><td>自我评价与总结</td><td colspan="4"></td></tr>
<tr><td>教师点评</td><td colspan="4"></td></tr>
</table>

项目三 微生物与外界环境

项目导读

真菌是生物界中很大的一个类群，真菌种类多、数量大，被广泛应用于农业、工业领域。但也有一些真菌能危害人和动植物，造成一些病害，称为病原性真菌。除了真菌还有其他的一些微生物，如支原体、衣原体等也能引起病害。这就是除细菌、病毒之外的其他微生物，那么其他微生物的特性又有哪些呢？同时，动物和人类都生活在微生物的海洋中，微生物几乎无处不在，你可知道微生物在哪里最多？健康动物机体内有没有微生物，都对动物机体有害吗？外界环境和微生物之间是如何相互影响的？微生物是如何进入机体导致感染的？

掌握其他微生物的形态结构，知道其生长繁殖需求和致病性，才能依据各种不同病原微生物的特性进行常见病的诊断和防治。知道了微生物与外界环境和动物机体的关系，清楚外界环境与微生物的相互影响和微生物的致病作用，就能进一步利用这些条件做到对微生物的预防、控制和杀灭。

知识目标

①知道真菌的分类及形态、培养特性，常见的病原性真菌的特点，放线菌的分类及形态、培养特性，螺旋体、立克次氏体、支原体、衣原体的形态特点及常见的病原微生物。

②了解微生物在外界环境中的分布，知道正常菌群的作用，以及菌群失调可能的原因和引起的疾病。

③掌握临床常用的物理、化学消毒方法，能说出常用消毒剂的作用和使用浓度。

④知道微生物的致病作用的组成，明确改变毒力的方法和意义。理解和区别细菌和病毒的不同致病机理。

技能目标

①能理解菌落总数和大肠菌群数，并能进行测定。

②能独立完成药敏试验，并进行正确的结果判定。

素质目标

能用高标准要求自己，养成认真对比分析的行为习惯，提高解决实际问题的能力。

思政目标

①通过其他微生物及青霉素的发现过程，让学生感知崇尚科学，刻苦钻研；不畏艰险、力求真理；不屈不挠，甘于奉献的科研精神。

②认知耐药性的危害，推行健康养殖理念的环保意识。

任务一　熟悉其他类型的微生物

任务导入

除了细菌和病毒，自然界中还有其他的微生物，如真菌是生物界中很大的一个类群，真菌种类多、数量大，被广泛应用于农业、工业领域。但也有一些真菌能危害人和动植物，造成一些病害，称为病原性真菌。除了真菌还有其他的一些微生物，如支原体、衣原体等，也能引起病害。那么这些微生物又有什么样的形态特征、培养特性及包含的种类呢？那请同学们查阅资料，知道真菌的分类及形态培养特性，掌握常见的病原性真菌的特点，知道放线菌的分类及形态培养特性，熟悉螺旋体、立克次氏体、支原体、衣原体的形态特点及常见的病原微生物。小组讨论总结后整理出图文并茂的其他微生物认知表。

任务工单

班级:________________　组别:________________　姓名:________________

任务名称	熟悉其他类型的微生物
任务描述	任务内容：真菌、放线菌、螺旋体、立克次氏体、支原体、衣原体的形态特点、培养特性及常见的病原微生物。 任务目的：知道真菌的分类、形态及培养特性，掌握常见的病原性真菌的特点，知道放线菌的分类、形态及培养特性，熟悉螺旋体、立克次氏体、支原体、衣原体的形态特点及常见的病原微生物。 任务流程：查阅资料（掌握其他微生物相关知识）—总结整理（各种微生物的特点）—小组讨论（整理出图文并茂的其他微生物认知表）。 任务方法：查阅资料、小组讨论、总结整理。

（续表）

<table>
<tr><td rowspan="1">获取信息</td><td colspan="4">要完成任务，需要掌握相关的知识。请收集资料，回答以下问题。
1. 什么是真菌？真菌的分类有哪些？真菌的结构是怎样的？
2. 真菌有哪些形态？真菌是如何进行繁殖的？是否与细菌一样？
3. 真菌有哪些生长条件？如何进行真菌的培养？真菌的培养及生长特性是否与细菌一样？
4. 常见的致病性真菌有哪些？有什么特点？
5. 放线菌、螺旋体的形态特点、培养特性及常见的病原微生物有哪些？
6. 立克次氏体、支原体、衣原体的形态特点、培养特性及常见的病原微生物有哪些？</td></tr>
<tr><td>制订计划</td><td colspan="4"></td></tr>
<tr><td rowspan="6">任务实施</td><td colspan="4">按照预先制订的工作计划，完成本任务，并记录任务实施过程。</td></tr>
<tr><td>序号</td><td>完成的任务</td><td>遇到的问题</td><td>解决办法</td></tr>
<tr><td></td><td></td><td></td><td></td></tr>
<tr><td></td><td></td><td></td><td></td></tr>
<tr><td></td><td></td><td></td><td></td></tr>
<tr><td></td><td></td><td></td><td></td></tr>
</table>

任务准备

一、知识准备

（一）真菌

真菌常常导致粮油食品和各种物品的霉变，造成经济损失。真菌在使谷物食品变质的同时，产生大量的毒素使人畜中毒，真菌还可引起许多疾病，如霉菌性肺炎、皮霉、淋巴管炎，甚至致癌。此次重点介绍酵母菌和霉菌。

1. 真菌的概念

真菌是一大类不含叶绿素，结构比较复杂的微生物，与植物细胞相似有细胞壁结构，但无根、茎、叶分化，营腐生或寄生生活。仅少数为单细胞，大部分为多细胞，多数呈分枝或不分枝的菌丝体，能进行有性和无性繁殖的真核细胞型微生物。真菌的种类繁多，形态各异，大小悬殊，适应性强，一般以无性孢子或有性孢子进行繁殖。

2. 真菌的形态结构

真菌从形态上分为酵母菌（Yeast）、霉菌（Mould）和担子菌（Basidiomycetes）三大类群。

（1）酵母菌的形态和结构

酵母菌是单细胞真菌，其细胞比细菌细胞大得多，为（5～30）μm ×（1～5）μm，在高倍镜下可清楚观察到，呈球形、卵圆形、腊肠形或圆柱形，少数为瓶形、柠檬形和假丝状。

酵母菌的细胞结构与其他真核细胞相似，具有典型的细胞结构，有细胞壁、细胞膜、细胞质、细胞核、线粒体、液泡以及各种内含物（图 3-1）。细胞膜主要由甘露聚糖、葡聚糖、几丁质组成。细胞膜与所有的生物膜一样，具有典型的三层结构，呈液态镶嵌模型。核外包裹核膜，核中有核仁和染色体。酵母菌不形成真正的菌丝，但生长旺盛时，由于迅速分裂而形成的芽体可依次相互连接如丝状，称假菌丝。

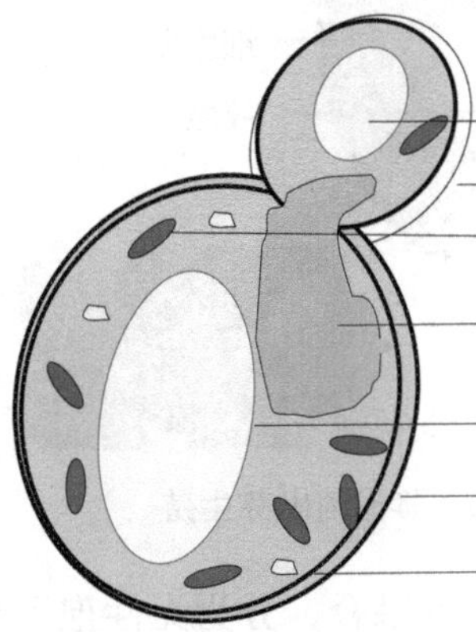

图 3-1　酵母菌形态结构

（2）霉菌的形态结构

霉菌又称丝状真菌，以能形成真正分枝菌丝为特征，是工农业生产中长期广泛应用的一类微生物。霉菌由菌丝和孢子组成。菌丝由孢子萌发而成，是一种细微的管状结构。菌丝在显微镜下呈螺旋状、球拍状、鹿角状等形态，可作为不同菌种鉴别的依据。当菌丝不断生长、分枝并缠绕成团时，形成菌丝体，称为霉菌的菌落。霉菌的菌丝因结构不同而分为有隔菌丝和无隔菌丝（图 3-2）。

①有隔菌丝：是由隔膜将管状结构的菌丝分隔成一串多细胞样的丝状体，每个细胞有一个或多个细胞核，菌丝中有隔，其横隔上具有小孔，相邻细胞之间的细胞质可以自由流动，而且这些细胞的功能也都相同。大多数霉菌如曲霉、青霉和白地霉等，其菌丝均属此类。

②无隔菌丝：是一种无隔膜，为长管状分枝，呈多核单细胞结构，细胞质中有多个细胞核，其生长过程表现为菌丝延长、细胞核分裂而数量增加以及细胞质的量增加，根霉、毛霉和犁头霉的菌丝属此类。

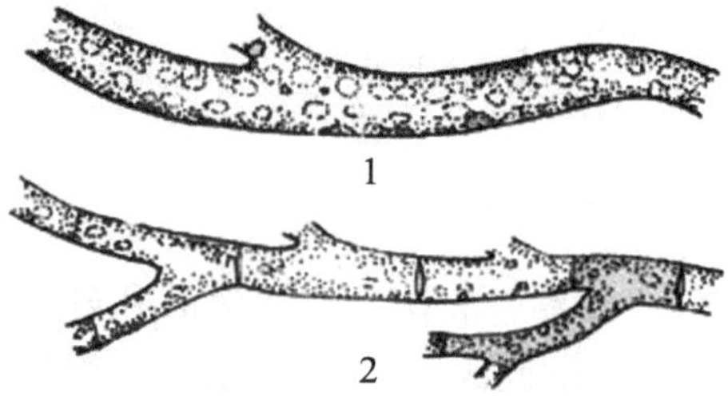

1—无隔菌丝；2—有隔菌丝。

图 3–2 霉菌的菌丝的不同结构

在基质中生长的霉菌菌丝因其着生部位和功能的不同，又分为营养菌丝和气生菌丝。深入固体培养基内部具有获取营养物质功能的菌丝称为营养菌丝或基质菌丝。从基质长出向空中伸展的菌丝称为气生菌丝。部分气生菌丝发育到一定阶段可分化成能产生孢子的菌丝称为繁殖菌丝。

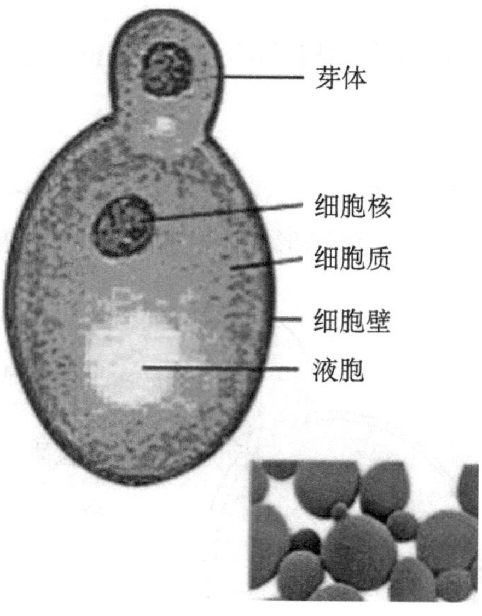

图 3–3 酵母菌出芽生殖

3. 真菌的繁殖方式

不同的真菌，其繁殖方式相差很大。酵母菌大多数是单细胞微生物，可进行无性繁殖和有性繁殖，以无性繁殖为主。无性繁殖主要以芽殖（图 3–3）、裂殖和产生掷孢子。营养体发育到一定阶段，即产生无性孢子，进行无性繁殖，无性繁殖一年内可进行多次，其中最简单的繁殖方式为菌丝断裂，由断裂的菌丝片段再发育成新的菌丝体。

有性繁殖是指两个性别不同的单倍体营养细胞经接触、细胞壁溶解、细胞膜和细胞质融合，形成二倍体的细胞核进行分裂（其中一次为减数分裂），形成子囊，子囊破裂后释放孢子。霉菌以各种无性和有性孢子繁殖，而以无性繁殖为主。根据孢子在形成过程中是否有核的融合，分为无性孢子和有性孢子两大类。

（1）无性孢子

无性孢子是一些没有经过两性细胞结合，直接由营养细胞分裂或营养菌丝分化产生的孢子。

①芽生孢子。由细胞如同发芽般形成小突起，如念珠菌、酵母菌。有些芽生孢子长到一定程度，自身又出芽形成新的芽生孢子。这些不断长出的孢子如果不脱离母细胞，便延长呈丝状，称为假菌丝。

②厚垣孢子。由菌丝顶端或中间的细胞质浓缩，细胞壁增厚形成的圆形孢子，

是一种休眠细胞，条件适宜时，可以萌发重新长出菌丝。

③节孢子。节孢子是菌丝生长到一定阶段后，菌丝细胞分化出隔膜，断裂成几个矩形、筒形或短柱状的孢子。

④孢子囊孢子。由繁殖菌丝的末端形成一个膨大的结构，呈球形、椭圆，称为孢子囊。其内有许多细胞核密集生长，每个核都被细胞质包围，分隔割裂成块，并逐渐形成孢子壁，最终成为孢子囊孢子。

⑤分生孢子。分生孢子是真菌中最常见的一类无性孢子，首先在繁殖菌丝的末端分化形成分生孢子梗，然后在梗上产生分生孢子。

（2）有性孢子

有性孢子是由两个不同性别的细胞（又称为配子）或性器官相互结合，经过质配阶段、核配阶段和减数分裂阶段而形成的单倍体孢子称为有性孢子。配子的结合有质配和核配两种形式。有性孢子常在特定的自然条件下形成，是真菌用来度过不良环境条件的休眠体。有性孢子可分休眠期孢子囊、卵孢子、接合孢子、子囊孢子和担孢子五类。

4. 真菌的生长和培养特性

（1）真菌的生长要求

真菌对外界环境适应力强，对营养要求不高，在一般培养基上均能生长，常用弱酸性的沙堡琼脂培养基或马铃薯琼脂，最适培养温度为 20～28 ℃，最适 pH 值为 4.0～6.0，真菌在生长过程中需要有充足的氧气和较高的湿度，但酵母菌必须在厌氧条件下才能发酵产生乙醇；寄生于内脏的病原性真菌则在 37 ℃时生长良好，常需培养数天至十几天才能形成菌落。不过它们对缺乏水的高渗的环境不像细菌那样敏感。在干燥的环境中，真菌的孢子可转入休眠状态。

（2）分离、培养方法

酵母菌的分离方法与细菌相同。霉菌的分离方法有孢子分离法、组织分离法和基内菌丝分离法三种常用方法。真菌的培养方法有固体和液体培养两种方法。

①固体培养。固体培养实验室用于菌种分离和研究，常用琼脂培养基。生产中用于制曲和制作生产菌种，常用农副产品为原料制成固体培养基。

②液体培养。液体培养有浅层培养和深层培养两类。浅层培养用于科研或数量较小的培养，常用浅盘或浅池进行。深层培养用于培养、制备少量液体菌种，常用摇瓶机、摇床等设备，大量生产时用发酵罐。

人工培养真菌的常用培养基有：麦芽汁、麦芽汁葡萄糖琼脂、沙堡琼脂和马铃薯葡萄糖琼脂。真菌的繁殖能力很强，但生长速度比较缓慢，它在人工培养基中通常需要数天才能长出菌落。

（3）真菌的菌落特征

①酵母菌菌落。酵母菌的菌落与一般细菌的菌落相似，但比细菌菌落大且厚，圆形，不透明，且带有黏稠性，乳白色或奶油样，其表面光滑、湿润和黏稠。培养时间长的菌落，其表面呈皱缩状，有的还可以形成假菌丝。

②霉菌菌落。霉菌所形成的菌落比较疏松，呈絮状、绒毛状、蜘蛛网状毡状或

粉末状，菌落直径 5～8 cm，比细菌、酵母菌的菌落都大。菌落初呈浅色或白色，一旦形成孢子，成熟的菌落呈特征性颜色，如黄、绿、黑、青、红、棕、橙等，具有一定的鉴定意义。

（4）真菌的抵抗力

真菌的菌丝和孢子对热的抵抗力不强，60～70 ℃加热 1 h 时即可将它们杀灭。但真菌对低温、干燥、日光、紫外线和常用的化学消毒剂均有较强的抵抗力。

5.真菌的致病性

真菌通过不同的形式引起各种动物的不同疾病，有些呈寄生性致病作用，有些呈条件性致病作用，有些则产生毒素使动物中毒。

（1）致病性真菌感染

主要是一些外源性真菌感染，可造成皮肤、皮下和全身性感染。目前对其致病机制尚不完全明了。皮肤癣菌感染具有嗜角质性，在皮肤局部大量繁殖后，通过机械刺激和代谢产物的作用，引起局部的炎症和病变。深部感染的真菌遭吞噬细胞吞噬后，不被杀死而能在细胞内繁殖，引起组织慢性肉芽肿性炎症和组织坏死形成溃疡。

（2）条件性真菌感染

一些内源性真菌如念珠菌、曲霉菌、毛霉菌等，致病性不强，只在机体免疫力降低或长期服用广谱抗生素、激素或放射治疗后，发生机会感染。

（3）真菌性中毒

真菌在饲料中生长或真菌毒素污染饲料，动物食用后可导致急性或慢性中毒。中毒的原因主要是真菌毒素如黄曲霉的黄曲霉毒素、杂色霉的杂色霉素。青霉素等可引起肝损害，镰刀菌毒素引起的中毒可使肾、肝、心肌、脑组织发生病变。

此外，某些真菌产物与肿瘤的发生有着密切关系，一部分真菌能引起变态反应。

6.真菌病的诊断与防治

（1）真菌病的诊断

真菌病的诊断与细菌病的诊断有相似之处，可通过形态结构观察、分离培养等做出诊断。但真菌的形态往往具有特征性，常可检查其菌丝或孢子做出诊断。病料的选择可根据疾病特点选择，采取毛发、皮肤刮取物、浓汁、体液、组织器官内容物以及分泌物、排泄物等。

①显微镜检查。包括抹片检查、氢氧化钾片检查、乳酸石炭酸棉蓝液压片检查三种方式。

抹片检查：组织、体液、脓汁以及离心沉淀材料等，均可做成抹片，以吉姆萨染色法或其他适宜方法染色，检查真菌细胞、菌丝、孢子等结构。

氢氧化钾片检查：用于脓汁、痰液、毛发、角质等需要处理以使其透明清晰的材料。在材料上滴加 10%～20% 氢氧化钾溶液，加盖玻片，微热处理后检查。

乳酸石炭酸棉蓝液压片检查：为真菌实验室最常用的方法之一，具有着染、杀真菌及防腐的作用，可于材料上滴加染液，或将培养物置于染色液滴中，必要时以细针梳理，再加盖玻片后检查。

②分离培养。将病料接种于沙堡（Sadouraud）葡萄糖琼脂，某些深部感染的病料，还需接种于血液琼脂，分别培养于室温及 37℃，逐日观察。真菌一般生长较慢，往往需培养数日甚至数周。为防止细菌污染可在培养基中加入适量抗生素，一般加 20～100 IU/mL 青霉素和 40～200 μg/mL 链霉素。

③真菌毒素的检测。由真菌生产的有毒代谢产物统称为真菌毒素。一般对可疑饲草、饲料进行真菌毒素的检测和产毒真菌的检查。真菌毒素的检测可用免疫学检测或用薄层层析、气相或液相色谱分析手段，或接种动物做动物试验。

（2）真菌病的防治

在真菌感染中，环境及其他因素起着重要作用。真菌的繁殖要有一定的湿度，所以保持环境、用具、垫料的干燥，并进行有效的消毒是防止真菌感染的先决条件，动物体表要保持清洁。防止皮肤外伤是预防皮肤真菌感染的重要措施。

引起机体深部感染的真菌大多数是条件性致病菌，它们广泛存在自然环境中，只有当机体抵抗力降低时才能引起疾病。因此预防本病的有效措施是提高畜禽的机体抵抗力和免疫功能，避免长期使用抗生素及射线照射。

拓展阅读

青霉素的发现

小学士

常见的致病性真菌

拓展阅读

我们很熟悉的青霉素是最经典的一种抗菌药物，最初是由100多年前的英国学家亚历山大·弗莱明通过发现青霉菌附近的细菌生长都受到抑制而发现青霉素并坚持研究。后英国病理学家弗劳雷、德国生物化学家钱恩进一步研究改进，一步步攻破技术难关，最终从青霉菌中提取出了青霉素，并成功地用于医治疾病，三人共获诺贝尔生理学或医学奖。青霉素的发现，使人类找到了一种具有强大杀菌作用的药物，结束了传染病几乎无法治疗的时代，从此出现了寻找抗生素新药的高潮，人类进入了合成新药的新时代。

（二）放线菌

放线菌是一类介于细菌和丝状真菌之间的单细胞生物。一方面，放线菌的细胞构造和细胞壁的化学组成与细菌相似，与细菌同属原核生物；另一方面，放线菌菌体呈纤细的菌丝状，而且分枝，又以外生孢子的形式繁殖，这些特征又与霉菌相似，放线菌菌落中的菌丝常从一个中心向四周辐射状生长，因此叫放线菌。放线菌在分类学上属放线菌目，该目下设 8 个科，其中分枝杆菌科中的分枝杆菌属和放线菌科中的放线菌属与畜禽疾病关系较大。

分枝杆菌属是一类偶有分枝的革兰氏阳性杆菌，平直或微弯，呈丝状，无运动性，不产生鞭毛、芽孢或荚膜，需氧，有抗酸染色特性，由于细胞壁中含有丰富的类脂和蜡质，因此对外界环境尤其是干燥和一般消毒剂有较强的抵抗力。此属中主要有结核分枝杆菌、牛分枝杆菌和禽分枝杆菌三种。培养时对营养要求较高，多数菌株生长缓慢，常用罗氏培养基培养。

1. 结核分枝杆菌

（1）形态结构

结核分枝杆菌为细长、直或微弯的杆菌。单个、少数成丛，大小为（1.5～4.0）μm ×（0.2～0.6）μm。牛分枝杆菌菌体较短而粗，禽分枝杆菌更短且呈多形性，菌体常单个排列。在陈旧的培养基或干酪性病灶内的菌体可见分枝现象。本菌的细胞壁不仅有肽聚糖。还有特殊的糖脂。因为糖脂的影响，致使革兰染色不易着染，故常用 Ziehl-Neelsen 抗酸性染色，本菌染成红色，背景及其他细菌染成蓝色。

（2）培养特性

本菌严格需氧，营养要求较高，常用罗杰二氏培养基（内含蛋黄、甘油、马铃薯、无机盐及孔雀绿等）培养；最适温度为 37～37.5 ℃，禽分枝杆菌 42 ℃，最适 pH 值为 6.5～6.8。结核分枝杆菌需 14～15 h 分裂一次，如加入 5% 二氧化碳可刺激其生长，经 10～14 d 才能看到菌落。菌落粗糙、隆起、不透明、边缘不整齐，呈颗粒、结节或菜花状，乳白色或米黄色。在液体培养基中，因菌体含类脂而具疏水性，形成浮于液面有皱褶的菌膜。

（3）抵抗力

分枝杆菌的抵抗力很强，对干燥、寒冷有抵抗力，在干燥的环境中可存活 6～8 个月。对湿热的抵抗力较弱，60 ℃加热 15 min 或煮沸即可杀死，酸、碱及季铵盐类消毒剂作用不大，对 70% 乙醇、10% 漂白粉及碘化物敏感。对磺胺类、青霉素及其他广谱抗生素不敏感，对链霉素、异烟肼、利福平、环丝氨酸、乙胺丁醇、卡那霉素、对氨基水杨酸敏感。但长期应用上述药物治疗结核病易产生抗药菌株。

（4）致病性

牛分枝杆菌主要引起牛结核病，其他家畜、野生反刍动物、人、灵长目动物、犬、猫等肉食动物均可感染。禽分枝杆菌主要引起禽结核，也可引起猪的局限性病灶。人结核分枝杆菌主要引起人的结核病，与人接触的动物也可感染；山羊和家禽对结核分枝杆菌不敏感。本菌以细胞内寄生和形成局部病灶为特点，形成干酪样坏死或结核结节。

（5）微生物学检查

①细菌学检查。取患病器官的结核结节及病变与非病变交接处组织直接涂片，乳汁以 2 000～3 000 r/min 离心 40 min，分别取脂肪层和沉淀层涂片，抗酸性染色后镜检，如发现红色成丛杆菌时，可做出初步诊断。必要时进行分离培养和动物试验。

②变态反应检疫。变态反应检疫是临床结核病检疫的主要方法，如用结核分枝杆菌纯化蛋白衍生物（Purified Protein Derivative, PPD）进行皮内变态反应试验检查活畜结核病。采用提纯结核菌素 PPD 皮内注射法，需按我国相关动物检疫操作规程

的规定进行操作。

（6）防治

人类广泛采用卡介苗接种，免疫期达 4～5 年。对饲养的牛群不接种卡介苗，每年都要进行检疫，结核菌素变态反应检疫阳性者要扑杀处理，淘汰净化牛群为主要防治措施。对珍稀或观赏动物可用有效药物异烟肼、链霉素、利福平、对氨基水杨酸等治疗。

（三）螺旋体

螺旋体是一类介于细菌和原虫之间的菌体细长、柔软、弯曲呈螺旋状，能活泼运动的原核型单细胞微生物。在生物分类上归属于螺旋体目，该目下分两个科，即螺旋体科和钩端螺旋体科，前者包括 5 个属，后者包括 2 个属。其中与兽医关系较大的有四个属，即密螺旋体属、疏螺旋体属、钩端螺旋体属和短螺旋体属，它的基本结构和繁殖方式与细菌相似。

1. 主要生物学特性

（1）形态结构与染色

螺旋体细胞呈螺旋状或波浪状圆柱形，有一个或多个完整的螺旋，螺旋的数目、长度、螺距及螺旋的弯曲形状与螺旋菌的种类有关。菌体大小极为悬殊，（5～250）μm×（0.1～3.0）μm。由于个体小且能活泼运动，因此有些种类可通过细菌滤器。

螺旋体的细胞主要有 3 个组成部分：原生质柱、轴丝和外鞘。原生质柱呈现螺旋状卷曲，外包细胞膜的细胞壁，为螺旋体的细胞的主要部分。轴丝连于细胞和原生质柱，外包有外鞘。螺旋体革兰染色阴性，但大多不易着色，吉姆萨染色良好，呈红色或蓝色。

（2）培养特性

螺旋体的培养与细菌相似。但较为困难，多数需厌氧培养。能人工培养，但对营养要求高，常需在培养基中加入血清或血液，某些种类还必须在培养基中加入某些特定的脂肪酸、蛋白胨、胰酶消化酪蛋白、脑心浸出液等营养因子才能生长，最适培养温度为 28～30 ℃（钩端螺旋体）或 38 ℃（蛇形螺旋体），最适 pH 值为 7.2～7.5。钩端螺旋体，生长缓慢。

（3）致病性

螺旋体广泛存在于自然界水域中，也有许多存在于人和动物体内。大部分无致病性，只有一小部分是致病性的。如兔梅毒密螺旋体可致兔梅毒；钩端螺旋体可感染多种家畜、家禽和野生动物，导致钩端螺旋体病。

（四）支原体

支原体又称为霉形体，是一类介于细菌和病毒之间，无细胞壁，能通过细菌滤器，能独立生活的可在人工培养基生长繁殖最小的单细胞原核型微生物。支原体主要生物学特性如下。

（1）形态与结构

支原体无细胞壁，具有多形性和滤过性。常呈球状、环状、杆状、分枝丝状，球形细胞直径为 0.3～0.8 μm，可通过 300 nm 孔经滤膜，革兰氏染色呈阴性，但难以着色，以吉姆萨染色液染色被染成淡紫色，可在光学显微镜下观察。

（2）培养特性

繁殖方式以二分裂为主，也有出芽繁殖。兼性厌氧，可在特定的培养基上增殖，但营养要求较一般细菌高，常需在培养基中加入 10%～20% 动物血清、固醇和高级脂肪酸等营养物质，培养基中加入酵母浸液、葡萄球菌和链球菌的培养滤液能促进其生长；部分种类需在组织培养物上才能生长。最适培养温度为 37 ℃，最适 pH 值为 7.6～8.0。生长缓慢，固体培养基上需 3～5 d 才能形成菌落。直径为 10～600 μm，典型菌落呈“煎蛋”样、乳头样或脐状。液体培养基中需 2～4 d 才能形成极轻微的浑浊，或形成薄片状小菌落，黏附于管壁或沉于管底。

（3）抵抗力

支原体的抵抗力很弱，对湿热、干燥、常用消毒剂较敏感，对表面活剂极为敏感，45 ℃经 15～30 min 或 55 ℃经 5～15 min，即可致死。对各种抗生素的敏感不同种而有差异，如红霉素对人肺炎支原体有抑制作用，但对猪、犬、啮齿类支原体无效；多数能抵抗青霉素，链霉素，但四环素和金霉素可杀死支原体，而对放线菌素 D、丝裂霉素 C 最敏感。

（4）致病性

支原体常常定居于多种动物的呼吸道、泌尿生殖道、消化道黏膜以及乳腺和关节等处，主要营寄生生活，单独感染时常症状轻微或无临床表现，当细菌、病毒等继发感染或受到外界不利因素作用时即可引起疾病。如丝状支原体可致牛传染性胸膜肺炎，还有山羊传染性胸膜肺炎。

（5）微生物学检查

支原体形态多样，直接镜检意义不大，采取病料后应进行分离培养、生理生化及血清学鉴定。

（6）防治措施

目前感染本菌的康复猪可获得一定的免疫力。预防措施除加强综合性防疫措施以外，还有进行疫苗预防接种，也可在饲料中添加土霉素等敏感抗生素来预防。治疗时可选用敏感抗生素。

（五）立克次氏体

立克次氏体是一类介于细菌和病毒之间的以节肢动物为传播媒介、严格细胞内寄生的小型革兰氏阴性原核单细胞微生物。与兽医关系较大的有立克次氏体科及无形体科中的动物边虫病病原体和动物附红细胞病病原体。

1. 形态结构

立克次氏体形态多样，有球状、球杆状及杆状等。革兰氏染色阴性，在不同的发育阶段和不同的宿主体内可出现不同的形态，以球杆状或杆状为主。球状菌直径为 0.2～0.7 μm，杆状菌大小为（0.8～2）μm ×（0.3～0.6）μm，除贝纳柯克斯体外，都不能通过细菌滤器。立克次氏体由类似于革兰阴性细菌的细胞壁结构和化学组成，吉姆萨染色呈紫色或蓝色。立克次氏体病绝大多数为自然疫源性疾病，节肢动物为其寄生宿主、储存宿主和传播媒介。立克次氏体对理化因素抵抗力不强，一般 56 ℃经 30 min 即可灭活。对广谱抗生素敏感，但磺胺类药物可刺激其增殖，不能用于治疗。

2. 致病性

立克次氏体主要寄生于虱、蚤、蜱、螨等节肢动物体内。人、畜主要经这些节肢动物的叮咬或其粪便污染伤口而感染立克次氏体。侵入后多寄生于网状内皮系统、血管内皮细胞或红细胞，导致各器官血管内皮细胞发生肿胀、增生，血管出现节段性坏死等病变，从而使机体表现出各种相应的临床症状。

3. 微生物学检查

将病料制成血液涂片或组织抹片，经染色后镜检。也可将病料接种于鸡胚卵黄囊内，培养出立克次氏体后，再用荧光抗体染色后用补体结合试验进行鉴定。

拓展阅读

美国病理学副教授霍华·德泰勒·立克次于 1909 年首次发现洛基山斑疹伤寒的独特病原体——立克次氏体。1910 年，他在研究立克次氏体的过程中不幸感染斑疹伤寒而献出生命。1916 年，罗恰·利马首先从斑疹伤寒病人的体虱中找到，并建议取名为普氏立克次氏体，以纪念从事斑疹伤寒研究而牺牲的立克次和捷克科学家普若瓦帅克。1934 年，我国科学工作者谢少文首先应用鸡胚培养立克次氏体成功，为人类认识立克次氏体作出重大的贡献。

（六）衣原体

衣原体是介于立克次氏体和病毒之间，不需以节肢动物为传播媒介，具有滤过性，在人工培养基上不能生长，并形成包涵体的革兰氏阴性原核细胞微生物。与人和动物关系较大的主要有两个种：鹦鹉热衣原体和沙眼衣原体。

1. 生物学特性

衣原体细胞呈圆形，大小在 0.2～1.5 μm，革兰氏染色阴性，含有 DNA 和 RNA 两种核酸。具有黏肽组成的细胞壁。专性细胞内寄生，有独特的发育周期，二分裂繁殖。具有比较复杂的酶系统，能进行一定的代谢活动，对某些抗生素敏感。

2. 发育周期及形态染色

衣原体在宿主细胞内生长繁殖时，可表现独特的发育周期，不同发育阶段衣原体在形态、大小和染色特性上有差异。

（1）原体

原体又称原生小体，小而致密，呈球状、椭圆形或梨形，直径为 0.2～0.4 μm，有细胞壁，是发育成熟的衣原体。存在于细胞外，对人和动物具有高度传染性，但无繁殖能力。吉姆萨染色呈紫色。原体中几乎不含核蛋白体，在细胞中积聚，使宿主细胞质中出现各种形式的包涵体。

（2）始体

始体又称初体，形体较大，呈圆形或椭圆形，直径为 0.8～1.5 μm，无细胞壁，是衣原体的繁殖型形态，无感染性。吉姆萨染色呈蓝色。始体在细胞内经二分裂繁殖，产生大量子代原体，成熟后从细胞释出，再感染其他细胞，开始新的发育周期。每一发育周期为 2～3 d。

3. 抵抗力

衣原体对外界环境抵抗力弱，对腐败、干燥、低温、高温、常用消毒剂敏感，在冷冻干燥的条件下可存活多年。四环素、红霉素、氯霉素、青霉素等可抑制衣原体生长，而链霉素、庆大霉素、卡那霉素则不能抑制。

4. 致病性

与畜禽疾病有关的是鹦鹉热衣原体和牛羊衣原体。鹦鹉热衣原体主要危害禽类、绵羊、山羊和牛。可引起人肺炎，畜禽肺炎、流产、关节炎等疾病；牛羊衣原体能引起牛和绵羊的多发性关节炎、脑脊髓炎和腹泻。沙眼衣原体可引起人的沙眼、包涵体结膜炎以及性病淋巴肉芽肿等病。

5. 微生物学检查

根据所致的不同疾病，选择采取肺液、关节液、脑脊液等病料，接种鸡胚卵黄囊分离病原体，取卵黄囊膜制成涂片，染色镜检可发现包涵体。血清学检查可用补体结合试验。

6. 防治

我国已试制成功绵羊衣原体性流产疫苗，其他类型的衣原体病尚无实用的疫苗，治疗药物以四环素作用最强。

拓展阅读

汤非凡是从湖南醴陵走出来的中国第一代微生物学家、世界著名微生物学家，中国预防医学事业奠基人之一。他一生热爱祖国和人民，终身致力于医学研究。1955 年，汤飞凡以身试毒，首次分离出沙眼衣原体，被誉为“衣原体之父”，结束了半个多世纪关于沙眼病原的争论。汤非凡是世界上发现重要病原体的第一个中国人，为预防和治疗沙眼作出杰出贡献。

拓展知识

常见的其他病原微生物

二、材料准备

收集任务资料，查找其他微生物的图片进行标注并对比。

三、工具准备

绘图用铅笔、纸张等。

四、人员准备

人员分组，每组 5 人。明确职责分工。

任务角色	任务内容
组长：	任务：
组员：	任务：
组员：	任务：
组员：	任务：
组员：	任务：

任务筹划

1. 内容筹划

①根据所掌握内容，描述真菌与细菌的异同点。

②请根据以下表格中描述的重点内容，判定是哪种微生物。

特征	判定结果	特征	判定结果
无性二分裂		真核细胞型	
可在人工培养基生长繁殖		介于立克次氏体和病毒之间	
细胞内寄生		单细胞生物	
能形成包涵体		原核细胞型	
以节肢动物为传播媒介		能通过细菌滤器	
介于细菌和原虫之间		介于细菌和病毒之间	
介于细菌和丝状真菌之间		无细胞结构的	

③绘制表格，总结整理其他微生物的形态、生长特性及常见病原微生物等方面的内容（图文并茂），形成其他微生物认知表。

提示：可从名称、分类、形态、结构、繁殖方式、培养特性、生长特性、常见微生物及致病性等方面制表汇总整理（结构、形态等可以图示）。

2. 流程筹划

第一步：查找相关的资料，掌握其他微生物的相关知识。

第二步：小组讨论，确定其他微生物认知表的框架，综合要填写的内容确定大小、位置。

第三步：分配任务，查找相关的资料，在认知表中填充完善真菌、放线菌、螺旋体、立克次氏体、支原体、衣原体的内容，形态结构等可简单图示。

第四步：整理完善认知表，并提交任务总结。

任务实施

步骤一：

步骤二：

步骤三：

步骤四：

步骤五：

任务检测

请扫码答题。

熟悉其他类型的微生物（上）

熟悉其他类型的微生物（下）

任务评价

班级：________ 组别：________ 姓名：________

项目	评分标准	自我评价	小组评价	教师评价
真菌（40分）	理解真菌的概念和分类（10分）			
	知道真菌的形态结构特征（10分）			
	知道真菌的培养条件和培养特性（10分）			
	知道常见病原真菌及其致病性（10分）			

（续表）

项目	评分标准	自我评价	小组评价	教师评价
其他微生物（50分）	知道放线菌的形态结构特征、培养特性及常见病原和致病性（10分）			
	知道螺旋体的形态结构特征、培养特性及常见病原和致病性（10分）			
	知道立克次氏体的形态结构特征、培养特性及常见病原和致病性（10分）			
	知道支原体的形态结构特征、培养特性及常见病原和致病性（10分）			
	知道衣原体的形态结构特征、培养特性及常见病原和致病性（10分）			
活动效果（10分）	整体的效果（很好为10分，较好为7～9分，一般为3～6分，较差为0～2分）			
合计				
自我评价与总结				
教师点评				

任务二　了解微生物的自然界分布

任务导入

包含人类在内的所有生物都生活在微生物的海洋中，微生物几乎无处不在，你可知道微生物在哪里最多？健康动物机体内有没有微生物，都对动物机体有害吗？查阅资料，了解外界环境及动物体中微生物的分布情况，知道正常菌群及菌群失调的临床意义，并绘制环境及动物机体图，以图文并茂的形式标注微生物的分布情况。知道菌落总数和大肠菌群数的卫生学指标意义，掌握菌落总数测定的试验方法和结果判定方法，会进行水样或其他样品中菌落总数的测定。

任务工单

班级：__________ 组别：__________ 姓名：__________

<table>
<tr><td>任务名称</td><td colspan="4">了解微生物的自然界分布</td></tr>
<tr><td>任务描述</td><td colspan="4">任务内容：土壤中的微生物、水中的微生物、空气中的微生物、动物机体中的微生物，菌落总数和大肠菌群数。
任务目的：了解外界环境及动物体中微生物的分布情况，知道正常菌群及菌群失调的临床意义；知道菌落总数和大肠菌群数的卫生学指标意义，掌握菌落总数测定的试验方法和结果判定方法，会进行菌落总数的测定。
任务流程：查阅资料（外界环境及动物机体中微生物的分布）—查阅资料、小组讨论（图文并茂绘制微生物分布情况）—查阅资料（掌握菌落总数测定的过程及方法）—小组讨论—实体操作（完成所提供材料中菌落总数的测定）。
任务方法：查阅资料、讨论、绘图、实体操作。</td></tr>
<tr><td>获取信息</td><td colspan="4">要完成任务，需要掌握相关的知识。请收集资料，回答以下问题。
1. 土壤、水及空气中，哪里的微生物最多？为什么它们的分布种类和数量不一样？

2. 土壤、水及空气中主要的病原微生物有哪些？

3. 什么是菌落总数？什么是大肠菌群数？分别代表什么意义？标准是多少？

4. 什么是正常菌群？它有什么作用？

5. 什么是菌群平衡和菌群失调？什么情况下会引起菌群失调？</td></tr>
<tr><td>制订计划</td><td colspan="4"></td></tr>
<tr><td rowspan="6">任务实施</td><td colspan="4">按照预先制订的工作计划，完成本任务，并记录任务实施过程。</td></tr>
<tr><td>序号</td><td>完成的任务</td><td>遇到的问题</td><td>解决办法</td></tr>
<tr><td></td><td></td><td></td><td></td></tr>
<tr><td></td><td></td><td></td><td></td></tr>
<tr><td></td><td></td><td></td><td></td></tr>
<tr><td></td><td></td><td></td><td></td></tr>
</table>

任务准备

一、知识准备

（一）微生物在外界环境中的分布

微生物种类很多，繁殖迅速，适应能力强，故在自然界中的分布极广泛。无论是在土壤、水、空气中，还是在物体表面、动物机体的体表及其与外界相通的腔道中，都有微生物存在。大部分微生物对动植物生长和工农业生产是有益的，但也有小部分病原微生物，能引起动植物及人类的各种疾病。

1. 土壤中的微生物

土壤中含有微生物生长发育所需要的营养物质和微生物生命活动及生长繁殖的各种条件。土壤中的有机质和矿物质为微生物提供了良好的营养；土壤的酸碱度接近中性，缓冲性较强，适合大多数微生物生长；土壤孔隙中充满着空气和水分，基本可满足微生物生长的需要；土壤的渗透压大都不超过微生物的渗透压；表层土壤保护微生物，免于被阳光直射致死。所以土壤是微生物生活最适宜的环境，有微生物“天然培养基”之称。

土壤中微生物主要有细菌、放线菌、真菌、藻类和原生动物等，是人类利用微生物资源最丰富的“菌种资源库”。受土壤成分、地域、植被的影响，土壤中微生物数量变化较大，一般 1 g 表层土壤可含 1×10^7～1×10^9 个微生物，以细菌为主，占土壤微生物总数的 70%～90%，放线菌、真菌次之，藻类和原生动物较少。在土壤的不同深度，微生物的分布不匀，表层土壤受日光的照射、雨水的冲刷和干燥的影响，微生物数量较少。在 5～20 cm 深的土层中微生物数量最多，愈往深处则微生物愈少。

土壤中微生物大多是有益的，能提高土壤肥力，促进物质转化。土壤中的病原微生物是随着动植物残体、人畜排泄物、分泌物、污水、垃圾等废弃物一起进入土壤的。大多数病原微生物在土壤中存活时间较短（表 3-1），但炭疽杆菌、破伤风梭菌、气肿疽梭菌、腐败梭菌等少数芽孢菌能在土壤中生存数年甚至数十年以上。土壤一旦被病原菌污染了，则可成为疫源地，随时都有可能感染人和家畜，导致相应传染病的发生。

表 3-1　几种无芽孢病原微生物在土壤中的存活时间

病原微生物	存活时间 /d	病原微生物	存活时间 /d
猪瘟病毒	6	伤寒沙门菌	90
肠道病毒	2～188	布鲁氏菌	100
口蹄疫病毒	≥30	猪丹毒杆菌	166
巴氏杆菌	14	钩端螺旋体	270
化脓链球菌	60	结核分枝杆菌	150（甚至达 2 年之久）

2. 水中的微生物

水是微生物的第二天然培养基，不同水域中的微生物种类和数量差异较大，主要为腐生性细菌，其次为真菌、螺旋体、噬菌体等。淡水中的微生物多来自于土壤、空气、污水、动植物残体、动物排泄物等。一般湖水、河水等地面水比井水、泉水等地下水含菌量多，雨水和雪水含菌数量少。

水中的病原微生物主要来自患病动物排泄物、分泌物、内脏以及兽医院、医院、屠宰场等排出的污水和垃圾等。被病原微生物污染的水体，是传染病发生和流行的重要传播媒介。常见的病原微生物有炭疽杆菌、伤寒杆菌、猪丹毒杆菌、鼻疽杆菌、布鲁氏菌、钩端螺旋体、口蹄疫病毒和猪瘟病毒等。这些病原微生物在水中的存活时间与水的性质有关（表 3–2）。

表 3–2　几种病原菌在水中的生存时间

病原菌名称	水的性质	生存时间	病原菌名称	水的性质	生存时间
大肠埃希菌	蒸馏水	24～27 d	布鲁氏菌	无菌水和饮用水	72 d
伤寒沙门菌	蒸馏水	3～81 d	马腺疫链球菌	蒸馏水和自来水	9 d
坏死杆菌	河水	4～183 d	结核分枝杆菌	河水	5 个月
鼻疽杆菌	无菌水	1 年	钩端螺旋体	河水	150 d 以内

水中微生物的含量和病原微生物的检查，对人、畜的卫生有很重要的意义。当前常以水中的细菌总数和大肠菌群数作为水的卫生学指标。大肠菌群是指在 37 ℃条件下培养 48 h 能发酵乳糖、产酸产气的需氧和兼性厌氧革兰氏阴性无芽孢杆菌。大肠菌群数是指 100 g（100 mL）水中所含大肠菌群的最可能数（Most Probable Number, MPN）。大肠菌群主要来源于人畜粪便，作为粪便污染的评价指标，来推断水体或其他样本被肠道致病菌污染的可能，具有广泛的卫生学意义。目前我国生活饮用水的标准为 1 mL 水中细菌总数不超过 100 个，1 000 mL 水中大肠菌群数不超过 3 个。

菌落总数是指样品经过处理，在一定条件下（如培养基本成分，培养温度和时间、pH 值、需氧性质）培养后，所得 1 mL（或 1 g）待检样本中形成菌落的总数。菌落总数主要作判定样本被污染的程度标志。

3. 空气中的微生物

空气中缺乏微生物生存所必需的营养物质和水分，同时会受到日光中紫外线的照射，因此空气不是微生物良好的生存环境，进入空气中的微生物一般会很快死亡，只有少数能产生芽孢的细菌以及真菌的孢子对干燥和阳光的抵抗力强，能在空气中存活较长时间，所以空气中的微生物种类和数量都较少。空气中微生物的主要来源是土壤、水体、腐烂的有机质以及动植物体，随着气流的运动，或者通过尘埃、飞沫或喷嚏被携带到空气中去，以气溶胶的形式存在。

空气中的微生物种类和数量，随场所、季节、气候等环境条件而有所不同（表 3–3），在自然空气中，一般没有病原微生物存在，但在医院、动物医院、畜禽圈舍等场所周围的空气中往往会有较多的病原微生物，常常飘浮带有病原微生物的气溶胶，或者带有病原菌的分泌物和排泄物干燥后随尘埃进入空气中，健康的人或动物往往因吸入而感染，分别称为飞沫传播和尘埃传播，总称空气传播。还有空气中的一些非病原微生物，也可污染培养基或引起生物制品、药物制剂变质。所以，在微生物接种、制备生物制剂和药剂以及外科手术时，必须进行无菌操作。另外，还应该注意畜舍的通风、空气消毒以及对病畜的隔离。

表 3–3　不同场所空气中细菌的数量

场所	细菌数量 /（CFU/m³）	场所	细菌数量 /（CFU/m³）
畜舍	1 000 000～2 000 000	市区公园	200
宿舍	20 000	海洋上空	1～2
城市街道	5 000	北极北纬 80°	0

注：CFU——Colony Forming Unit，为菌落形成单位。

4. 正常动物体的微生物

（1）正常动物体内的微生物分布

①体表的微生物。动物皮毛上常见的微生物以球菌为主，如葡萄球菌、链球菌、双球菌等；杆菌主要有大肠埃希菌、绿脓杆菌等。动物体表的白色葡萄球菌、金黄色葡萄球菌和化脓链球菌等是引起外伤化脓的主要原因。患有传染病的动物体表常有该种传染病的病原，在处理皮革和皮毛时应注意。

②消化道中的微生物。畜和禽胚胎时期的消化道是没有微生物的，出生时经过产道，出生后伴随着吮吸、采食等过程，在整个消化道都会出现微生物。但不同部位其细菌种类和数量有很大差异。

——口腔、食管。动物口腔中有大量的食物残渣，温度、湿度环境适合微生物的生长，所以微生物较多，主要有葡萄球菌、链球菌、乳酸杆菌、棒状杆菌、螺旋体等微生物存在。哺乳动物的食管中没有食物残留，一般微生物很少。但禽类嗉囊则不同，有大量微生物随食物进入，而且正常栖居有乳酸杆菌。

——胃。反刍动物瘤胃内存在大量的微生物，瘤胃为微生物提供了养料、水分、无机元素、合适的温度和酸碱度；而微生物则通过其分解纤维素的活动而产生大量有机酸供瘤胃吸收，并将产生的大量菌体蛋白以单细胞蛋白形式向反刍动物源源不断地提供养料。在瘤胃中约有 100 种细菌和原生动物，每克瘤胃内含物中细菌数高达 1×10^{9}～1×10^{13} 个（占干重 5%～10%），而原生动物数也可达到 1×10^{6} 个（占干重 6%～10%）。其中的原生动物以瘤胃中特有的两腰纤虫属和内腰纤虫属为主，而细菌则以严格厌氧菌为主，有产琥珀酸纤维菌、黄色瘤胃球菌、小生纤维梭菌和小瘤胃杆菌等纤维素分解菌，以及淀粉球菌、淀粉八叠球菌和淀粉螺旋菌等蛋白质合成菌，瘤胃中偶尔可以找到少量酵母菌和其他真菌。非反刍动物的胃内受胃酸的限制，胃内微生物很少，只存有乳酸杆菌、幽门螺杆菌和胃八叠球菌等少量耐酸的细菌。但当胃液酸度降低和患病时，胃内腺体中可发现腐败细菌、霉菌和酵母菌。

——肠道。在小肠部位，特别是十二指肠因胆汁等消化液的杀菌作用，微生物极少，进入大肠后，微生物逐渐增多。在正常情况下，普通动物肠道内有100种以上的细菌，每克肠内容物含细菌 1×10^{9}～1×10^{10} 个。主要的肠道细菌是拟杆菌、真杆菌、双歧杆菌等非致病的厌氧菌，占总数的90%以上；其次是肠球菌、大肠埃希菌、乳杆菌等。大肠埃希菌并非大肠内的优势菌。

③其他器官中的微生物。

——呼吸道中的微生物。以鼻腔细菌较多，气管黏膜上也有细菌，而气管分支越近的地方越少。上呼吸道黏膜常栖居着葡萄球菌、肺炎球菌、巴氏杆菌等，在动物抵抗力减弱时，这些细菌就可大量繁殖，引起原发、并发或继发感染。健康动物的支气管末梢和肺泡内一般是无细菌的，只有在宿主患病时才出现细菌。

——泌尿系统中的微生物。正常情况下，子宫、睾丸、卵巢以及输精管、输尿管、输卵管等泌尿系统是无菌的，只是在泌尿生殖道口有细菌。尿道中一般有葡萄球菌、棒状杆菌等存在，偶尔也有肠球菌和霉形体；阴道内主要有乳杆菌、葡萄球菌、大肠埃希菌和抗酸杆菌等。

——其他的组织器官中的微生物。在一般情况下，其他的组织器官内是无菌的，只是在术后、传染病的隐性传染过程中等特殊情况下才会带菌。特别是濒死的动物，抵抗力极度衰退，细菌可由肠道经过门静脉侵入肝脏，或由淋巴管侵入淋巴结，这些侵入的细菌常常会造成细菌学检查的误诊。

（2）菌群平衡与失调

①正常菌群及其生理作用。存在于正常动物的体表或与外界相通的腔道上，对宿主有益无害，而且是必需的一类微生物，统称为正常微生物或正常菌群。正常菌群在动物的营养、免疫和生物拮抗等方面起到重要作用。

——营养。消化道中的正常菌群不仅从宿主获取营养，同时通过帮助消化、合成蛋白质和维生素等对宿主起营养作用。胃肠道细菌产生的各种酶能分解纤维素、蛋白质等物质，以利于机体的吸收。肠道细菌也能利用含氮物合成蛋白质B族维生素（维生素 B_1、维生素 B_2、维生素 B_6、维生素 B_{12}、生物素等）和维生素K等，并参与脂肪的代谢。消化道中的正常菌群还有助于破坏饲料中的有害物质并阻止其吸收。

——免疫。正常菌群能刺激肠道、呼吸道、泌尿生殖道等黏膜中的淋巴细胞转化为浆细胞，产生免疫球蛋白（immunoglobulin, Ig）A。IgA能保护正常菌群，抑制外来的微生物。没有正常的刺激，动物机体免疫系统就不可能正常发育和维持功能。所以无菌动物的体液或细胞免疫均显著低于普通动物。

——生物拮抗。消化道中的正常菌群对外来菌群的入侵具有很强的拮抗作用。产生物拮抗的原因主要是厌氧菌的作用、细菌素的作用、免疫作用以及特殊的生理生化环境。在肠道菌群正常时，给饲养小鼠服用肠炎沙门菌，小鼠无发病和死亡；若给小鼠先服用链霉素和红霉素破坏肠道正常菌群，则小鼠全部死亡。

②菌群平衡与菌群失调。

——菌群平衡。菌群平衡是指正常菌群与其宿主在长期进化过程中形成生理性组合的动态平衡。正常情况下，正常菌群与宿主、环境间处于协调状态，维持着一定的生态平衡。微生物对宿主具有营养、免疫作用，同时也影响着宿主的健康，只有使宿主和微生物之间保持生态平衡，才能保障宿主的健康。

——菌群失调。宿主在患病、手术、环境变化、日粮突然变化和滥用抗菌药物等情况下，宿主机体某个部位的正常菌群中微生物种类、数量发生改变，菌群平衡受到破坏，即称为菌群失调。由于消化道中正常菌群失去平衡，使某些潜在的致病菌得以迅速繁殖而引起的疾病称为菌群失调症。在畜牧业生产中，畜禽长期连续或短期大量服用抗菌药物，可引起胃肠道正常菌群失调，导致消化道疾病，临床表现为肠炎和维生素缺乏症。为避免菌群失调症，应注意科学喂养和不滥用抗生素。

（二）菌落总数的测定过程及方法

1. 待检样本稀释及培养

①无菌操作取样。液体样品取待检样本 25 mL，放于 225 mL 灭菌生理盐水的灭菌玻璃瓶内，固体样品取待检样本 25 g 置于灭菌乳钵内剪碎或研磨，最好置灭菌均质器中以 8 000～10 000 r/min 的速度处理 1 min。放于 225 mL 灭菌生理盐水的灭菌玻璃瓶内，经充分振荡制成 1∶10 的均匀稀释液。

②用 1 mL 灭菌吸管吸取 1∶10 稀释液 1 mL，沿管壁缓慢注入到含有 9 mL 灭菌生理盐水的试管内，振摇试管混合均匀，制成 1∶100 的稀释液。

③另取 1mL 灭菌吸管，按上项操作，制成 10 倍递增稀释液，直到符合所需稀释度。

④根据对样品污染情况的估计，选择 2 或 3 个适宜稀释度。分别在做 10 倍递增稀释的同时，吸取 1 mL 于灭菌平皿中，每个稀释度做两个平皿。

⑤将凉至 46 ℃的营养琼脂培养基注入平皿约 15 mL，转动平皿，混合均匀，并做空白对照。

⑥待琼脂凝固后，翻转平板，置 37 ℃温箱内培养 24 h，取出后计算菌落数目，乘以稀释倍数，即得每克（每毫升）样品所含菌落总数。

小提示

菌落总数测定流程图

2. 菌落计数和报告

（1）操作方法

达到规定培养时间后，应立即计数，用肉眼观察，必要时借用放大镜。记录稀释倍数和相应的菌落数量，计算出原始样品中每克（或每毫升）中的菌落数，菌落计数以菌落形成单位（CFU）表示，进行报告。如果不能立即计数，应将平板放置于 0～4 ℃，但不得超过 24 h。

（2）菌落计数规则

计数应选取菌落数在 30～300 CFU、无蔓延菌落生长的平板。低于 30 CFU 的平板记录具体菌落数，大于 300 CFU 的可记录为多不可计。若其中一个平板有较大片状菌落生长时，则不宜采用，而应以无较大片状菌落生长的平板作为该稀释度的菌落数；若片状菌落不到平板的一半，而其余一半中菌落分布又很均匀，可计算半个平板后乘以 2，代表一个平板菌落数。当平板上出现菌落间无明显界线的链状生长时，则将每条单链作为一个菌落计数。

若只有一个稀释度平板上的菌落数在适宜计数范围内，计算两个平板菌落数的平均值，再将平均值乘以相应稀释倍数，作为每克（毫升）样品中菌落总数结果。若所有稀释度的平板菌落数均小于 30 CFU，则应按稀释度最低的平均菌落数乘以稀释倍数计算。若所有稀释度的平板上菌落数均大于 300 CFU，则对稀释度最高的平板进行计数，其他平板可记录为多不可计，结果按平均菌落数乘以最高稀释倍数计算。若所有稀释度（包括液体样品原液）平板均无菌落生长，则以小于 1（<1）乘以最低稀释倍数计算。若所有稀释度的平板菌落数均不为 30～300 CFU，其中一部分小于 30 CFU 或大于 300 CFU 时，则以最接近 30 CFU 或 300 CFU 的平均菌落数乘以稀释倍数计算。

若有两个连续稀释度的平板菌落数在适宜计数范围内时，按以下公式计算：$N=\sum C/(n_1+0.1n_2)d$。其中$\sum C$ 为平板（含适宜范围菌落数的平板）菌落数之和，n_1 为第一稀释度（低稀释倍数）平板个数，n_2 为第二稀释度（高稀释倍数）平板个数，d 为稀释因子（第一稀释度）。

3. 菌落总数的报告

菌落总数小于 100 CFU 时，按“四舍五入”原则修约，以整数报告。菌落总数大于或等于 100 CFU 时，第三位数字采用“四舍五入”原则修约后，采用两位有效数字后面用 0 代替位数；也可用 10 的指数形式来表示，按“四舍五入”原则修约后，采用两位有效数字。若空白对照上有菌落生长，则此次检验结果无效。称重取样以 CFU/g 为单位报告，体积取样以 CFU/mL 为单位报告。

拓展知识

大肠菌群数的测定

二、工具准备

绘图用铅笔、纸张等。

三、材料准备

待检水样，营养琼脂培养基、无菌生理盐水，无菌培养皿、无菌移液管、无菌不锈钢勺、温箱、天平、灭菌试管、乳钵、剪子和镊子等。

四、人员准备

人员分组，每组 5 人。明确职责分工。

任务角色	任务内容
组长：	任务：
组员：	任务：
组员：	任务：
组员：	任务：
组员：	任务：

任务筹划

1. 内容筹划

①根据所掌握的微生物在外界环境中的分布，请绘制出环境中微生物的分布图（图文并茂）。

②动物机体中哪些部位的微生物比较多，主要微生物种类有哪些？哪些部位中没有微生物？可绘图说明。

③动物机体中存在微生物，为什么有很多机体却是健康的，没有发病？本身没有微生物存在的部位发现了微生物，说明什么问题？

④动物机体中存在的微生物永远都不会让动物机体发病吗？为什么？请举例说明。

⑤菌落总数测定的过程及方法。

2. 流程筹划

第一步：查找相关的资料，掌握微生物在外界环境中的分布，及在动物机体中的分布情况。

第二步：小组讨论，确定绘图的框架，综合要填写的内容确定图的大小、位置。

第三步：填充内容，完善微生物在外界环境中及动物机体中的分布图，并标注。

第四步：查找相关的资料，知道菌落总数和大肠菌群数的意义，清楚菌落总数测定的方法步骤。

第五步：小组讨论菌落总数的测定过程并完成分工，进行所给材料中菌落总数的测定；

检样—做成几个适当倍数的稀释液—选择 2 或 3 个适宜稀释度各以 1 mL 分别加入灭菌平皿中—每个平皿内加入适量营养琼脂（36 ℃ ±1 ℃，48 h ± 2 h）—菌落计数—报告。

第六步：结果判定并分析，完成试验报告。

任务实施

步骤一：

步骤二：

步骤三：

步骤四：

任务检测

请扫码答题。

了解微生物的自然界分布

任务评价

班级：__________　　组别：__________　　姓名：__________

项目	评分标准	自我评价	小组评价	教师评价
微生在外界环境中的分布（25分）	知道微生物在土壤中的分布特点（5分）			
	知道微生物在水中的分布特点（5分）			
	知道微生物在空气中的分布特点（5分）			
	知道微生物在动物机体中的分布特点（5分）			
	知道正常菌群及菌群平衡的意义，理解菌群失调（5分）			
菌落总数的测定（40分）	知道菌落总数和大肠菌群数的意义（5分）			
	会进行样品的稀释（10分）			
	会进行培养（5分）			
	根据技术规则会进行计数（10分）			
	会进行结果判定及分析（10分）			
活动完成过程（25分）	能够根据工作任务资料，分析讨论并总结（5分）			
	认真思考，积极动手、动脑（5分）			
	积极参与小组合作与交流，配合默契，互帮互助（5分）			
	通过小组讨论与学习，完成任务工单（5分）			
	能很好地展示活动成果（5分）			

（续表）

项目	评分标准	自我评价	小组评价	教师评价
活动效果（10分）	整体的效果（很好为10分，较好为7～9分，一般为3～6分，较差为0～2分）			
合计				
自我评价与总结				
教师点评				

任务三　理解病原微生物的致病作用

任务导入

微生物的分布广泛，种类繁多。在自然界中所起的作用多种多样，如对人和动植物无害，甚至有益的非病原微生物；能引起人和动物发生疾病的病原微生物，如肝炎病毒、狂犬病病毒、炭疽杆菌等。还有些在特殊情况下可引起人和动植物发生疾病的条件性病原微生物，如大肠埃希菌。但绝大多数病原微生物是寄生在宿主体内，获得生长繁殖所需要的营养，并以各种方式损伤或毒害机体。也有一些微生物本身并不一定侵入动物机体，而是以其代谢产生的毒素随同食物或饲料进入人或动物机体，呈现毒害作用，此类微生物称腐生性病原微生物，如肉毒梭菌、黄曲霉等。那么这些病原微生物是如何损害动物机体致使发病的呢？查阅资料，明确病原微生物的致病作用及其构成，知道改变毒力的方法及其在临床上的意义，讨论出抗细菌、病毒的致病作用。最终整理后，绘制或收集相关示意图展示出一张表述清晰、图文表综合的病毒、细菌致病作用认知图并提交。

任务工单

班级：________________　组别：________________　姓名：________________

任务名称	理解病原微生物的致病作用
任务描述	任务内容：病原微生物的致病作用，细菌的致病作用、病毒的致病作用。 任务目的：明确病原微生物的致病作用及其构成，知道改变毒力的方法及其在临床上的意义，知道细菌、病毒的致病作用。 任务流程：查阅资料（知道致病作用的构成）—查阅资料、小组讨论（细菌、病毒的致病作用）—整理总结（图文并茂）。 任务方法：查阅资料、讨论、整理总结。

（续表）

<table>
<tr><td>获取信息</td><td colspan="4">要完成任务，需要掌握相关的知识。请收集资料，回答以下问题。
1. 什么是致病性？什么是毒力？致病性如何确定？

2. 病原微生物的毒力是不是一样？如何确定？

3. 毒力的大小能否改变？如何增强？又如何减弱？毒力大小的改变在临床有什么意义？

4. 细菌的毒力构成有哪些？内毒素和外毒素有哪些异同点？

5. 病毒的致病作用如何表现？</td></tr>
<tr><td>制订计划</td><td colspan="4"></td></tr>
<tr><td rowspan="6">任务实施</td><td colspan="4">按照预先制订的工作计划，完成本任务，并记录任务实施过程。</td></tr>
<tr><td>序号</td><td>完成的任务</td><td>遇到的问题</td><td>解决办法</td></tr>
<tr><td></td><td></td><td></td><td></td></tr>
<tr><td></td><td></td><td></td><td></td></tr>
<tr><td></td><td></td><td></td><td></td></tr>
<tr><td></td><td></td><td></td><td></td></tr>
</table>

任务准备

一、知识准备

（一）病原微生物的致病作用

1. 病原微生物的致病性与毒力

病原微生物的致病作用取决于它的致病性和毒力。

（1）致病性与毒力的概念

①致病性。致病性是指一定种类的病原微生物在一定条件下，能在宿主体内引起感染而发生疾病的能力，又称病原性。致病性是微生物种的特征，由其种属遗传性决定，是病原微生物的共性和本质。病原微生物的致病性是对宿主而言的，有的仅对人有致病性，有的仅对某些动物有致病性，有的兼而有之；病原微生物不同引起宿主机体的病理过程也不同，如志贺氏痢疾杆菌引起人细菌性痢疾，多杀性巴氏杆菌引起畜禽巴氏杆菌病，结核分枝杆菌则引起人和多种动物的结核病。

②毒力。病原微生物致病能力的强弱程度称为毒力。毒力是菌株个体的特征，不同种类病原微生物的毒力不同，并可因宿主及环境条件不同而发生改变。同种病原微生物也可因型或株的不同而有毒力的差异，根据毒力大小可分为强毒株、弱毒株与无毒菌株。

（2）病原微生物致病性的确定

确定某种病原微生物是否具有致病性的主要依据是柯赫法则，著名的柯赫法则在确定细菌的致病性方面具有重要意义，特别是鉴定一种新的病原体时非常重要。其要点是：第一，特殊的病原菌应在同一疾病中查到，在健康群体中不存在；第二，此病原菌能被分离培养而得到纯种；第三，此培养物接种易感动物，能导致同样病症；第四，在易感试验动物体内能重新获得该病原菌的纯培养物。但是，它也具有一定的局限性，某些情况并不符合该法则，如一些动物为隐性感染，有些病原菌迄今仍无法在体外人工培养，有的则没有可用的易感动物等。

近年来随着分子生物学的迅猛发展，提出了“基因水平的柯赫法则”，其要点是：第一，应在致病菌株中检出某些基因或其产物，而无毒菌株中则没有；第二，如有毒菌株的某个基因被损坏，则菌株的毒力应减弱或消除，或者将此基因克隆到无毒菌株内，可使其成为有毒菌株；第三，将病原微生物接种到动物时，这个基因应在感染的过程中表达；第四，在接种动物体内能检测到这个基因产物的抗体，或产生免疫保护。

（3）病原微生物毒力的测定

在疫苗效价检查、血清效价测定、细菌毒素测定、药物疗效等研究和临诊工作中，必须要知道病原微生物的毒力，因此病原微生物毒力的测定显得特别重要。测定毒力一般采用递减剂量的病原材料，接种到特定易感试验动物，然后根据试验动物感染或发病死亡情况判定其毒力。毒力大小的表示方法如下。

①半数致死量（Median Lethal Dose, LD_{50}），指能使接种的半数试验动物于感染后一定时间内死亡所需的活微生物量或毒素量。测定 LD_{50} 应选取品种、年龄、性别、体重、营养等一致的易感动物，以递减剂量的微生物或毒素分别接种各组动物，在一定时限内观察记录结果，最后以生物统计学方法计算出 LD_{50}，由于 LD_{50} 采用了生物统计学方法对数据进行处理，因而避免了动物个体差异造成的误差，较为客观地反映被检材料的毒力大小。

②半数感染量（Median Infective Dose, ID_{50}），指能使半数试验动物、鸡胚或细胞发生感染的最小微生物量。ID_{50} 测定方法与 LD_{50} 测定方法相似，只不过在统计结

果时以感染数量代替死亡数量。

③最小致死量（Minimum Lethal Dose, MLD），指能使特定试验动物于感染后一定时间内死亡所需的最小活微生物量或毒素量。该测定方法较为简单，但往往因试验动物个体的差异而产生较大误差。

④最小感染量（Minimal Infecting Dose, MID），指能引起试验动物、鸡胚或细胞发生感染的最小微生物量。

（4）改变毒力的方法

①增强毒力的方法。在自然条件下，回归易感动物是增强微生物毒力的最佳方法。易感动物既可以是本动物，也可以是试验动物。

②减弱毒力的方法。病原微生物的毒力可自发地或人为地减弱。人工减弱病原微生物的毒力，在疫苗生产上有重要意义。常用的方法有：长时间在体外连续培养传代，在高于最适生长温度条件下培养，在含有特殊化学物质的培养基中培养，在特殊气体条件下培养，以及通过非易感动物，在含有抗血清、特异噬菌体或抗生素的培养基中培养等。

（二）细菌的致病作用

细菌的致病作用包括细菌对宿主引起疾病的特性和对宿主致病能力的大小，前者为细菌的种属特性，后者即为细菌的毒力。构成细菌毒力的物质称为毒力因子，主要有侵袭力和毒素。侵袭力的大小、毒素的性质和数量决定着细菌毒力的强弱。

1. 侵袭力

侵袭力是指病原菌突破宿主机体防御屏障，进入机体在体内定居、生长繁殖和扩散的能力。侵袭力的大小受病原菌黏附能力、对宿主防御机能的抵抗力及侵袭性酶类等因素影响。病原菌的侵袭力主要有以下四个方面。

（1）病原菌的黏附与定植

病原菌的黏附与定植是指病原微生物附着在敏感细胞的表面，以利于其定植、繁殖，在黏附的基础上，才能获得定居生存的机会，进而可侵入、扩散。

凡具有黏附作用的细菌结构成分统称为黏附素，通常是细菌表面的一些大分子结构成分，主要是革兰氏阴性菌的菌毛，其次是非菌毛黏附素，如某些革兰氏阴性菌的外膜蛋白（Outer Membrane Protein, OMP）、革兰氏阳性菌的脂磷壁酸（Lipoteichoic Acid, LTA）以及细菌的荚膜多糖等。黏附的细菌更易于抵抗免疫细胞、免疫分子及药物的攻击，包括吞噬、抗体、补体及抗生素的杀灭作用，并可克服肠蠕动、黏液分泌、呼吸道纤毛运动的清除作用。

黏附的部位可以是皮肤、黏膜的上皮细胞，或血液中的淋巴细胞、粒细胞、血小板、血管内皮细胞等。

（2）侵入能力

侵入能力是指某些毒力强或具有侵袭能力的病原菌主动侵入吞噬细胞或非吞噬细胞的过程。细菌的侵入是通过其侵袭基因编码的侵袭蛋白来实现的。被侵入的细胞主要是黏膜上皮细胞。有的细菌侵入后还可扩散至邻近的上皮细胞；有的可突破黏膜进入血管，甚至穿过血管壁进一步侵入深层组织。

（3）繁殖与扩散

①繁殖。细菌在宿主体内增殖是感染的核心问题，增殖速度对致病性极其重要，如果增殖较快，细菌在感染之初就能克服机体防御机制，易在体内生存。反之，若增殖较慢，则易被机体清除。当然，不同病原菌引起疾病的数量有很大差异，沙门菌和霍乱弧菌处处存在，但一个身体健康的人或动物接触少量并不容易发病，因为需要一次侵入数十亿至数百亿个细菌才会引发症状；而鼠疫杆菌只要 7 个细菌就能使某些宿主患上可怕的鼠疫。此外，宿主不同器官对病原菌的敏感性也存在差异。

②扩散。细菌之所以能在体内扩散，是因为它们能分泌侵袭性酶类，属胞外酶。这些酶具有多种致病作用。但最主要的是这些酶能作用于组织基质或细胞膜，造成损伤，增加其通透性，有利于细菌在组织中扩散及协助细菌抗吞噬。细菌的侵袭性酶类主要有以下几种。

——透明质酸酶。透明质酸酶又称为扩散因子，能水解透明质酸，使细胞间隙扩大，结缔组织松弛，有利于细菌及毒素在组织中的扩散。葡萄球菌、链球菌可产生此酶。

——胶原酶。胶原酶主要水解肌肉和皮下结缔组织等细胞外基质中的胶原蛋白，使肌肉软化、崩解、坏死，从而利于病原菌的扩散。溶组织梭菌和产气荚膜杆菌可产生此酶。

——链激酶。链激酶又称纤维蛋白溶酶，是一种酶的激活剂，能激活血浆中纤维蛋白酶原为血纤维蛋白溶酶，水解血浆中的纤维蛋白凝块，以利于病原菌和毒素在组织中扩散，溶血链球菌可产生此酶。

——血浆凝固酶。血浆凝固酶在某些血清因子的共同作用下，促使血浆中纤维蛋白原变为血纤维蛋白而使血浆凝固，附着在菌体表面或将菌体包围，使病原菌不被吞噬细胞吞噬，或在吞噬细胞中不被破坏和免受抗体作用等，导致病原菌继续生长繁殖。致病性葡萄球菌可产生此酶。

——脱氧核糖核酸酶。脱氧核糖核酸酶能溶解组织坏死时所析出的 DNA。DNA 能使渗出液黏稠，当 DNA 酶溶解 DNA 后，就会使渗出的液体变稀，而有利于细菌的扩散。链球菌可产生此酶。

——卵磷脂酶。卵磷脂酶又称 α 毒素，可水解各种组织的细胞，尤其是红细胞。产气荚膜梭菌的毒力主要是由于其卵磷脂酶的作用，此外，蛇毒液中也含有此酶。

（4）干扰或逃避宿主的防御机制

病原菌黏附于细胞或组织表面后，必须克服机体局部的防御机制，特别是要干扰或逃避局部的吞噬作用及体液免疫作用，才能建立感染。细菌之所以能够干扰或逃避宿主的防御机制，是因为其具有抵抗吞噬及体液中杀菌物质作用的表面结构——荚膜、微荚膜、葡萄球菌 A 蛋白（Staphylococcal Protein A, SPA）等。

①抗吞噬作用机制，包括抑制吞噬细胞的摄取，如荚膜、链球菌的 M 蛋白；在吞噬细胞内生存；杀死或损伤吞噬细胞。

②抗体液免疫机制，主要通过抗原伪装或抗原变异，分泌蛋白酶降解免疫球蛋白，通过 OMP、LTA 或荚膜的作用，逃避补体，抑制抗体产生。

2. 毒素

毒素是细菌在生长繁殖过程中产生的，对宿主具有毒害作用的特殊化学物质。按其存在部位和释放方式的不同，可分为内毒素和外毒素两大类。

（1）外毒素

外毒素是某些病原菌在生长繁殖过程中产生的，可分泌到菌体外环境中的毒性蛋白质。外毒素主要由革兰氏阳性菌产生，如破伤风梭菌、肉毒梭菌等；少数革兰氏阴性菌也可产生，如大肠埃希菌、霍乱弧菌等。若将产生外毒素的细菌培养物用细菌滤器过滤后，即可获得纯的外毒素。外毒素的毒性很强，是已知的生物毒和化学毒中毒性最强的一类，如 1 mg 纯化的 A 型肉毒梭菌毒素可杀死 2 000 万只小白鼠。1 mg 破伤风毒素可杀死 2 000 万只小白鼠。一般来说外毒素的本质是蛋白质，不耐热，60～80 ℃经 30 min 被破坏；可被蛋白酶分解，遇酸则发生变性。

外毒素对机体组织器官有选择性的毒害作用，引起特异性的综合临床症状，如破伤风毒素只选择性地作用于脊髓腹角运动神经细胞，引起骨骼肌的强直性痉挛；而肉毒毒素作用于眼神经和咽神经，引起眼肌和咽肌麻痹。外毒素具有良好的免疫原性，可刺激机体产生特异性抗体，即抗毒素。抗毒素可用于紧急治疗和预防。外毒素经 0.3%～0.5% 甲醛溶液于 37 ℃处理一定的时间后，使其失去毒性，但仍保留很强的抗原性，称为类毒素。类毒素注入机体后仍可刺激机体产生抗毒素，可作为疫苗进行免疫接种。

（2）内毒素

内毒素是革兰氏阴性菌细胞壁的最外层成分，覆盖在细胞壁上，其主要成分为脂多糖，是细菌生活状态下不释放到菌体外，只有当菌体破裂后才释放出来的毒素。内毒素主要由革兰氏阴性菌产生，如沙门菌、痢疾杆菌、大肠埃希菌等。内毒素毒性弱，作用缓慢，一般小白鼠致死量为 0.2～0.3 mg。内毒素较耐热，加热 160 ℃经 2～4 h 才能被破坏。无特异性的致病作用，动物机体各种内毒素中毒反应基本相同，主要表现为发热、血液循环中白细胞骤减、弥散性血管内凝血、休克等症状，严重时亦可致死。内毒素抗原性弱，不能用甲醛脱毒制成类毒素。内毒素和外毒素主要区别如表 3–4 所示。

表 3–4 外毒素和内毒素的主要区别

区别要点	外毒素	内毒素
主要来源	由革兰氏阳性菌及少数阴性菌分泌	由革兰氏阴性菌菌体裂解产生
存在部位放出来	菌体外	细胞壁外层，菌体裂解后释放
化学成分	蛋白质	脂多糖
毒性	毒性强，往往可致死	毒性弱，很少致死
毒性作用	对组织有选择毒性作用	无选择性的毒性作用
耐热性	不耐热，60～80 ℃经 30 min 被破坏	耐热，160 ℃经 2～4 h 才能被破坏
抗原性	强，能刺激机体产生抗毒素	弱，不能刺激机体产抗毒素
能否产生类毒素	经甲醛处理可脱毒成为类毒素	经甲醛处理不能成为类毒素
检测方法	中和试验	凝血试验、热原试验

（三）病毒的致病作用

病毒是严格细胞内寄生的微生物。其致病机制与细菌大不相同。病毒的致病作用比较复杂，病毒进入易感宿主体内后，可以通过其特定化学成分的直接毒性作用而致病，如腺病毒能产生一种称为五邻体蛋白的毒性物质，它可使宿主细胞缩成一团而死亡。流感患病动物的畏寒、高热、肌肉酸痛等全身症状可能与流感病毒产生毒素样物质有关。但病毒主要的致病机制是通过干扰宿主细胞的营养和代谢，引起宿主细胞水平和分子水平的病变，导致机体组织器官的损伤和功能改变，造成机体持续性感染。病毒感染免疫细胞导致免疫系统损伤，造成免疫抑制及免疫病理也是重要的致病机制之一。

1. 病毒感染对宿主细胞时直接作用

（1）杀细胞效应

病毒在宿主细胞内复制完毕，可在很短时间内一次释放大量子代病毒，细胞被裂解死亡，此种情况称杀细胞性感染。主要见于无囊膜、杀伤性强的病毒，如脊髓灰质炎病毒、腺病毒等。此类病毒大多数能在被感染的细胞内产生由病毒核酸编码的早期蛋白，这种蛋白能阻断宿主细胞，RNA 和蛋白质的合成，继而影响 DNA 合成，使细胞的正常代谢功能紊乱，最终死亡。有的病毒可破坏宿主细胞的溶酶体，由溶酶体释放的酶引起细胞自溶。某些病毒的衣壳蛋白早有直接杀伤宿主细胞的作用，在病毒的大量复制过程中，细胞核、细胞膜、内质网、线粒体均被损伤，导致细胞裂解死亡。

致细胞病变作用（Cytopathic Effect, CPE）表示在体外试验中，通过细胞培养和接种杀细胞性病毒，病毒在细胞培养物中生长后，使细胞发生退行性变化，细胞由多角形皱缩为圆形，出现空泡、坏死，从瓶壁脱落等现象，最后引起细胞死亡。

病毒的杀细胞效应如发生在重要器官，如中枢神经系统，当达到一定程度可引起严重后果，甚至危及生命或造成严重后遗症。

（2）稳定状态感染

有些病毒在宿主细胞内的增殖过程中，对细胞代谢、溶酶体膜影响不大，以出芽方式释放病毒，过程缓慢，病变较轻，细胞暂时也不会出现溶解和死亡。这些不具有杀细胞效应的病毒引起的感染称为稳定状态感染。常见于有囊膜病毒，如流感病毒、麻疹病毒、某些披膜病毒等。稳定状态感染后可引起宿主细胞发生多种变化，其中以细胞融合及细胞表面产生新抗原更具有重要意义。

①细胞融合。麻疹病毒和副流感病毒等能使感染的细胞膜发生改变，由于感染细胞所释放的溶酶体酶的作用，导致感染细胞与邻近未感染细胞发生融合。细胞融合是病毒扩散的方式之一，病毒借助于细胞融合，扩散到未受感染的细胞内。细胞融合的结果是形成多核巨细胞或合胞体等病理特征。

②细胞表面出现病毒基因编码的抗原。病毒感染细胞后，在复制的过程中，细胞膜上常出现由病毒基因编码的新抗原。如流感病毒、副黏病毒在细胞内组装成熟后，以出芽方式释放时，细胞表面形成血凝素，因而能吸附某些动物的红细胞。流

感病毒感染时，细胞膜上出现病毒血凝素和神经氨酸酶，使感染细胞成为免疫攻击的靶细胞。有的病毒导致细胞癌变后，因病毒核酸整合到细胞染色体上，细胞表面也表达病毒基因编码的特异性新抗原。

（3）包涵体形成

包涵体是某些细胞受病毒感染后出现的用普通光学显微镜可看到的、与正常细胞结构和着色不同的圆形或椭圆形斑块。各种病毒的包涵体形态各异，单个或多个，或大或小，圆形、卵圆形或不规则形，位于胞质（痘病毒）、胞核内（伪狂犬病病毒）或两者都有（副流感病毒Ⅲ型），嗜酸性或嗜碱性。其本质是：其一，有些病毒的包涵体就是病毒颗粒的聚集体，如狂犬病病毒产的内基氏小体，是堆积的核衣壳；其二，有些是病毒增殖留下的痕迹；其三，有些是病毒感染引起的细胞反应物，如疱疹病毒染所产生的“猫头鹰眼”，是感染细胞中心染色质浓缩形成的一个圈。根据病毒包涵体的形态、染色特性及存在部位，对某些病毒病有一定的诊断价值。从可疑为狂犬病的脑组织切片或涂片中发现细胞质内有嗜酸性包涵体，即内基氏小体，就可诊断为狂犬病。

（4）细胞凋亡

细胞凋亡是由宿主细胞基因控制的程序性细胞死亡，是一正常的生物学现象。有些病毒感染细胞后，病毒可直接或由病毒编码蛋白间作为诱导因子诱发细胞凋亡，当细胞受到诱导因子作用激发并将信号传导入细胞内部，细胞的凋亡基因即被激活；启动凋亡基因后，便会出现细胞膜的核浓缩、染色体 DNA 降解等凋亡特征。已经证实，人类免疫缺陷病毒、腺病毒等可以直接由感染病毒本身引发细胞凋亡，也可以由病毒编码蛋白作为诱导因子间接地引发宿主细胞凋亡。

（5）基因整合与细胞转化

某些病毒的全部或部分核酸结合到宿主细胞染色体中称为基因整合，见于某些 DNA 病毒和反转录病毒。反转录 RNA 病毒是先以 RNA 为模板反转录合成 cDNA，再以 cDNA 为模板合成双链 DNA，然后将此双链 DNA 全部整合于细胞染色体 DNA 中的；DNA 病毒在复制中，偶尔将部分 DNA 片段随机整合于细胞染色体 DNA 中。整合后的病毒核酸随宿主细胞的分裂而传给子代，一般不复制出病毒颗粒，宿主细胞也不被破坏，但可造成染色体整合处基因失活、附近基因激活等现象。

基因整合可使细胞的遗传性发生改变，引起细胞转化。细胞转化除基因整合外，病毒蛋白诱导也会发生。转化细胞的主要变化是生长、分裂失控，在体外培养时失去单层细胞相互间的接触抑制，形成细胞间重叠生长，并在细胞表面出现新抗原等。

基因整合或其他机制引起的细胞转化与肿瘤形成密切相关。如与人类恶性肿瘤密切相关的病毒有：人乳头瘤病毒——宫颈癌，乙型肝炎病毒——肝细胞癌，EB 病毒（爱泼斯坦 - 巴尔氏病毒）——鼻咽癌、恶性淋巴瘤，人 T 细胞白血病病毒Ⅰ型（HILV-Ⅰ）——白血病等。但转化能力不等于致癌作用，即一个转化了的细胞并不一定是恶性细胞，例如腺病毒 C 组只能在体外转化地鼠细胞而在体内却不具有诱发肿瘤的能力。

2. 病毒感染的免疫病理作用

病毒在感染宿主的过程中，通过与免疫系统相互作用，诱发免疫反应，导致组织器官损伤是重要的致病机制之一。目前仍有不少病毒病的致病作用及发病机制不明了，但越来越多发现免疫损伤在病毒感染性疾病中的作用，特别是持续性病毒感染及主要与病毒感染有关的自身免疫性疾病。免疫损伤机制可包括特异性体液免疫和特异性细胞免疫。一种病毒感染可能诱发一种发病机制，也可能两种机制并存，还可能存在非特异性免疫机制引起的损伤。其原因可能为：其一，病毒改变宿主细胞的膜抗原；其二，病毒抗原和宿主细胞的交叉反应；其三，淋巴细胞识别功能的改变；其四，抑制性 T 淋巴细胞功能过度减弱等。

（1）抗体介导的免疫病理作用

由于病毒感染，细胞表面出现了新抗原，与特异性抗体结合后，在补体参与下引起细胞破坏。在病毒感染中，病毒的囊膜蛋白、衣壳蛋白均为良好的抗原，能刺激机体产生相应抗体，抗体与抗原结合可阻止病毒扩散，导致病毒被清除。然而许多病毒的抗原可出现于宿主细胞表面，与抗体结合后。激活补体，破坏宿主细胞，属Ⅱ型变态反应。

有些病毒抗原与相应抗体结合形成免疫复合物，可长期存在于血液中。当这种免疫复合物沉积在某些器官组织的膜表面时，激活补体引起Ⅲ型变态反应，造成局部损伤相关炎症。免疫复合物易沉积于肾小球基底膜，引起蛋白尿、血尿等症状。沉积于关节滑膜则引起关节炎。若发生在肺部，引起细支气管炎和肺炎，如婴儿呼吸道细胞病毒感染。登革病毒抗原抗体复合物可沉积于血管壁，激活补体引起血管通透性增高，导致出血和休克。

（2）细胞介导的免疫病理作用

特异性细胞毒性 T 细胞对感染细胞造成损伤，属Ⅳ型变态反应。特异性细胞免疫是宿主机体清除细胞内病毒的重要机制，细胞毒性 T 淋巴细胞（Cytotoxic T Lymphocyte, CTL）对靶细胞膜病毒抗原识别后引起的杀伤，能终止细胞内病毒复制，对感染的恢复起关键作用。但细胞免疫也能损伤宿主细胞，造成宿主功能紊乱，是病毒致病机制中的一个重要方面。

另外，有的学者对 700 种 DNA 病毒和 RNA 病毒蛋白的基因进行了序列分析以及单克隆抗体的研究，发现这些蛋白中与宿主组织蛋白存在的共同抗原决定簇达 4%。慢性病毒性肝炎、麻疹病毒和腮腺炎病毒感染后，脑炎等疾病的发病机制可能与针对自身抗原的细胞免疫有关。

（3）免疫抑制作用

在发现了获得性免疫缺陷综合征（AIDS）病毒（HIV-1 和 HIV-2）之后，相继发现了猴免疫缺陷病毒（SIV）、牛免疫缺陷病毒（BIV）和猫免疫缺陷病毒（FIV）等。这些病毒主要损伤特定的免疫细胞，导致免疫抑制。例如，人类免疫缺陷综合征（AIDS）病毒感染时，AIDS 病人因免疫功能缺陷，最终因多种微生物或寄生虫的机会感染而死亡。传染性囊病毒感染鸡的法氏囊时，导致囊萎缩和严重的 B 淋巴细胞缺失，易发生马立克病病毒、新城疫病毒、传染性支气管炎病毒的双重感染或多重感染。

许多病毒感染可引起机体免疫应答降低或暂时性免疫抑制。如流感病毒、猪瘟病毒、牛病毒性腹泻病毒、犬瘟热病毒、猫和犬细小病毒感染都能暂时抑制宿主体液及细胞免疫应答。麻疹病毒感染能使病人结核菌素阳性转为阴性反应，持续1～2个月，以后逐渐恢复。

病毒感染所致的免疫抑制反过来可以激活体内潜伏的病毒进行复制或促进某些肿瘤生长，使疾病复杂化，成为病毒持续性感染的原因之一。如当免疫系统被抑制时，潜在的疱疹病毒、腺病毒或乳头瘤病毒感染会被激活。

二、材料准备

收集任务资料，查找细菌、病毒等微生物致病作用示意图进行标注并对比。

三、工具准备

绘图用铅笔、纸张等。

四、人员准备

人员分组，每组5人。明确职责分工。

任务角色	任务内容
组长：	任务：
组员：	任务：
组员：	任务：
组员：	任务：
组员：	任务：

任务筹划

1. 内容筹划

①病原微生物与传染之间有什么关系？传染发生需要哪些条件？

②根据所掌握的相关知识，讨论后绘出细菌致病作用的组成（可用图、文、表展示）。

③根据所掌握的相关知识，讨论后绘出病毒致病作用的组成（可用图、文、表展示）。

2. 流程筹划

第一步：查找相关的资料，掌握病原微生物的总体组成。

第二步：小组讨论，确定病原微生物的致病作用总体组成图，综合要填写的内容确定认知图的框架，组成图的大小、位置。

第三步：查找相关的资料，小组讨论细菌的致病作用，绘制或收集相关示意图，结合图表的形式完善填充组成图中的内容。

第四步：查找相关的资料，小组讨论病毒的致病作用，绘制或收集相关示意图，结合图表的形式完善填充组成图中的内容。

第五步：整理完善组成图，展示后提交；任务总结。

任务实施

步骤一：

步骤二：

步骤三：

步骤四：

任务检测

请扫码答题。

理解病原微生物的致病作用

任务评价

班级：________ 组别：________ 姓名：________

项目	评分标准	自我评价	小组评价	教师评价
病原微生物的指标作用（60分）	理解致病作用、致病性、毒力的概念（10分）			
	知道致病性和毒力的确定，知道改变毒力大小的方法（15分）			
	熟悉细菌的致病作用（15分）			
	理解病毒的致病作用（15分）			
	了解传染的发生（5分）			

（续表）

<table>
<tr><th>项目</th><th>评分标准</th><th>自我评价</th><th>小组评价</th><th>教师评价</th></tr>
<tr><td rowspan="5">活动完成过程（30分）</td><td>能够根据工作任务资料，分析讨论并总结（5分）</td><td></td><td></td><td></td></tr>
<tr><td>认真思考，积极动手、动脑（5分）</td><td></td><td></td><td></td></tr>
<tr><td>积极参与小组合作与交流，配合默契，互帮互助（5分）</td><td></td><td></td><td></td></tr>
<tr><td>通过小组讨论与学习，完成任务工单（5分）</td><td></td><td></td><td></td></tr>
<tr><td>能很好地展示活动成果（10分）</td><td></td><td></td><td></td></tr>
<tr><td>活动效果（10分）</td><td>整体的效果（很好为10分，较好为7～9分，一般为3～6分，较差为0～2分）</td><td></td><td></td><td></td></tr>
<tr><td colspan="2">合计</td><td></td><td></td><td></td></tr>
<tr><td>自我评价与总结</td><td colspan="4"></td></tr>
<tr><td>教师点评</td><td colspan="4"></td></tr>
</table>

任务四　微生物实验室灭菌消毒

任务导入

微生物广泛存在于自然界，其生命活动与外界环境有着密切的关系。在适宜的环境条件下微生物能正常地生长发育，当环境条件不适宜或发生显著变化时，可以抑制微生物的生长，甚至导致微生物死亡。那么环境中有哪些因素可以影响微生物的生存？能不能利用这些因素来对付病原微生物？那请同学们查阅资料，罗列出外界环境中影响微生物的因素，并掌握各个因素对微生物影响的状态，绘制影响因素组成图，同时图文并茂地总结整理出微生物实验室常用的灭菌或消毒方法。再通过使用，熟悉微生物实验室常用的灭菌消毒方法。

任务工单

班级：__________　组别：__________　姓名：__________

<table>
<tr><td>任务名称</td><td colspan="4">微生物实验室灭菌消毒</td></tr>
<tr><td>任务描述</td><td colspan="4">任务内容：物理因素对微生物的影响、化学因素对微生物的影响、生物因素对微生物的影响。
任务目的：掌握环境因素对微生物影响的状态及微生物实验室常用的灭菌或消毒方法，并会根据不同的情况选择使用微生物实验室常用的灭菌消毒方法。
任务流程：查阅资料、小组讨论（罗列对微生物的影响因素组成图）—查阅资料、小组讨论（微生物实验室常用的灭菌消毒方法）—根据不同的状态选择并进行不同的灭菌消毒方法。
任务方法：小组讨论、查阅资料、实践操作。</td></tr>
<tr><td>获取信息</td><td colspan="4">要完成任务，需要掌握相关的知识。请收集资料，回答以下问题。
1. 灭菌和消毒有什么不同？什么是无菌操作？为什么要进行无菌操作？

2. 外界环境对微生物的影响因素包括几大方面？各由哪些组成？

3. 温度对微生物有怎样的影响？利用温度的影响，实验室常用的灭菌方法有哪些？

4. 常用的化学消毒剂有哪些？化学消毒剂消毒是利用哪种因素对微生物的影响？

5. 生物因素是怎么样影响微生物的？</td></tr>
<tr><td>制订计划</td><td colspan="4"></td></tr>
<tr><td rowspan="6">任务实施</td><td colspan="4">按照预先制订的工作计划，完成本任务，并记录任务实施过程。</td></tr>
<tr><td>序号</td><td>完成的任务</td><td>遇到的问题</td><td>解决办法</td></tr>
<tr><td></td><td></td><td></td><td></td></tr>
<tr><td></td><td></td><td></td><td></td></tr>
<tr><td></td><td></td><td></td><td></td></tr>
<tr><td></td><td></td><td></td><td></td></tr>
</table>

任务准备

一、知识准备

掌握环境因素对微生物的影响，一方面可以采取措施，促进有益微生物的生长；另一方面杀灭或抑制有害微生物，以达消毒灭菌、防止传染病发生的目的。

消毒：应用理化方法杀灭物体中病原微生物的过程。

灭菌：利用理化方法杀灭物体中所有的微生物（包括病原微生物、非病原微生物及其芽孢、霉菌孢子等）的过程。

防腐：指防止或抑制微生物生长繁殖的方法。

无菌：指环境或物品中没有活的微生物存在的状态；采取防止或杜绝任何微生物进入动物机体或其他物体的方法，称无菌法。

无菌操作：防止微生物进入机体或其他物品的操作方法；以无菌技术剖宫产取出分娩胎儿，并在无菌条件下饲喂的动物，称无菌动物。

影响微生物的外界环境因素分为物理因素、化学因素和生物因素。

（一）物理因素对微生物的影响

对微生物影响较大的物理因素包括温度、辐射、干燥、声波、微波、过滤等。

1. 温度

温度是影响微生物生长的一个重要因子。每种微生物只能在一定的温度范围内生长，有其生长的最低、最适和最高温度。在最适温度（20～40℃）微生物生长速度最快，超过最低或最高温度则生长受到抑制，甚至死亡。不同的微生物对温度的要求不同，根据微生物的生长温度范围和最适温度不同，将其分为嗜冷性微生物、嗜温性微生物和嗜热性微生物 3 种类型。

（1）高温对微生物的影响

高温对微生物细胞蛋白质、核酸、酶系统等有直接的破坏作用，如高温可破坏蛋白质中的氢键，使之变性或凝固，酶失去活性。因此高温对微生物有致死作用。根据高温杀菌原理，在实践中对培养基、接种工具、手术器械等耐高温物品采取高温灭菌法，高温灭菌方法有干热灭菌和湿热灭菌两大类。

①干热灭菌法。适用于玻璃器皿、瓷器、金属器械等耐高温物品的灭菌，包括火焰灭菌法和热空气灭菌法。

——火焰灭菌法。用火焰直接灼烧杀灭微生物的方法。该法是一种彻底、快速的灭菌方法，分为灼烧和焚烧两种。灼烧主要用于接种针、接种环、试管口等接种工具、容器外部、金属器具等耐烧物品的灭菌；焚烧常用于患传染病畜禽、试验感染动物的尸体、病畜禽的垫料及污染废弃物的处理，直接点燃或在焚烧炉内焚烧。

——热空气灭菌法。用干热空气进行灭菌的方法。该法适用于玻璃器皿、瓷器、金属器械等耐高温物品的灭菌，并能使灭菌物品保持干燥。干热灭菌时需在 160～170℃维持 1～2 h。灭菌时，要注意物品包装不要过厚，摆放不宜过紧；升温或降温切忌太快，避免玻璃器皿爆裂；温度不要超过 180 ℃，以免引起包装纸自燃。

②湿热灭菌法。利用煮沸或热蒸汽杀灭微生物的方法。与干热灭菌相比，湿热灭菌具有灭菌时间短、灭菌温度低等优点，原因有三方面：一是因为湿热比干热容易使蛋白质凝固；二是水蒸气的穿透能力强；三是湿热，可释放出大量热能，提高待灭菌物品的温度，增强灭菌效果。常用的湿热灭菌方法有以下几种。

——高压蒸汽灭菌法。利用高压蒸汽灭菌器内的高温蒸汽杀灭微生物的方法。这是一种应用最广泛、效率最高的灭菌方法。一般待灭菌器内压力升至约 0.105 MPa（121.3 ℃）维持 15～20 min，可杀灭所有的微生物以及芽孢和孢子。该方法主要用于耐高温、不怕潮湿的物品灭菌，如培养基、溶液、玻璃器皿、金属器械、敷料、橡皮手套、工作服和体型较小的动物尸体等。

——煮沸灭菌法。利用沸水杀灭微生物的方法。该法主要用于外科手术器械、注射器、针头以及食具等物品的灭菌。一般煮沸 10～20 min 可杀死细菌的繁殖体，但芽孢需煮沸 1～3 h 或 3 h 以上。若在水中加入 1% 碳酸钠或 2%～5% 石炭酸，可以提高沸点，既可增强灭菌效果，又能防止金属器械生锈。

——流通蒸汽灭菌法。利用蒸笼或流通蒸汽灭菌器内的高温蒸汽杀灭微生物的方法，也称间歇灭菌法。该法常用于某些不耐高温的培养基，如血清培养基、鸡蛋培养基、糖培养基、牛乳培养基等的灭菌。一般情况下，100 ℃的蒸汽维持 30 min，足以杀死细菌的繁殖体，但不能杀灭细菌芽孢和霉菌的孢子。为达到完全灭菌的目的，将第一次灭菌（100 ℃，30 min）后的物品置于 37 ℃培养 24 h，使芽孢萌发出芽，次日再 100 ℃蒸 30 min，如此重复 3 次即可。

——巴氏消毒法。以较低温度杀灭液态食品中的病原菌或特定微生物的方法。该法由巴斯德首创，既可杀灭消毒物品中的病原菌，同时又不致严重破坏其营养成分和有效成分。主要用于葡萄酒、啤酒、酱油、食醋及牛乳等食品的消毒。

巴氏消毒法可分为三类：第一类是低温长时间消毒法，在 63～65 ℃维持 30 min；第二类是高温短时间消毒法在 71～72 ℃保持 15～16 s；第三类是超高温瞬时消毒法，在 132 ℃保持 1～2 s，加热消毒后将食品迅速冷却至 10 ℃以下，故此法亦称冷击法，这样可进一步促使细菌死亡。

（2）低温对微生物的影响

大多数细菌对低温不敏感。当环境温度低于微生物最低生长温度时，细胞内酶的活性降低，新陈代谢活动缓慢，生长繁殖停止，但仍可长时间保持活力，一旦遇到适宜的生活环境条件便可恢复生长。一般来说，微生物对低温耐受力很强，有些细菌甚至能在 -70～20 ℃下生存。利用这个特点，常采用低温保存菌种、毒种、疫苗、血清等。细菌、酵母菌、霉菌的斜面培养物一般保存于 0～4 ℃，但少数病原微生物，如多杀性巴氏杆菌、脑膜炎双球菌等对低温特别敏感，在低温中保存比在室温中死亡更快。

2. 干燥

水是微生物生命活动中不可缺少的物质。一般情况下，干燥并不一定杀死微生物，但因细胞失水，体内盐类浓度升高，新陈代谢会发生障碍，生长受到抑制。有时干燥也会引起菌体内蛋白质变性，导致微生物死亡。在生产实践中常用干燥法保存草料、饲料、皮张、药物等。

不同种类的微生物对干燥的抵抗力差异很大。革兰氏阴性菌如淋球菌对干燥特别敏感，几小时便死去；巴氏杆菌、鼻疽杆菌、嗜血杆菌等仅能存活几天；结核分枝杆菌能耐干燥 90 d；细菌的芽孢和霉菌孢子对干燥也有很强的抵抗力，如炭疽杆菌和破伤风梭菌的芽孢在干燥条件下可存活几年甚至数十年。

3. 渗透压

适宜于微生物生长的渗透压范围较广，而且微生物细胞内含有调整渗透压溶质，对渗透压有一定的适应能力，渗透压的逐渐改变对微生物的活力影响不大。当渗透压突然改变或超过一定限度的变化时，则抑制微生物的生长繁殖或导致其死亡。

在等渗条件下，细胞可保持原形，最有利于微生物的生长繁殖，因此在配制培养基和各种细胞悬液时加入适量盐类，以保持渗透压的相对平衡。若将微生物置于高渗溶液（如 20% 氯化钠）中，则菌体内的水分向外渗出，造成细胞脱水而引起质壁分离，导致微生物生长被抑制甚至死亡。基于这一原理，在生产实践中常用盐腌、糖渍等高渗方法保存食品。相反，若将微生物置于低渗溶液（如 0.01% 氯化钠）中，则水分大量渗入菌体，引起细胞膨胀，甚至造成菌体破裂。但也有少数微生物能在高渗溶液中生长繁殖，称其为嗜高渗菌，如海洋微生物需在加有 3.5% 氯化钠的培养基中才能良好生长，少数霉菌和酵母菌仍可在 60%～80% 的糖液或蜜饯食品上生长。

4. 辐射

辐射是能量通过空间传递的一种物理现象。影响微生物的辐射主要是强可见光、紫外线和电离辐射。

（1）可见光线

人们很早就知道太阳光具有杀菌作用，其杀菌主要是由紫外线完成的。事实上波长 400～700 nm 的强可见光也具有直接的杀菌效应，它们能够氧化细胞内的光敏感分子而起到杀菌作用。如果将美蓝、伊红等染料加入培养基中，能增强可见光的杀菌作用，这种现象叫光感作用。因此可利用强可见光对被污染的土壤、畜禽舍、间歇灭菌法用具等进行消毒，而培养微生物、保存菌种时应置于阴暗处。

（2）紫外线

紫外线由 13.6～400 nm 波长范围的光组成，在 265～266 nm 段的紫外线杀菌能力最强。紫外线可以被核酸吸收，使 DNA 链上相邻的胸腺嘧啶结合成二聚体，从而干扰了 DNA 的复制。紫外线还可使空气中的分子氧变成臭氧，臭氧放出氧化能力强的新原子氧也有较强的杀菌作用。 紫外线穿透能力很差，不能穿透玻璃、衣物、纸张或大多数其他物体，因此仅适用于物体表面和室内空气的消毒。此外，紫外线也常用作微生物育种的诱变剂。

实验室通常使用的紫外线杀菌灯消毒，其波长为 0.253 7 μm。但不同种细菌的杀菌或灭菌剂量不一，如革兰氏阴性无芽孢细菌最容易被紫外线杀死，而杀死葡萄球菌和链球菌则需要比杀一般微生物大 5～10 倍的照射剂量。微生物经致死量的紫外线照射后，若在 3 h 内再遇可见光照射，部分微生物可恢复其活力，这种现象成为光复活现象。因此在使用紫外线消毒时，保持黑暗的条件可提高杀菌效果。

（3）电离辐射

X 射线、γ 射线、β 射线均为电离辐射。它们能使被照射物中水分子发生电离产生游离基，这些游离基与细胞中的敏感蛋白分子作用使其失活，从而使细胞受到损伤或死亡。在实际工作中，主要用穿透力强的 X 射线、γ 射线和 β 射线等电离辐射对不耐热食品、塑料制品、医疗设备、药品进行灭菌。现在已有专门用于不耐热的大体积物品消毒的 γ 射线装置。用 γ 射线灭菌培养基，不破坏营养成分。

5. 超声波

频率在 20 000～200 000 Hz 的声波称为超声波。超声波能引起细胞破裂，造成内含物外溢，导致微生物死亡。不同的微生物对超声波的抵抗力不同，细菌和酵母菌对超声波较敏感，而小型病毒不敏感；球菌比杆菌的抗性强，细菌的芽孢抵抗力比繁殖体强。由于超声波费用较高，在消毒灭菌上的使用受到了限制。目前主要用于粉碎细胞，提取细胞组分，供生化试验、血清学试验、微生物遗传及分子生物学试验研究用。

6. 过滤除菌

过滤除菌是通过机械阻留作用除去液体和气体中微生物的方法。该法主要用于特殊培养基、血清、毒素、抗毒素、酶、维生素等一些不耐高温物质和空气的除菌。过滤除菌一般不能除去病毒、支原体、“L”形细菌等小颗粒。液体物质的除菌一般用滤器，滤器含有微细小孔，只允许液体通过，细菌等不能通过，借以获得无菌液体。细菌滤器种类很多，目前多采用可更换滤膜的滤器或一次性滤器，滤膜孔常用 0.45 μm 和 0.22 μm 两种。

空气过滤器可用于超净工作台、无菌隔离器、无菌操作室、试验动物室以及疫苗、药品、食品等生产中洁净厂房的空气过滤。

（二）化学因素对微生物的影响

许多化学药物能抑制或杀灭微生物，广泛应用于消毒、防腐及治疗疾病。用各种化学药物杀灭病原微生物的方法，为化学消毒法，这些化学药物称为消毒剂。用于防腐为目的称为防腐剂。但消毒剂和防腐剂之间的界限并不是很严格，有些化学消毒药小剂量有防腐作用，剂量加大即有消毒作用，因此可统称为消毒防腐剂。消毒剂具有广泛的杀伤作用，也会对宿主细胞造成损伤，因此化学消毒法多用于环境的消毒。

常用的化学消毒剂包括以下种类。

①酚类消毒药。包括苯酚、煤酚、复合酚等。此类药物使蛋白质变性，从而达到抑菌或杀菌作用，对大多数病原微生物有效，对芽孢无效。此消毒药禁忌与碘、高锰酸钾、过氧化氢等配伍应用。

——苯酚（石炭酸）。杀菌力强，有特殊气味，对皮肤有刺激性。1.0%～1.5%溶液用于杀灭皮肤寄生虫，1%～5%溶液用于圈舍、场地与房屋空间（喷雾）的消毒，3%～5%溶液用于器械消毒。

——煤酚（甲酚）。临床主要为煤酚皂溶液，即来苏尔，是煤酚为50%的肥皂溶液，其杀菌效能比苯酚强4倍，而且对皮肤刺激性较小。0.5%～1.0%用于冲洗口腔、阴道、直肠黏膜等，1%～3%用于治疗疥癣、虱，2%～3%的可用于手及皮肤消毒，3%～5%用于敷料、墙面、排泄物、用品等的消毒。

——复合酚。商品名为农乐、消毒灵、菌毒敌，能杀灭细菌、霉菌和病毒，对多种寄生虫卵亦有杀灭作用。0.5%～1.0%的水溶液可用于宠物圈舍、场地、笼具、排泄物等的消毒，但不得与碱性药物或其他消毒液混合。

②醇类。主要是通过去除细菌细胞膜中的脂质并使菌体蛋白凝固和变性而起到杀菌作用，一般只能杀死细菌的繁殖体，对细菌芽孢无效。

乙醇。最常用的是70%～75%乙醇，可用于手术部位、皮肤、器械等的消毒。无水或高浓度乙醇，反而杀菌效果很低。因无水或高浓度乙醇会引起菌体迅速脱水，使表面蛋白质凝固，在菌体表面形成保护膜，阻止乙醇分子进一步渗入。

③碱类消毒药。碱能水解蛋白质和核酸，并使酶类失去活性而死亡。能杀灭细菌、病毒，杀灭作用很强。包括氢氧化钠、生石灰、草木灰等。

——氢氧化钠。又称烧碱或火碱、苛性钠。除细菌、病毒外还能杀灭芽孢、寄生虫虫卵。同时也具有腐蚀作用，使用时应注意。1%～2%的溶液用于圈舍、场地、地面、车辆和用具等的消毒，5%～10%的溶液常用于炭疽芽孢污染场地的消毒。

——氧化钙（生石灰）。生石灰与水混合变成熟石灰（氢氧化钙）才能起到杀灭病原微生物的作用。配成10%～20%的石灰乳，常用于地面、墙壁等的消毒。石灰乳的消毒作用较强，但不能杀灭芽孢。应现用现配，否则会吸收空气中的二氧化碳，变成碳酸钙而失去消毒作用。

④醛类。包括甲醛、聚甲醛和戊二醛等。杀菌原理与酚类相似，杀菌作用较酚类强，对细菌、芽孢、病毒、真菌均有效。

甲醛。有强烈刺激性。1%～3%溶液可治疗疥癣；5%～10%溶液用于喷洒宠物圈舍、场地、用具、排泄物等；37%～40%甲醛溶液为福尔马林，2%的福尔马林用于器械消毒（浸泡1～2 h），也可用于喷洒墙壁、地面、食槽等，10%的福尔马林溶液常作为生物标本的固定剂，10%～20%的福尔马林溶液可用于蹄叉腐烂、坏死杆菌病等的治疗；也可用福尔马林和高锰酸钾（2∶1）熏蒸的方法进行污染空间的消毒。

⑤酸类消毒剂。酸类消毒剂主要改变细菌胞膜的通透性，影响细菌物质代谢，高浓度可使菌体蛋白质变性和水解。

——硼酸。毒性小，有轻微抑菌作用，2%～4%溶液可用于冲洗眼睛、口腔、伤口等。

——醋酸。具有杀菌和抑菌作用，对某些病毒也有灭活作用，常用5～10 mL/m³

醋酸加等量水进行空气消毒。

⑥卤素类消毒药。卤素易渗入菌体内，对蛋白产生卤化及氧化作用。

——漂白粉（含氯石灰）。漂白粉是应用较广的消毒剂，主要成分是次氯酸钙，其消毒作用与有效氯含量有关。5% 的溶液可杀死一般的病原菌，10%～20% 的溶液可杀死芽孢。一般用于圈舍、地面、水渠、粪便、车船等的消毒，也可用干粉撒布。使用时应注意本品对金属、衣物、纺织品有破坏性，且有轻度的毒性，应注意人和宠物等的安全。漂白粉很不稳定，有效氯易散失，故不能长时间保存，要现用现配。

——84 消毒液。主要成分是次氯酸钠，可杀灭细菌、病毒、真菌和细菌芽孢。常用浓度为 0.3%～0.5%，适用于用具、衣物、污染物的消毒。

——二氯异氰尿酸钠（优氯净、消毒灵）。遇水生成次氯酸，杀灭能力强，对各种病原微生物都有杀灭作用。0.5%～1.0% 的溶液用于用品、圈舍的消毒。3%～5% 溶液用于环境、排泄物的消毒。5%～10% 的溶液用于杀灭芽孢。

——碘制剂。碘具有很强的消毒作用，可杀死细菌、芽孢、霉菌和病毒及原虫等，在酸性环境中作用更强。常用的碘制剂包括碘酊、碘甘油等。2%～5% 碘酊用于手术部位、注射部位、新鲜创的消毒；10% 的碘酊用于慢性腱鞘炎、关节炎及骨膜炎的消毒。

⑦氧化剂类。氧化剂可使蛋白质和酶失活。常用的氧化剂有过氧化氢、高锰酸钾、过氧乙酸。

——过氧化氢溶液（双氧水）。对厌氧菌感染很有效，3% 溶液用于冲洗脓汁、坏死及恶臭创伤。

——高锰酸钾。作用强而持久，且有收敛作用。0.01% 的溶液用于皮肤、黏膜消毒，0.05%～0.20% 溶液用于冲洗创伤、溃疡和黏膜等。内服治疗肠炎、腹泻、误服生物碱、有机磷中毒等。

——过氧乙酸（过醋酸）。成品为 40% 水溶液，性质不稳定，须密闭避光、低温贮放，应现用现配。常用溶液的浓度一般在 0.01%～0.50%，0.2% 溶液用于浸泡污染的各种耐腐蚀的物品，0.5% 溶液用于喷洒消毒地面、墙壁、食槽等，5% 溶液用于喷雾消毒密闭的实验室、无菌室、仓库、加工车间等。

⑧表面活性剂。具有降低表面张力效应的物质叫表面活性剂，又称为去污剂或清洁剂，表面活性剂分阳离子、阴离子和中性型的表面活性剂三类。阳离子表面活性剂的抗菌谱广，效力快，对组织无刺激性，能杀死多种细菌、真菌和病毒，但对绿脓杆菌和细菌芽孢的作用弱。阴离子表面活性剂仅能杀死革兰氏阳性菌，不解离的表面活性剂无杀菌作用。

——新洁尔灭（苯扎溴铵）。为季铵盐类阳离子表面活性剂，不能与阴离子表面活性剂（肥皂、合成类洗涤剂）合用。0.1% 溶液可用于浸泡器械、衣物、橡胶制品等或皮肤消毒。

——醋酸氯己定（洗必泰）。为单链季铵盐类阳离子表面活性剂，不能与阴离子表面活性剂（肥皂、合成类洗涤剂）合用。0.05% 的溶液可用于创面和黏膜消毒。

0.1% 溶液可用于浸泡器械。

⑨重金属类。重金属离子与菌体酶蛋白的 -SH 基结合，使菌体蛋白变性或沉淀。其中以汞和银作用最强，0.5%～1.0% 的硝酸银常用于新生动物滴眼、烧伤面消毒，0.1% 的硫柳汞用于皮肤、黏膜及创伤消毒。

⑩染料类。分为碱性和酸性染料。龙胆紫为碱性染料，常用 2%～4% 的进行皮肤、创伤伤口消毒。对革兰氏阳性菌有较好的杀菌作用。

小学士

化学消毒剂汇总表及影响化学消毒剂的因素

（三）生物因素对微生物的影响

自然界中影响微生物生命活动的生物因素很多，在各种微生物之间，或是在微生物与高等动植物之间，经常存在着互相影响的作用，如寄生、共生和拮抗作用。寄生就是一种生物从另一种生物获取其所需营养，赖以为生，并往往对后者呈现伤害作用的现象，称为寄生；如病原菌寄生于动植物体引起病害。共生是两种或多种生物生活在一起，彼此并不相互损害而是互为有利的现象，称为共生，如瘤胃微生物。拮抗为两种微生物生活在一起，一种微生物能产生对另一种微生物有毒害作用的物质，从而抑制或杀灭另一种微生物的现象，称为拮抗。导致拮抗现象的物质基础是抗生素、细菌素等微生物细胞的代谢产物。此外，植物中也存在杀菌物质如黄连素等。噬菌体则是可以杀灭细菌的病毒。

1. 抗生素

抗生素是某些微生物在代谢过程中产生的一种能抑制或杀死其他微生物的化学物质。抗生素主要来源于放线菌（如链霉素），少数来源于真菌（如青霉素）和细菌（如多黏菌素），有些也可通过化学方法合成。

2. 细菌素

细菌素是某些细菌产生的一类具有杀菌作用的蛋白质。常见的细菌素有大肠菌素、弧菌素、绿脓菌素、葡萄菌素。细菌素杀菌范围窄，有一定特异性，只能作用于同种不同株的细菌及与其亲缘关系相近的细菌。如大肠菌素除了作用于某些型别的大肠埃希菌外，还能作用于亲缘关系相近的志贺菌、沙门菌和巴氏杆菌等。

3. 植物杀菌素

某些植物中存在的杀菌物质统称为植物杀菌素，如金银花、连翘、鱼腥草、穿心莲、黄连、黄柏、黄芩、大蒜、马齿苋、板蓝根等中草药都含有杀菌素。

4. 噬菌体

噬菌体是专门寄生于细菌、放线菌、支原体等细胞中的病毒。噬菌体在自然界分布很广，凡是有微生物存在的地方，都会有相应种类噬菌体的存在。噬菌体具有病毒的生物学特性，其内容在本书项目二中有叙述。

拓展知识

微生物的变异

二、材料准备

高压蒸汽灭菌器、电热干燥箱、超净工作台、水浴箱、接种环、手术刀、剪刀、培养皿、试管、消毒剂等。

三、工具准备

绘图用铅笔、纸张等。

四、人员准备

人员分组，每组5人。明确职责分工。

任务角色	任务内容
组长：	任务：
组员：	任务：
组员：	任务：
组员：	任务：
组员：	任务：

任务筹划

1. 内容筹划

①根据所掌握内容，绘制完成外界对微生物影响因素的组成图。

②请根据各种影响因素，罗列绘制出对微生物常用的灭菌或消毒方法的组成图，并标注每种消毒方法的特点。

③根据以下表格中描述的情况，选择合适的消毒方法。

物品	可选用的消毒方法	物品	可选用的消毒方法
手术刀、剪刀		牛奶、葡萄酒	
接种环		垫草、垫料	
清洗完的玻璃器皿		食槽	
一般培养基		污染的圈舍	
特殊不耐高温的培养基除菌		污染的衣物、纸张等	

④操作对所给出的物品进行不同的灭菌或消毒处理。

2. 流程筹划

第一步：查阅资料，了解外界环境对微生物的影响，掌握微生物实验室常用的灭菌或消毒方法。

第二步：小组讨论影响因素的构成并绘制组成图，讨论常用的消毒方法并绘制组成图。

第三步：小组讨论不同灭菌或消毒方法的操作过程和注意事项。

第四步：小组分工并配合操作进行接种环的火焰灭菌、手术刀剪的煮沸灭菌、玻璃器皿的热空气灭菌、实验室地面的化学消毒、超净工作台操作前的紫外线灭菌等。

第五步：整理完善并总结，完成实习报告。

任务实施

步骤一：

步骤二：

步骤三：

步骤四：

步骤五：

任务检测

请扫码答题。

微生物实验灭菌消毒

任务评价

班级：__________ 组别：__________ 姓名：__________

项目	评分标准	自我评价	小组评价	教师评价
物理因素对微生物的影响（30分）	理解物理因素对微生物的影响情况（5分）			
	掌握温度对微生物的因素状态（10分）			
	掌握物理因素对微生物影响常用的消毒或灭菌方法（15分）			

（续表）

项目	评分标准	自我评价	小组评价	教师评价
化学因素对微生物的影响（25 分）	理解化学因素对微生物的影响情况（5 分）			
	掌握常用的化学消毒剂种类及使用浓度和方法（10 分）			
	知道影响化学消毒剂的因素（10 分）			
生物因素对微生物的影响（10 分）	理解生物因素对微生物的影响情况（5 分）			
	知道微生物的变异及意义（5 分）			
活动完成过程（25 分）	能够根据工作任务资料，分析讨论并总结（5 分）			
	认真思考，积极动手、动脑（5 分）			
	积极参与小组合作与交流，配合默契，互帮互助（5 分）			
	通过小组讨论与学习，完成任务工单（5 分）			
	能很好地展示活动成果（5 分）			
活动效果（10 分）	整体的效果（很好为 10 分，较好为 7～9 分，一般为 3～6 分，较差为 0～2 分）			
合计				
自我评价与总结				
教师点评				

任务五　细菌的药物敏感试验

任务导入

由于不同致病菌对不同抗生素的敏感性不同，在治疗过程中，细菌对抗生素的敏感性又常发生改变而产生耐药性，所以测定细菌对抗生素的敏感性，在临床治疗选择用药上具有重要意义？请同学们查阅资料，知道细菌药敏试验的方法和临床意义，并会用纸片扩散法进行所给细菌的药敏试验。

任务工单

班级：__________ 组别：__________ 姓名：__________

<table>
<tr><td>任务名称</td><td colspan="4">细菌的药物敏感试验</td></tr>
<tr><td>任务描述</td><td colspan="4">任务内容：细菌的药敏试验操作步骤及结果判定。
任务目的：知道细菌药敏试验的方法和临床意义，并会用纸片扩散法进行所给细菌的药敏试验。
任务流程：查阅资料（知道细菌药敏试验的方法和意义）—小组讨论（纸片扩散法药敏试验的操作步骤及结果判定）—实践操作药敏试验。
任务方法：查阅资料；小组讨论、实践操作。</td></tr>
<tr><td>获取信息</td><td colspan="4">要完成任务，需要掌握相关的知识。请收集资料，回答以下问题。
1. 药敏试验的方法有哪些？简述纸片扩散法药敏试验的操作过程。

2. 纸片扩散法药敏试验接种是用分段划线吗？是先培养好细菌再放药敏片，还是接种和放药片同时进行？为什么？

3. 纸片扩散法药敏试验的结果怎样判定？不同的药物是不是哪个抑菌圈大哪个就对细菌敏感性高？</td></tr>
<tr><td>制订计划</td><td colspan="4"></td></tr>
<tr><td rowspan="6">任务实施</td><td colspan="4">按照预先制订的工作计划，完成本任务，并记录任务实施过程。</td></tr>
<tr><td>序号</td><td>完成的任务</td><td>遇到的问题</td><td>解决办法</td></tr>
<tr><td></td><td></td><td></td><td></td></tr>
<tr><td></td><td></td><td></td><td></td></tr>
<tr><td></td><td></td><td></td><td></td></tr>
<tr><td></td><td></td><td></td><td></td></tr>
</table>

任务准备

一、知识准备

思维导读

滥用抗生素会使细菌抗药能力增强，对敏感药物不再敏感，产生耐药性，所以临床上常通过细菌药敏试验进一步找到敏感药物治疗疾病。但细菌耐药性已成为制约养殖业发展的巨大障碍。不少养殖户普遍存在不注意饲养条件改善和养殖水平提高，却把畜禽健康寄希望于用药，有病吃药无病也吃药，甚至用抗生素给动物保健。致使兽用抗生素用量远远超过动物疾病治疗的需要量，不但使耐药菌增加，疾病难以控制，还增加饲养成本，同时导致动物难养、病难治。因此对于耐药性的控制不仅仅通过药敏试验来解决，而是要推行健康养殖观念、减少用药带来的污染，保障畜牧业健康发展。

掌握纸片扩散法测定细菌对抗生素等药物的敏感试验的操作方法和结果判定，明确药敏试验在实际生产中的应用。药敏试验的方法有很多，最常用的是纸片扩散法。

（一）操作方法

1. 制备菌液

挑选琼脂平板上形态相同的菌落移种于肉汤中，置 35 ℃水浴箱中孵育 4 h，校正浊度。

2. 接种平板

以无菌操作，取细菌培养物，在营养琼脂平板上密集均匀划线，或用灭菌棉拭子蘸取菌液均匀涂布整个培养基表面。

3. 贴纸片

用无菌镊子夹取各种抗菌药物纸片（一般在试纸片上标记有药物名或代号），轻轻贴在培养基表面，轻轻放好，不能移动，两纸片间距离不小于 2 cm，纸片距平板边缘不小于 1 cm，如图 3-4 所示。

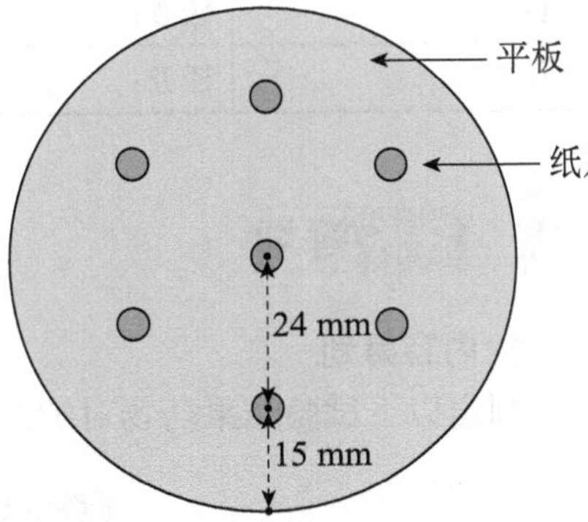

图 3-4　药敏纸片的贴法

4. 培养

将平皿倒置，于 37 ℃温箱培养 18～24 h。

（二）结果判定

取出平板，用毫米尺量取各种抗生素滤纸片周围的抑菌圈直径，按细菌对不同抗菌药物的敏感度标准，确定其对药物的敏感情况。结果按敏感、中介度或耐药出具报告。

（三）注意事项

①装纸片的容器自冰箱取出后，须置室温 10 min 以上才可打开，如立即打开，空气中的水分会冷凝在纸片上，易潮解。

②在配制培养基、缓冲液时，注意防止被抗生素污染，否则会发生全部无抑菌圈的现象。

③应根据临床需要，决定抗菌药物的种类，同类抗菌药物选用一个代表即可。

小提示

细菌对不同抗菌药物敏感度标准

二、材料准备

恒温箱、接种环、酒精灯、测量尺、试管架、眼科镊子、普通琼脂平板、抗菌药物纸片、大肠埃希菌或金黄色葡萄球菌的培养物。

三、人员准备

人员分组，每组 5 人。明确职责分工。

任务角色	任务内容
组长：	任务：
组员：	任务：
组员：	任务：
组员：	任务：
组员：	任务：

任务筹划

1. 内容筹划

判定以下试验结果药物对细菌的敏感程度并说明判定依据。

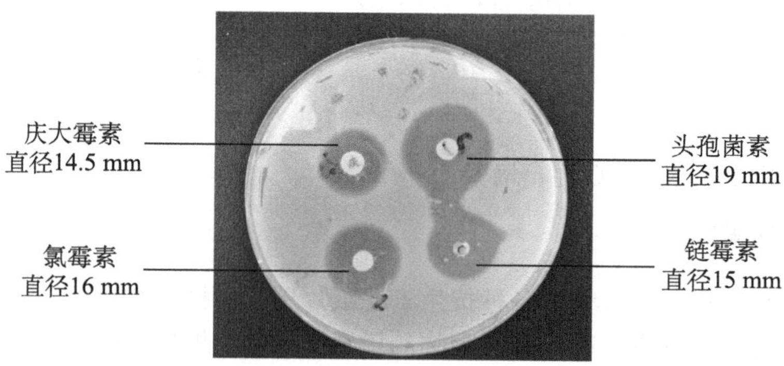

2. 流程筹划

第一步：查阅资料，知道细菌药敏试验的方法及临床意义。

第二步：小组讨论纸片扩散法步骤、过程及注意事项。

第三步：药敏试验操作。

接种细菌（均匀涂抹）—贴药片—培养。

第四步：小组讨论纸片扩散法药敏试验结果判定。

第五步：对所操作试验结果进行分析并判定。

第六步：总结、分析。

任务实施

步骤一：

步骤二：

步骤三：

步骤四：

步骤五：

任务检测

请扫码答题。

细菌的药物敏感试验

任务评价

班级：__________　组别：__________　姓名：__________

项目	评分标准	自我评价	小组评价	教师评价
药敏试验（50 分）	知道药敏试验的方法（10 分）			
	知道药敏试验的临床意义（10 分）			
	知道接种的主要事项，会进行细菌的涂抹（10 分）			
	知道试验结果判定标准和方法（10）			
	能准确判定试验结果（10 分）			

（续表）

项目	评分标准	自我评价	小组评价	教师评价
活动完成过程（40分）	能够根据工作任务资料，分析讨论并总结（10分）			
	认真思考，积极动手、动脑（5分）			
	积极参与小组合作与交流，配合默契，互帮互助（10分）			
	通过小组讨论与学习，完成任务工单（5分）			
	能很好地展示活动成果（10分）			
活动效果（10分）	整体的效果（很好为10分，较好为7～9分，一般为3～6分，较差为0～2分）			
合计				
自我评价与总结				
教师点评				

项目四 免疫学

项目导读

免疫学是伴随抗感染的研究而发展起来的一门科学。然而，许多免疫现象已远远超出抗病原微生物感染这一范畴，如过敏反应、不同血型的输血反应、组织移植排斥反应等与抗感染无关。因此现代免疫学概念已不再局限于抵抗感染，而是研究抗原性物质、机体的免疫系统、免疫应答的规律调节以及免疫应答的各种产物和各种免疫现象。那么，到底什么是免疫？它又是怎样发挥作用？又有哪些类型？免疫系统又是怎样地组成？抗感染免疫和免疫有什么关系？我们又是如何通过免疫的特点进行临床感染疾病诊断的呢？

免疫学的应用在畜牧业的健康发展中起着非常重要的作用，尤其以疫苗的作用最为突出，牛瘟的消灭就是疫苗的贡献。因此理解了免疫的概念、类型及免疫应答的过程，知道抗原和抗体的特点等，才能进一步地掌握血清学试验的原理和操作，才能将血清学试验准确无误地应用于临床实践以正确诊断疾病。也同时通过掌握免疫的基础性知识，就能根据具体情况判定疫苗免疫的时机和次数、抗体水平的高低等，能更好地将免疫学的知识应用于临床疫病防治中。

知识目标

①知道免疫系统的组成，知道免疫的概念及免疫的功能和类型。

②知道抗原的概念、特点和常见的微生物抗原种类，熟悉抗体的概念、基本结构、分类及各类主要特性和功能。

③掌握免疫应答的概念和基本过程，知道细胞免疫和体液免疫的不同之处。明确抗体产生规律在临床中的意义。

④知道抗感染免疫的构成因素，熟悉掌握非特异性免疫的构成。

⑤熟悉变态反应及其应用。

⑥知道血清学试验概念及特点，掌握常见的血清学试验及临床应用，了解常见血清学试验的原理。

技能目标

①会进行临床常用血清学试验的操作和结果判定。

②能应用血清学试验诊断临床常见疾病。

素质目标

①能保持严谨的试验态度，形成规范操作、严格遵守试验规则、力求准确的职业技能素养和职业道德素养。

②提升学生思考能力，领悟并诠释交流所学内容，灵活运用所学知识解决新问题的能力。

思政目标

①认识免疫学的临床应用，激发学生专业意识和使命担当，强化学生志存高原、服务“三农”的社会责任感。

②严格要求血清学试验结果的准确性和重要性，培养学生精益求精、求真务实、结果严谨的工匠精神。

任务一 认识免疫系统

任务导入

免疫系统是机体抵御病原体侵犯最重要的保卫系统，是执行和行使免疫功能的机构，像机体内的“警察”，它能发现并清除体内“垃圾”如凋亡的细胞、“叛徒”如肿瘤细胞、“外敌”如病毒和细菌。免疫系统像身体的卫士，时刻保护着的身体，那让我们具体来看看免疫系统中到底有哪些卫士，又是如何协调发挥保卫作用的。查阅资料，明确免疫系统的三大组成部分，小组讨论出不同组成中各包含哪些内容（细胞或其他成分），并以图文并茂的形式整理出它们的功能或在免疫中起到的作用，最终整理提交一张表述清晰、图文表综合的免疫系统组成说明单。

任务工单

班级：________ 组别：________ 姓名：________

任务名称	认识免疫系统
任务描述	任务内容：免疫器官，免疫细胞，免疫效应分子。 任务目的：知道免疫系统的组成，掌握各个组成的功能或在免疫中的作用。 任务流程：查阅资料（知道免疫系统的组成部分）—查阅资料、小组讨论（各组成分及作用）—整理总结（图文并茂）。 任务方法：查阅资料、讨论、整理总结。

（续表）

<table>
<tr><td>获取信息</td><td>要完成任务，需要掌握相关的知识。请收集资料，回答以下问题。
1. 免疫系统有哪些构成？

2. 中枢免疫器官和外周免疫器官都是免疫器官，它们在功能上有什么不同？各包括哪些器官？

3. 免疫细胞有哪些？各有什么功能？

4. 免疫效应分子有哪些？在免疫中它们有什么意义？

5. 所有动物的免疫系统的组成都是一样的吗？举例说明。</td></tr>
<tr><td>制订计划</td><td></td></tr>
<tr><td>任务实施</td><td>按照预先制订的工作计划，完成本任务，并记录任务实施过程。<table><tr><td>序号</td><td>完成的任务</td><td>遇到的问题</td><td>解决办法</td></tr><tr><td></td><td></td><td></td><td></td></tr><tr><td></td><td></td><td></td><td></td></tr><tr><td></td><td></td><td></td><td></td></tr><tr><td></td><td></td><td></td><td></td></tr></table></td></tr>
</table>

任务准备

一、知识准备

免疫系统是机体执行免疫功能的组织机构，是产生免疫应答的物质基础。它是在生物种系发生和发育过程中逐步建立和完善的，由免疫器官、免疫细胞和免疫效应分子组成。

小学士

免疫系统组成图

（一）免疫器官

免疫器官根据功能不同分为中枢免疫器官和外周免疫器官。

1. 中枢免疫器官

中枢免疫器官包括骨髓、胸腺和法氏囊，是各种免疫细胞发生、分化、成熟的场所。

（1）骨髓

骨髓有造血和免疫双重作用。动物出生后一切血细胞均来源于骨髓，同时骨髓也是各种免疫细胞发生、分化和成熟的场所。血细胞和各种免疫细胞的共同祖先是骨髓中的多能干细胞，分化时骨髓中的多能干细胞首先分化为髓样干细胞和淋巴干细胞两大类。髓样干细胞在骨髓中继续增殖分化为单核细胞系、巨噬细胞系、各种粒细胞、红细胞等血细胞，这些血细胞也参与免疫应答。而淋巴干细胞的一部分分化为 T 细胞前体和 B 细胞前体，前者进入胸腺后可发育分化成为成熟的 T 细胞，后者则在骨髓内（禽类在法氏囊内）发育分化成成熟的 B 细胞。另一部分淋巴干细胞则在骨髓中分化成熟为 K 细胞和 NK 细胞等。

骨髓是极为重要的免疫器官。哺乳动物体中，重要的免疫细胞除 T 细胞是由骨髓移到胸腺中驯化成熟外，其他免疫细胞几乎都是在红髓中发生和发育的。而且，骨髓也被认为是哺乳动物体内的类囊器官，B 细胞在此成熟，骨髓中的淋巴细胞大多数为 B 细胞。因此，骨髓直接影响体液免疫应答和细胞免疫应答。当骨髓功能缺陷时，可引起严重的免疫缺陷病。

（2）胸腺

胸腺是 T 细胞分化成熟的场所。猪、马、牛、鼠等动物的胸腺可伸展到颈部直达甲状腺。鸟类的胸腺位于两侧颈沟中，鸡为每侧 7 个，共 14 个；鸭和鹅为每侧 5 个，共 10 个。胸腺大小随年龄不同而异，在初生时最大，但其绝对大小则在青春期最大。青春期后胸腺实质萎缩，皮质被脂肪细胞所取代。此外，动物处于应激状态时，胸腺也会较快萎缩，故久病死亡的动物，胸腺非常小。胸腺外包被有结缔组织被膜，被膜深入内部将胸腺分成许多不完全分割的小叶，小叶是胸腺的基本结构单位，其外周为皮质，中心为髓质。

骨髓中的前体 T 细胞经血液循环进入胸腺，进入皮质层，在上皮细胞（胸腺哺育细胞）和胸腺基质细胞的诱导下增殖和选择性分化，在皮质层只有少部分（<5%）能分化发育为成熟的胸腺细胞，并向髓质迁移。迁移到髓质的胸腺细胞进一步分化为不同功能的 T 细胞亚群，成熟的 T 细胞随血液循环输至全身，参与细胞免疫。胸腺髓质内多为被胸腺激素诱导成的 T 细胞或即将诱导成 T 细胞的胸腺细胞。此外，还有巨噬细胞、树突状细胞等。

胸腺对 T 细胞的成熟至关重要。如果幼儿期切除胸腺会导致 T 细胞数量显著减少，细胞免疫不能建立，B 细胞功能也受到一定程度的影响。某些病毒感染也可损害胸腺功能，引起类似变化。

（3）法氏囊

法氏囊为禽类特有的免疫器官，是 B 细胞分化、成熟的场所。鸡和火鸡的法氏囊为球形，而鸭、鹅的则为椭圆形的柱状盲囊。囊内有纵行的皱襞，由上皮和固有膜形成，固有膜中大量的淋巴滤泡，淋巴滤泡分为皮质和髓质两部分，髓质在滤泡中央，由上皮细胞和较大的淋巴细胞组成。越往滤泡中心，上皮细胞逐渐被淋巴母细胞和淋巴细胞所取代。皮质部分由较密集的小淋巴细胞、浆细胞、巨噬细胞和网状结缔组织构成。

骨髓中的B细胞前体经血流进入法氏囊，在囊激素的诱导下，分化成囊依赖性淋巴细胞，简称B淋巴细胞，经淋巴和血液循环移至外周免疫器官参与体液免疫。若切除法氏囊，其体液免疫应答受到抑制，受抗原刺激后不能产生抗体，但对细胞免疫的影响很小。哺乳动物没有法氏囊。多数学者认为，在哺乳动物体内不存在独立的囊类结构，相似功能由骨髓承担。

2. 外周免疫器官

外周免疫器官是成熟的T细胞和B细胞定居、增殖和对抗原刺激进行免疫应答的场所。包括脾脏、淋巴结、哈德腺和黏膜相关淋巴组织等。

（1）脾脏

脾脏是体内最大的免疫器官，具有造血贮血和免疫双重功能。脾脏外包被膜，实质分为红髓和白髓两部分。红髓的功能是红细胞生成和贮存、捕获抗原和产生免疫应答的场所，由脾索和脾窦组成。脾索为彼此吻合成网状的淋巴组织索，其中含有大量的网状细胞、B细胞、巨噬细胞以及树突状细胞等；由脾索围成的脾窦充满血液。白髓主要由密集的淋巴组织构成，沿着动脉分布，分散于红髓之间，包括动脉周围的淋巴组织鞘（淋巴鞘）和淋巴小结（脾小结）。淋巴鞘是T细胞居住区，脾小结位于淋巴鞘的一侧，B细胞散在其中，抗原刺激时可形成生发中心。脾小结周围由一层T细胞包围。白髓向红髓移行的区域即边缘区，含有较多的巨噬细胞、淋巴细胞和丰富的血管，有很强的过滤作用，由外界进入血流的抗原大部分在此处被捕获，并刺激脾小结形成生发中心。

脾脏主要的免疫功能如下。

①血液过滤作用。循环血液通过脾脏时，脾脏中的巨噬细胞可吞噬和清除混入血液的细菌等异物和自身衰老伤残的血细胞等废物。

②滞留淋巴细胞的作用。在正常情况下能在脾脏或淋巴结中自由通过的淋巴细胞，当有抗原存在时就被滞留，使抗原敏感细胞集中到抗原集聚部位的附近，增进免疫应答的效应。许多免疫佐剂能触发此种滞留，可能是佐剂作用的原理之一。

③产生免疫应答的重要场所。脾脏内定居着大量淋巴细胞和其他免疫细胞，抗原一旦进入即可导致T细胞和B细胞的活化和增殖，产生致敏T细胞和浆细胞。脾脏是体内产生抗体的主要器官。

④产生吞噬细胞增强激素。脾脏能产生一种含苏－赖－脯－精氨酸的四肽激素，即特夫素，能够增强巨噬细胞和中性粒细胞的吞噬作用。

（2）淋巴结

淋巴结呈圆形或豆状，遍布于淋巴循环的各个部位，以捕获从身体外部进入血液－淋巴液的抗原。由网状组织构成支架，外有结缔组织包膜，内充满淋巴细胞、巨噬细胞和树突状细胞，淋巴结的实质部分分为皮质和髓质。皮质又分浅皮质区和深皮质区，即又称副皮质区，两者无明显界限。浅皮质区中含有淋巴小结，主要由B细胞聚集而成，又称为非胸腺依赖区。淋巴小结周围和副皮质区是T细胞主要集中区，称为胸腺依赖区。髓质分为髓索和髓窦，髓索是B细胞分布区，可见许多浆细胞、网状细胞和巨噬细胞；髓窦位于髓索之间，内充满淋巴液，含有许多吞噬细胞（图 4-1）。

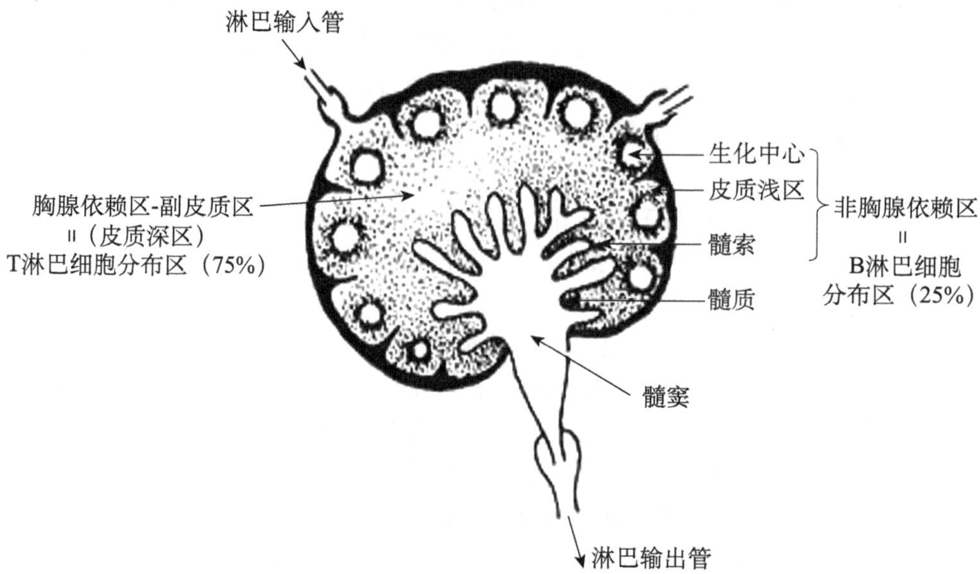

图 4-1　淋巴结结构示意图

鸡没有淋巴结，但淋巴组织广泛分布于体内，有的为弥散性，如消化道管壁中的淋巴组织；有的为淋巴集结，如盲肠扁桃体等；水禽（鸭、鹅）只有颈胸和腰的两对淋巴结。

淋巴结的主要免疫功能如下。

①过滤和清除异物作用。侵入机体的致病菌、毒素或其他有害异物，通常随组织淋巴液进入局部引流淋巴结内，淋巴窦中的巨噬细胞能有效地吞噬和清除细菌等异物，但对病毒和癌细胞的清除能力低。

②产生免疫应答的场所。淋巴结实质中的巨噬细胞和树突状细胞能捕获和处理外源性抗原，并将抗原呈递给 T 细胞和 B 细胞，使其活化增殖，形成致敏 T 细胞和浆细胞，使生发中心增大。因此，细菌等异物侵入机体后，引起淋巴结肿大，与淋巴细胞受抗原刺激后大量增殖有关，是产生免疫应答的表现。

③哈德腺。哈德腺是禽类眼窝内的腺体之一，又称瞬膜腺，位于眼窝中腹部，眼球后中央，呈不规则的带状。其腺泡上皮基底膜下是大量的浆细胞和部分淋巴细胞，能接受抗原刺激分泌特异性抗体，通过泪液带入上呼吸道黏膜分泌物内，成为口腔、上呼吸道的抗体来源之一，在上呼吸道免疫方面起着非常重要的作用。哈德腺不仅在局部形成坚实的屏障，而且还能激发全身免疫系统，协调体液免疫。在雏鸡点眼免疫时，哈德腺会发生强烈的免疫应答，且不受母源抗体的干扰，在早期免疫起着非常重要的作用。

④黏膜相关的淋巴组织。黏膜相关的淋巴组织是机体与外界相通的腔道黏膜相关的淋巴组织，分布于胃肠道、呼吸道、泌尿生殖道及某些外分泌腺如唾液腺、泪

腺及乳腺等处，承担极其重要的第一线的免疫作用，又称黏膜免疫系统。包括黏膜下的集合淋巴小结和广泛分布于黏膜固有层及上皮内的弥散免疫细胞。其中含有丰富的 B 细胞、T 细胞和巨噬细胞，以产生分泌型 IgA 的 B 细胞占多数，产生的 IgA 分布于黏膜表面。他们在形态学方面不具备完整的淋巴结构，但他们却构成了机体重要的黏膜免疫系统。

（二）免疫细胞

凡参与免疫应答或与免疫应答有关的细胞统称为免疫细胞。包括免疫活性细胞、辅佐细胞和其他免疫细胞。

1. 免疫活性细胞

受到抗原刺激后能活化增殖分化，产生特异性免疫应答的免疫细胞，称为免疫活性细胞，主要有 T 细胞和 B 细胞，在免疫应答过程中起核心作用。

（1）T 细胞和 B 细胞的来源、分布

T 细胞和 B 细胞均来源于骨髓的多能干细胞，多能干细胞分化为 T 细胞前体和 B 细胞前体，前者进入胸腺发育为成熟的 T 细胞，又称胸腺依赖性淋巴细胞，简称 T 淋巴细胞或 T 细胞。成熟的 T 细胞经血流分布到外周免疫器官的胸腺依赖区定居和增殖。后者在哺乳动物的骨髓或鸟类的腔上囊分化为成熟的 B 细胞，又称为骨髓依赖性淋巴细胞或囊依赖性淋巴细胞，简称 B 淋巴细胞或 B 细胞。成熟的 B 细胞分布到外周免疫器官的非胸腺依赖区定居和增殖。

定居在外周免疫器官的 T 细胞和 B 细胞可经血液—组织—淋巴—血液再循环巡游于全身各处，称为淋巴细胞的再循环。T 细胞和 B 细胞在受到抗原刺激后分别分化为效应性 T 细胞和浆细胞及少量的长寿记忆性淋巴细胞，即记忆性 T 细胞和记忆性 B 细胞，效应性 T 细胞和浆细胞直接介导免疫应答，记忆性淋巴细胞参加淋巴细胞再循环。

（2）T 细胞和 B 细胞的表面标志

T 细胞和 B 细胞在光学显微镜下均为小淋巴细胞，形态上难以区分。但两种淋巴细胞的表面存在大量不同种类的蛋白质分子，这些表面分子又称为表面标志，可用于鉴别 T 细胞和 B 细胞及其亚群。T 细胞和 B 细胞的表面标志包括表面受体和表面抗原。表面受体是指淋巴细胞表面上能与相应配体如特异性抗原、绵羊红细胞和补体等发生特异性结合的分子结构，表面抗原是指在淋巴细胞或其亚群细胞表面上能被特异性抗体如单克隆抗体所识别的表面分子。

① T 细胞的表面标志。

——T 细胞抗原受体（T-cell Antigen Receptor, TCR）。TCR 存在于人和各种动物 T 细胞表面，其功能类似于 B 细胞的免疫球蛋白（Surface Membrane Immunoglobulin, SmIg），是识别抗原并与之特异性结合的受体。

——白细胞介素（Interleukin, IL）受体。T 细胞表面具有多种白细胞介素受体（如 IL-2 受体），可结合白细胞介素，并接受白细胞介素的刺激和调控。

——红细胞受体（E 受体）。红细胞受体称为异种动物红细胞受体，是 T 细胞重要的表面标志，B 细胞缺乏这一标志。在人和某些动物的 T 细胞上具有某种动物红细胞的受体，可与其红细胞结合成 E 花环。

——T 细胞表面抗原。到目前已命名的 100 多种白细胞分化抗原（Cluster of Differentiation, CD）中，与 T 细胞功能有关的主要有 CD2、CD3、CD4、CD8、CD25 和 CD28 等。其中 CD2 即上述的红细胞受体；CD3 仅存于 T 细胞表面，与 TCR 紧密结合，形成复合体（TCR-CD3 复合体），是 TCR 识别抗原、接受抗原刺激的重要因素；CD4 和 CD8 分别是主要组织相容性复合体（Major histocompatibility complex, MHC）Ⅱ类分子和Ⅰ类分子的受体，二者分别出现在不同亚群 T 细胞表面，在同一 T 细胞表面只表达其中一种，故 T 细胞可分为两大亚群，即 CD4+T 细胞和 CD8+T 细胞。

②B 细胞的表面标志。

拓展知识

MHC 类分子介绍

——抗原受体。B 细胞表面的免疫球蛋白（SmIg）是 B 细胞表面的抗原受体，它是 B 细胞表面的重要标志，不仅是鉴别 B 细胞的主要依据，也与细胞识别抗原密切相关。

——Fc 受体。Fc 受体主要分布于 B 细胞、K 细胞和单核巨噬细胞表面，T 细胞也有，但密度不够。大多数 B 细胞有 IgG 的 Fc 受体，此受体能与免疫球蛋白的 IgG 的 Fc 段结合，从而结合游离的抗体或抗原抗体复合物。B 细胞与抗体的这种结合，可促使其活化；而与靶细胞（如肿瘤细胞等）上的抗体结合，可借以杀死靶细胞。B 细胞上出现 IgG 的 Fc 受体是 B 细胞成熟的标志之一。

——补体受体。B 细胞表面有补体 C3b 的受体，能识别和结合 C3b，有利于 B 细胞捕捉与补体结合的抗原抗体复合物，从而使 B 细胞的活化。其他细胞如单核巨噬细胞、中性粒细胞、人的红细胞等也有此受体。该受体也是 B 细胞成熟的标志之一。

（3）T 细胞和 B 淋巴细胞亚群及其功能

①T 细胞的亚群及其功能。根据 T 细胞的发育阶段和免疫功能的不同，将 T 细胞分为以下主要亚群。

——细胞毒性 T 细胞（Cytotoxic T Cell, TC），又称杀伤性 T 细胞（Killer T Cell, TK），能特异性地杀伤带有抗原的靶细胞，如感染微生物的细胞、同种异体移植细胞及肿瘤细胞等。

——抑制性 T 细胞（Suppressor T Cell, TS）具有抑制细胞免疫和体液免疫的作用。它的抑制作用与辅助性 T 细胞的辅助作用，对于稳定与调节免疫系统的生理功能和免疫应答的强度至关重要。

——辅助性 T 细胞（Helper T Cell, TH）具有协助体液免疫和细胞免疫的功能。

——诱导性 T [淋巴] 细胞（Induced T Cell, TI）能诱导 TH 和 TS 细胞的成熟。

——迟发型变态反应 T 细胞（Delayed Type Hypersensitivity T Cell, TD），介导迟发型变态反应，能分泌多种细胞因子，作用于单核巨噬细胞、淋巴细胞和粒细胞，引起单核细胞浸润为主的炎症反应，发挥清除抗原的功能。

②B 细胞亚群。根据 B 细胞产生抗体是否需要 TH 细胞的协助，将其分为 B1 和 B2 两个亚群。B1 为 T 细胞非依赖细胞，产生抗体时不需 T 细胞的协助；B2 为 T 细胞依赖细胞，必须在 TH 细胞的协助下才能产生抗体。

2. 辅佐细胞

T 细胞和 B 细胞是免疫应答的主要承担者，但免疫应答的完成还需体内的巨噬细胞、树突状细胞等对抗原进行捕捉、加工和处理，这些细胞称为免疫辅佐细胞。由于辅佐细胞在免疫应答中能将抗原呈递给免疫活性细胞，因此又称为抗原呈递细胞（Antigen Presenting Cell, APC）。

（1）单核 - 吞噬细胞系统

此系统由骨髓中的髓系干细胞发育形成，包括血液中的单核细胞，各种组织中的巨噬细胞。巨噬细胞主要分布于疏松结缔组织、肝脏、脾脏、淋巴结、骨髓、肺泡及腹膜等处，可存活数周到几年。不同组织中巨噬细胞有不同的名称，如结缔组织中的组织细胞、肺泡中的尘细胞、肝脏中的枯否石细胞、骨组织中的破骨细胞、神经组织中的小胶质细胞、各处表皮部位的朗罕氏细胞等。各组织中的巨噬细胞分化程度很低，主要靠血液中的单核细胞来补充。

组织中的巨噬细胞比血液中的单核细胞含有更多的溶酶体和线粒体，具有强大的吞噬功能。单核巨噬细胞表面有抗体 IgG（Fc）受体、补体（C3b）受体及各种淋巴因子受体等，发挥强大的免疫吞噬功能。

①吞噬和杀灭作用。该细胞是机体非特异性免疫的重要因素，可吞噬消化异物、杀灭多种病原微生物，并吞噬处理机体自身衰老死亡的组织细胞。特别是结合有抗体（IgG）和补体（C3b）的抗原性物质更易被巨噬细胞吞噬。巨噬细胞可在抗体存在下发挥抗体依赖性细胞介导的细胞毒作用（Antibody Dependent Cell Mediated Cytotoxicity, ADCC）。巨噬细胞也是细胞免疫的效应细胞，经细胞因子激活的巨噬细胞更能有效地杀伤细胞内寄生菌和肿瘤细胞。

②抗原呈递作用。抗原性异物被单核巨噬细胞吞噬后，在细胞内被消化加工，大部分异物被降解，对具有抗原决定簇的小肽片段被移至细胞膜表面，以一定的方式呈递给免疫活性细胞，在免疫应答中不可缺少。

③合成和分泌各种活性因子。巨噬细胞能合成和分泌许多酶类（中性蛋白酶、酸性水解酶、溶菌酶）、白细胞介素 1（IL-1）、干扰素、前列腺素、血浆蛋白和各种补体成分等生物活性物质，对机体的免疫应答起着增强或抑制的双向作用。

（2）树突状细胞

树突状细胞简称 D 细胞，来源于骨髓和脾脏的红髓，广泛分布于机体各处的淋巴组织以及除脑之外的结缔组织和上皮组织，是一组非淋巴样单核细胞，因其在成熟时伸出伪足状或树枝样突起而得名。D 细胞内无溶酶体和吞噬体，故无吞噬能力，多数 D 细胞有较多的 MHC Ⅰ类和 MHC Ⅱ分子，少数表面有 Fc 受体和 C3b 受体，虽不能吞噬抗原，但可通过表面的 MHC 分子与抗原结合。因此 D 细胞主要功能是呈递不需细胞处理的抗原，尤其是可溶性抗原，能将病毒抗原、细菌内毒素抗原等呈递给免疫活性细胞。D 细胞是体内呈递抗原功能最强的专职 APC。

3. 其他免疫细胞

（1）杀伤细胞

杀伤细胞，又称 K 细胞。它是一种直接来源于骨髓的淋巴细胞，主要存在于腹腔、血液和脾脏中。特点是表面具有 IgG 的 Fc 受体。当靶细胞和相应的 IgG 结合，K 细胞可与结合在靶细胞上的 IgG 的 Fc 段结合而使自身活化，释放细胞毒，裂解靶细胞，这种作用称为抗体依赖性细胞介导的细胞毒作用，即 ADCC 作用。K 细胞杀伤的靶细胞包括病原微生物感染的宿主细胞、恶性肿瘤细胞、移植物中的异体细胞及某些较大的病原体如寄生虫等。因此，K 细胞在抗肿瘤免疫、抗感染免疫和移植排斥反应、清除自身的衰老细胞等方面有一定的意义。

（2）自然杀伤细胞

自然杀伤细胞，简称 NK 细胞。来源于骨髓，不依赖抗体和抗原刺激，可直接杀伤靶细胞，故称自然杀伤细胞。主要存在于外周血和脾脏中。在细胞表面存在着识别靶细胞表面分子的受体结构，通过受体与靶细胞结合而发挥杀伤作用。NK 细胞能非特异性地杀伤肿瘤细胞，抵抗多种微生物感染及排斥骨髓细胞的移植，同时通过释放多种细胞因子，如 IL-1、IL-2、干扰素等发挥免疫调节作用。此外，多数 NK 细胞具有 IgG Fc 受体，可介导 ADCC 作用。

（3）粒细胞

粒细胞是一类细胞质中含有颗粒的白细胞，包括嗜中性粒细胞、嗜碱性粒细胞和嗜酸性粒细胞。嗜中性粒细胞是血液中的主要吞噬细胞，具有高速的移动性和吞噬功能，细胞膜上有 IgG Fc 受体及补体 C3b 受体，细胞内具有溶酶体，内含过氧化物酶、碱性磷酸酶及其他抗菌物质，在防御感染中起重要作用；其分泌的炎症介质可促进炎症反应，还可处理颗粒性抗原并提供给巨噬细胞。嗜碱性粒细胞中具有大量的嗜碱性颗粒，内含组胺等血管活性物质，细胞膜上存在着 IgE 的 Fc 受体，能结合 IgE，结合在细胞上的 IgE 与相应的抗原结合后，引起细胞脱颗粒，释放血管活性物质，引起过敏反应，主要为 I 型变态反应。嗜酸性粒细胞细胞质内有许多嗜酸性颗粒，颗粒中含有多种酶，该细胞具有吞噬杀菌能力，并具有抗寄生虫的作用，寄生虫感染时往往嗜酸性粒细胞增多。

（4）红细胞

近几年的研究表明，红细胞与白细胞一样具有重要的免疫功能。具有识别抗原、清除体内免疫复合物、增强吞噬细胞的吞噬能力、呈递抗原物质和免疫调节等功能。

（三）免疫效应分子

免疫效应分子主要包括细胞因子、补体和抗体等。

在免疫细胞针对抗原（特别是细胞性抗原）行使免疫效应功能时，细胞因子是其中重要效应分子之一。例如，肿瘤坏死因子（Tumor Necrosis Factor, TNF）TNF-α 和 TNF-β 可直接造成肿瘤细胞的凋零，使肿瘤细胞 DNA 断裂，细胞萎缩死亡；干扰素 α、β、γ 可干扰各种病毒在细胞内的复制，从而防止病毒扩散；

白血病抑制因子（Leukemia Inhibitory Factor, LIF）可直接作用于某些髓性白血病细胞，使其分化为单核细胞，丧失恶性增殖特性。另有一些细胞因子通过激活效应细胞而发挥其功能，如白细胞介素 -2（IL-2）和白细胞介素 -12（IL-12）刺激 NK 细胞与 TC 细胞的杀肿瘤细胞活性。与抗体和补体等其他免疫效应分子相比，细胞因子的免疫效应功能，因而在抗肿瘤、抗细胞内寄生感染、移植排斥等功能中起重要作用。

二、材料准备

收集任务资料，收集免疫系统、免疫细胞等示意图进行标注并对比。

三、工具准备

绘图用铅笔、纸张等。

四、人员准备

人员分组，每组 5 人。明确职责分工。

任务角色	任务内容
组长：	任务：
组员：	任务：
组员：	任务：
组员：	任务：
组员：	任务：

任务筹划

1. 内容筹划

①根据所掌握的相关知识，列出免疫系统的组成图。

②根据所掌握的相关知识，罗列出免疫器官类别及作用等，完成下表。

免疫器官	类别	具体作用
例：骨髓	中枢免疫器官	造血、免疫，B 细胞分化成熟的场所

③根据所掌握的相关知识，罗列出免疫细胞类别及作用等，完成下表。

免疫细胞	类别	具体作用

④根据所掌握的相关知识，罗列出免疫效应分子组成及作用等，完成下表。

免疫效应分子	主要物质或组成	作用

2. 流程筹划

第一步：查找相关的资料，掌握免疫系统的总体组成。

第二步：小组讨论，确定绘制组成图的框架，综合要填写的内容确定组成图的大小、位置。

第三步：查找相关的资料，小组讨论免疫器官的组成及其作用，结合图表的形式完善填充组成图中免疫器官的内容。

第四步：查找相关的资料，小组讨论免疫细胞的组成及其作用，结合图表的形式完善填充组成图中免疫细胞的内容。

第五步：查找相关的资料，小组讨论免疫效应分子的组成及其作用，结合图表的形式完善填充组成图中免疫效应分子的内容。

第六步：整理完善组成图并提交，任务总结。

任务实施

步骤一：

步骤二：

步骤三：

步骤四：

任务检测

请扫码答题。

认识免疫系统

任务评价

班级：________　组别：________　姓名：________

项目	评分标准	自我评价	小组评价	教师评价
免疫器官（20分）	知道免疫器官的名称和分类（10分）			
	清楚各个免疫器官的作用（10分）			
免疫细胞（20分）	知道免疫细胞的名称和分类（10分）			
	清楚各个免疫细胞的作用（10分）			
免疫效应分子（20分）	知道免疫效应分子的名称（10分）			
	清楚免疫效应分子的作用（10分）			
活动完成过程（30分）	能够根据工作任务资料，分析讨论并总结（5分）			
	认真思考，积极动手、动脑（5分）			
	积极参与小组合作与交流，配合默契，互帮互助（5分）			
	通过小组讨论与学习，完成任务工单（5分）			
	能很好地展示活动成果（10分）			
活动效果（10分）	整体的效果（很好为10分，较好为7～9分，一般为3～6分，较差为0～2分）			
合计				
自我评价与总结				
教师点评				

任务二 认识抗原抗体

任务导入

我们都知道病原微生物作为抗原物质进入机体，可以刺激机体产生抗体，那么到底什么是抗原，刺激机体产生的抗体又是什么样的呢？查阅资料，理解抗原的含义和构成抗原的条件，掌握抗原的特异性和交叉性及其临床意义，知道重要的微生物抗原；了解抗体的结构知道其功能区，掌握五类免疫球蛋白名称、构成及临床意义，知道单克隆抗体。再通过小组讨论，绘制或收集相关示意图，用图文并茂的方式展示表达出自己所理解的抗原及其特异性和交叉性的关系、重要的微生物抗原、抗体的结构、功能区及重要的免疫球蛋白、单克隆抗体等。最终整理提交一张表述清晰、图文表综合的抗原抗体认知单。

任务工单

班级:________________ 组别:________________ 姓名:________________

任务名称	认识抗原抗体
任务描述	任务内容：抗原的概念、构成条件、特异性和交叉性、重要的微生物抗原；抗体的概念、构成及功能区、五类免疫球蛋白的特性及作用、单克隆抗体。 任务目的：知道抗原的概念，理解抗原的构成条件，掌握抗原的特异性和交叉性及其临床意义，知道重要的微生物抗原，知道抗体的概念，理解抗体的结构和功能区，掌握五类免疫球蛋白的特性及作用，知道单克隆抗体。 任务流程：查阅资料（知道抗原的概念、构成条件、特异性和交叉性的意义、重要的微生物抗原）—小组讨论（绘制或收集相关示意图，图文并茂表述自己所理解的抗原）—查阅资料（知道抗体的概念、构成及功能区、五类免疫球蛋白的特性及作用、单克隆抗体）—小组讨论（绘制或收集相关示意图，图文并茂表述自己所理解的抗体）—综合完善认识图。 任务方法：查阅资料、小组讨论，根据要求进行绘图。
获取信息	要完成任务，需要掌握相关的知识。请收集资料，回答以下问题。 1. 什么是抗原？构成抗原有哪些条件？ 2. 什么是抗原的特异性和交叉性？抗原为什么会有特异性和交叉性？是由什么决定的？什么是抗原决定簇？

（续表）

<table>
<tr><td>获取信息</td><td>3. 重要的微生物抗原有哪些？

4. 抗原的引入有哪些方法？为什么要引入抗原？可用临床实例举例。

5. 抗体有什么样的结构？各部分有什么功能？

6. 重要的机体免疫球蛋白有哪些？各有什么特点？</td></tr>
<tr><td>制订计划</td><td></td></tr>
<tr><td>任务实施</td><td>按照预先制订的工作计划，完成本任务，并记录任务实施过程。<table>
<tr><th>序号</th><th>完成的任务</th><th>遇到的问题</th><th>解决办法</th></tr>
<tr><td></td><td></td><td></td><td></td></tr>
<tr><td></td><td></td><td></td><td></td></tr>
<tr><td></td><td></td><td></td><td></td></tr>
<tr><td></td><td></td><td></td><td></td></tr>
</table></td></tr>
</table>

任务准备

一、知识准备

（一）抗原

1. 抗原的概念

凡能刺激机体产生抗体或致敏淋巴细胞，并能与之结合引起特异性反应的物质称为抗原（Antigen, Ag）。抗原具有抗原性，抗原性包括免疫原性与反应原性。免疫原性是指能刺激机体产生抗体或致敏淋巴细胞的特性。反应原性是指抗原与相应的抗体或致敏淋巴细胞发生反应的特性。

2. 构成抗原的条件

要有良好免疫原性的抗原，需具备以下条件。

①异物性。正常情况下动物机体能识别自身与非自身物质。只有非自身物质进入机体内才可能具有免疫原性。因此，异种动物之间的组织、细胞及蛋白质均是良好的抗原。通常来说，亲缘关系相距越远，生物种系差异越大，免疫原性越好，此类抗原称为异种抗原。

②分子大小。分子量大小直接影响抗原物质的免疫原性。分子量越大，免疫原性越强。免疫原性良好的物质，分子量一般都在 1 万以上；分子量小于 5 000 的物质，其免疫原性较弱；分子量在 1 000 以下的物质，本身没有免疫原性。但它与大分子蛋白质载体结合后可获得免疫原性。

③化学组成、分子结构与构型的复杂性。除了要求具有一定的分子量外，抗原的免疫原性还与化学组成、分子结构及其构型有关。分子量大小相同，而化学组成、分子结构与构型不同的分子，其免疫原性也有一定的差异。一般来说，分子结构及立体构型复杂的物质免疫原性强，如含芳香族氨基酸的蛋白质比只含非芳香族氨基酸的蛋白质免疫原性强，明胶的分子量可达 10 万以上，但因其肽链主要由直链的氨基酸组成，进入体内不稳定，易被酶降解成小分子物质，故其免疫原性不好；若将苯丙氨酸、酪氨酸等芳香族氨基酸连接到明胶上，其免疫原性大大增强。另一方面如某些疫苗接种采用口服时，易被消化道酶破坏，而失去免疫原性。

④物理状态。物理状态也会影响抗原的免疫原性。一般来说，颗粒性抗原的免疫原性比可溶性抗原强；可溶性抗原分子聚合后或吸附在载体颗粒表面，其免疫原性也可增强。如将甲状腺球蛋白与聚丙烯酰胺颗粒结合后免疫家兔，IgM 的效价可提高 20 倍；免疫原性弱的蛋白质吸附在氢氧化铝胶、脂质体等大分子颗粒上，会增强其抗原性。

3. 抗原的特异性和交叉性

（1）特异性

特异性是指物质之间的相互吻合性或针对性、专一性。表现在两方面，即抗原免疫原性的特异性和反应原性的特异性。抗原的特异性是由抗原分子表面特殊的立体构象和具有免疫活性的化学基团所决定，这种表面特殊的化学基团称为抗原决定簇。特定结构的抗原决定簇刺激机体产生相应的抗体，而这种抗体只能与相对应的抗原决定簇发生特异性结合，这种特性称为抗原的特异性或专一性。一个抗原分子是由存在于抗原分子表面或内部的抗原决定簇和一部分蛋白质所组成，在分子内部的抗原决定簇需经酶或其他方式降解后才能暴露出来，暴露的抗原决定簇能与免疫活性细胞相接近，对激发机体的免疫反应有决定性意义。

一个抗原分子可以有一种或多种不同的抗原决定簇，一种抗原决定簇决定着一种特异性，多种抗原决定簇决定多种抗原的特异性。只有一个抗原决定簇的抗原称单价抗原，只有一种抗原决定簇的抗原称为单特异性抗原；含有多个抗原决定簇的抗原称多价抗原，含有多种抗原决定簇的抗原称多特异性抗原。天然抗原一般是多价和多特异性的，如牛血清蛋白就有 18 个决定簇，但暴露在外的只有 6 种决定簇；

甲状腺蛋白有 40 种决定簇。

（2）交叉性

自然界中存在着无数的抗原物质，不同抗原物质之间难免有相同或相似的抗原组成或结构，也可能存在共同的抗原决定簇。这些共有的抗原组成或决定簇称为共同抗原或交叉抗原。种属相关的生物之间的共同抗原又称类属抗原。如果两种不同的抗原物质之间存在相同的抗原组成或决定簇，则它们就可与彼此刺激机体产生的抗体发生反应，此称交叉反应或类属反应（图 4-2）。例如，牛冠状病毒和鼠肝炎病毒之间、猫传染性腹膜炎病毒与猪传染性胃肠炎病毒之间，有相同的抗原组成，相互间可发生交叉免疫反应。

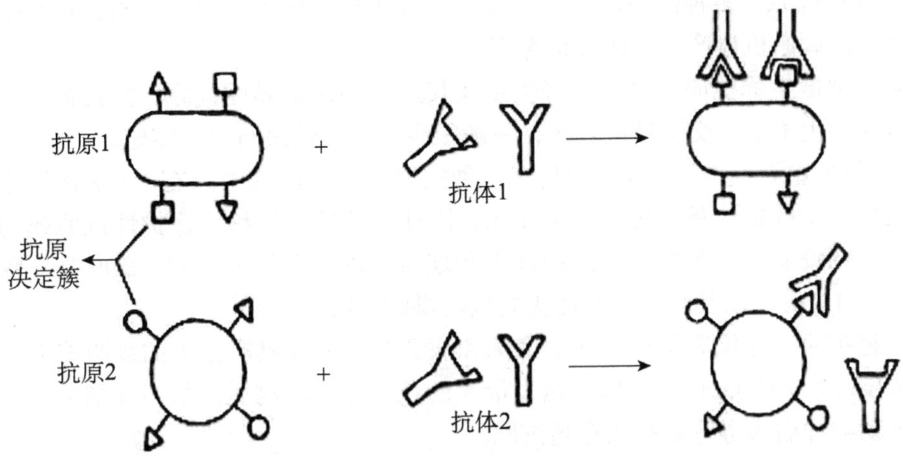

图 4-2　交叉反应示意图

4. 抗原的分类

（1）根据抗原的性质分类

①完全抗原。既具有免疫原性又有反应原性的物质，称为完全抗原，也可称为免疫原。例如，细菌、病毒、外毒素、异种动物的血清都是良好的完全抗原。

②不完全抗原。只有反应原性而缺乏免疫原性的物质称为不完全抗原，亦称为半抗原。半抗原又可分为简单半抗原和复合半抗原。分子量较小，如抗生素、酒石酸、苯甲酸等为简单半抗原；细菌的荚膜多糖、类脂等为复合半抗原。半抗原是小分子物质，不能诱导机体产生免疫应答反应。但与大分子物质（载体）结合后成为完全抗原，可诱导机体产生免疫应答反应，并能与相应的抗体结合。

（2）根据对胸腺的依赖性分类

①胸腺依赖性抗原（TD 抗原）。此种抗原在刺激机体 B 细胞分化和产生抗体的过程中，需要巨噬细胞等抗原呈递细胞和辅助性 T 细胞的协助。绝大多数抗原属于此类。

②非胸腺依赖性抗原（TI 抗原）。此种抗原在刺激机体产生免疫反应过程中不需要辅助性 T 细胞的协助，直接刺激 B 细胞产生抗体。

5. 主要的微生物抗原

①细菌抗原。细菌是由多种抗原成分构成的复合体。根据细菌的结构，可将细菌抗原分为鞭毛抗原（H 抗原）、菌体抗原（O 抗原）、荚膜抗原（K 抗原）和菌毛抗原。鞭毛抗原主要指鞭毛蛋白抗原；菌体抗原主要是革兰氏阴性菌细胞壁成分，多为脂多糖；荚膜抗原主要为荚膜多糖或荚膜多肽；菌毛抗原主要由菌毛素组成。

②病毒抗原。各种病毒结构不一，其抗原成分也比较复杂。每种病毒都有相应的抗原结构，一般有：V 抗原，又称为囊膜抗原，如流感病毒囊膜上的血凝素和神经氨酸酶；VC 抗原，又称衣壳抗原，如口蹄疫病毒的结构蛋白；S 抗原，又称可溶性抗原，NP 抗原又称核蛋白抗原。

③毒素抗原。多种细菌产生的外毒素，其成分为糖蛋白或蛋白质，具有很强的抗原性，能刺激机体产生抗体即抗毒素。

④其他微生物抗原。真菌、寄生虫及其虫卵都是特异性抗原。但其免疫原性较弱，特异性也不强，交叉反应较多，一般很少用抗原性进行分类鉴定。

⑤保护性抗原。病原微生物具有多种抗原成分，但其中只有 1～2 种抗原成分刺激机体产生的抗体具有免疫保护作用，因此将这些抗原称为保护性抗原或功能抗原，如口蹄疫病毒的 VP1，肠致病性大肠埃希菌的菌毛抗原 K88、K99 等，肠毒素抗原 ST、LT 等，以及鸡传染性法氏囊病病毒的 VP2。

⑥超抗原。超抗原是指存在于细菌和病毒中的一类具有强大的刺激能力，只需极低浓度（1～10 ng/mL），即可诱发最大的免疫效应的物质。如一些细菌的外毒素和哺乳动物肿瘤病毒等都存在有超抗原。

除了上述微生物抗原以外，异种动物的血清、血细胞也具有良好的抗原性，将异源血清注射动物，能产生抗该血清的抗体，又称抗抗体。将绵羊红细胞给家兔注射，可以刺激家兔产生抗绵羊红细胞的抗体，称此抗体为溶血素。

6. 抗原的引入与分布

抗原的引入包括皮内、皮下、肌内和静脉注射等多种途径，皮内注射可为抗原提供进入淋巴循环的快速入口；皮下注射为一种简便的途径，抗原可被缓慢吸收；肌内注射可使抗原快速进入血液和淋巴循环；而静脉注射进入的抗原可很快接触到淋巴细胞。抗原物质无论以何种途径进入机体，均由淋巴管和血管迅速运至全身，其中大部分被吞噬细胞降解清除，只有少部分滞留于淋巴组织中诱导免疫应答。皮下注射的抗原一般局限于局部淋巴结中；静脉注入的抗原局限在骨髓、肝脏和脾脏。在淋巴结中，抗原主要滞留于髓质和淋巴滤泡，髓质内的抗原很快被降解和消化，而皮质内的抗原可滞留较长时间。在脾脏中的抗原，一部分在红髓被吞噬和消化，多数长时间滞留于白髓的淋巴滤泡中。抗原在体内滞留时间的长短还与抗原的种类、物理状态、体内是否有特异性抗体等有关。

（二）抗体

抗体（Antibody, Ab）是指动物机体受到抗原物质刺激后，由 B 淋巴细胞转化成浆细胞后，分泌的能与相应抗原发生特异性结合反应的免疫球蛋白。抗体的本质是免疫球蛋白（Ig），由脾脏、淋巴结、呼吸道和消化道等组织中的浆细胞分泌，主要存在于动物的血液（血清）、淋巴液、组织液及其他外分泌液中，因此将抗体介导的免疫称为体液免疫。含有免疫球蛋白的血清称免疫血清或抗血清。依据免疫球蛋白化学结构和抗原性差异，可分为 IgG、IgM、IgA、IgE 和 IgD。此外，在成熟的 B 细胞表面具有的抗原受体，其本质也是免疫球蛋白，即膜表面免疫球蛋白。

免疫球蛋白是蛋白质，因此一种动物的免疫球蛋白对另一种动物而言是良好的抗原，能刺激机体产生这种免疫球蛋白的抗体，即抗抗体。

1. 免疫球蛋白的基本结构

所有种类免疫球蛋白的单体分子结构都是相似的，由两条相同的重链和两条相同的轻链，四条多肽链的氨基和羧基方向具有一致性，由氨基端（N 端）指向羧基端（C 端），肽链间以二硫键共价连接构成的“Y”或“T”形的分子结构。用胰酶消化，可将其裂解为抗原结合部位的 Fab 和补体结合部位的 Fc 两个片段。IgG、IgE、血清型 IgA 以及 IgD 均是以单体分子形式存在，IgM 是 5 个单体分子构成的五聚体，分泌型的 IgA 是 2 个单体构成的二聚体。下面以 IgG 结构为例介绍抗体结构（图 4-3）。

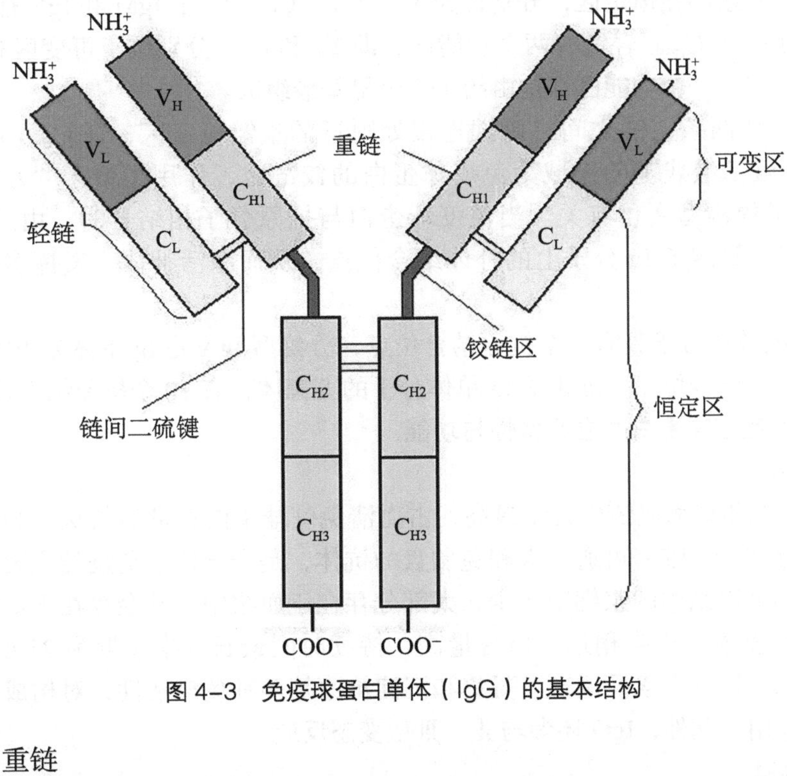

图 4-3 免疫球蛋白单体（IgG）的基本结构

（1）重链

重链又称 H 链，为两条较大的相同分子质量的肽链，由 420～440 个氨基酸组成，是轻链的 2 倍。从氨基端（N 端）开始的 1/4 部分，约 110 个氨基酸的排列顺序及结构是随抗体分子的特异性不同而有所变化，这一区域称为重链的可变区（V_H）；其余氨基酸比较稳定，称为恒定区（C_H）。可变区内有 4 个区域的氨基酸变化程度最大，称为高变区；而其余氨基酸变化较小的称为骨架区。

免疫球蛋白的重链包括 γ、μ、α、ε 和 δ 5 种类型，决定了免疫球蛋白的类型，IgG、IgM、IgA、IgE 和 IgD 分别具有上述 5 种重链。因此，同一种动物，不同免疫球蛋白的差别就是由重链所决定的。

（2）轻链

轻链又称 L 链，由 213～214 个氨基酸组成。从 N 端开始的 1/2 部分，约 109 个氨基酸排列顺序及结构随抗体分子的特异性变化而有差异，称为轻链的可变区（V_L），与重链的可变区相对应，共同构成抗体分子的抗原结合部位；在轻链的可变区内部有 3 个高变区，其余为骨架区。可变区外的氨基酸比较稳定，称为恒定区（C_L）。

免疫球蛋白的轻链根据其结构和抗原性的不同可分为 κ 型和 λ 型，各类免疫球蛋白的轻链都是相同的，而各类免疫球蛋白都有 κ 型和 λ 型两型轻链分子。

（3）免疫球蛋白的功能区

免疫球蛋白的多肽链分子折叠形成的几个由链内二硫键连接成的环状球形结构，被称为免疫球蛋白的功能区。IgG、IgA、IgD 的重链有 4 个功能区，其中一个在可变区，其余的在恒定区，分别称为 V_H、C_{H1}、C_{H2}、C_{H3}；IgM 和 IgE 有 5 个功能区，即多了一个 C_{H4}。轻链有两个功能区，即 V_L 和 C_L，分别位于可变区和恒定区。免疫球蛋白的每一个功能区都是由约 110 个氨基酸组成。

此外，在两条重链之间二硫键连接处附近的重链恒定区，即 C_{H1} 与 C_{H2} 之间大约 30 个氨基酸残基的区域为免疫球蛋白的铰链区，作用类似于“万能关节”，与抗体分子的构型变化有关。当免疫球蛋白与抗原分子相结合时，由“T”形变为“Y”形，暴露了 Ig 分子上的补体结合位点，从而激活补体，发挥多种生物学效应。

一个 Ig 单体分子具有 2 个抗原结合位点，分泌型 IgA 是 Ig 单体分子的二聚体，具有 4 个抗原结合位点，IgM 是 Ig 单体分子的五聚体，有 10 个抗原结合位点。

2. 各类免疫球蛋白的主要特性与功能

（1）IgG

IgG 在人和动物血清中含量最高，占血清免疫球蛋白总量的 75%～80%，多以单体形式存在，是唯一可通过人和兔胎盘的抗体，是介导体液免疫的主要抗体。主要由脾脏和淋巴结中的浆细胞产生，大部分存在于血浆中，其余存在于组织液和淋巴液中。在血液中产生稍迟，但含量高，持续时间最长，半衰期为 23 d，具有抗菌、抗病毒、抗外毒素及调理、凝集和沉淀抗原等多种免疫活性，对构成机体免疫力有重要作用。此外，IgG 还参与Ⅱ、Ⅲ型变态反应。

（2）IgM

IgM 是动物机体初次体液免疫应答中产生最早的免疫球蛋白，其含量仅占血清免疫球蛋白总量的 10% 左右，主要由脾脏和淋巴结中 B 细胞产生，分布于血液中。IgM 由 5 个单体组成五聚体结构，单体之间由 J 链连接，是所有免疫球蛋白中分子量最大的，又称为巨球蛋白。IgM 在体液免疫中产生最早，持续时间短，半衰期为 5 d，在抗感染免疫的早期起着十分重要的作用，可通过检测 IgM 抗体进行疫病的血清学早期诊断。IgM 除具有抗菌、抗病毒、溶血、调理及凝集、中和毒素、激活补体、促进吞噬等免疫活性外，也具有抗肿瘤作用。此外，还参与Ⅱ、Ⅲ型变态反应。

（3）IgA

IgA 以单体和二聚体两种分子形式存在，单体存在于血清中，称为血清型 IgA，约占血清免疫球蛋白的 10%～20%；二聚体由两个单体以一条 J 链连接在一起，称为分泌型 IgA（SIgA），由呼吸道、消化道、泌尿生殖道等部位的黏膜固有层中的浆细胞所产生，主要存在于呼吸道、消化道、泌尿生殖道的外分泌液以及初乳、唾液、泪液中，脑脊液、羊水、腹水、胸膜液中也含有。分泌型 IgA 是黏膜表面的主要抗菌、抗病毒和抗毒素抗体，是机体黏膜免疫的一道“屏障”，可抵御经黏膜感染的病原微生物。经滴鼻、点眼、饮水及喷雾途径免疫，均可产生分泌型 IgA，产生相应的黏膜免疫力。新生儿可以通过初乳及哺乳期的乳汁得到母体的分泌型 IgA，获得天然被动免疫。

（4）IgE

IgE 也是由呼吸道和消化道黏膜固有层中的浆细胞产生的，血清中含量甚微，以单体分子形式存在。其重链比 γ 链多一个功能区（C_{H4}），此区是与细胞结合的部位。IgE 是一种亲细胞性抗体，易与肥大细胞、血液中的嗜碱性粒细胞和血管内皮细胞结合，引起Ⅰ型变态反应。IgE 在抗寄生虫和某些真菌感染方面具有重要作用。

（5）IgD

IgD 在血清中的含量极低，不稳定，易降解，是成熟 B 细胞膜上的抗原特异性受体，为 B 细胞的重要表面标志，与免疫记忆有关。也有报道，认为 IgD 与某些过敏反应有关。

3. 单克隆抗体

单克隆抗体（Monoclonal Antibody, McAb）是由一个 B 细胞分化增殖的子代细胞（浆细胞）产生的针对单一抗原决定簇的抗体。其生物学性状及分子结构均完全相同。B 淋巴细胞可分泌抗体，但在体外不易增殖，骨髓瘤细胞不能产生抗体，但在体外可无限增殖。由此，Dohler 和 Milstein 在 1975 年建立了体外淋巴细胞杂交瘤技术，即用人工的方法将能产生特异性抗体的 B 细胞与骨髓瘤细胞融合，形成 B 细胞杂交瘤。它兼有两个亲本的特性，既能无限增殖又能源源不断地产生大量高纯度的特异性抗体。这种由克隆化的 B 细胞杂交瘤所产生的抗体即为生产中应用的单克隆抗体。免疫血清中的抗体是多克隆的混合体，即多克隆抗体。

与多克隆抗体相比，单克隆抗体具有无可比拟的优越性，它具有敏感性高、纯度高、特异性强、效价高、成本低、均质性好、亲和力不变、重复性强等优点，故广泛应用于血清学诊断、免疫学基础研究、肿瘤免疫治疗、抗原纯化、抗独特型抗体疫苗研制等方面。

二、材料准备

收集任务资料，收集各种抗原、抗体相关示意图进行标注并对比。

三、工具准备

绘图用铅笔、纸张等。

四、人员准备

人员分组，每组 5 人。明确职责分工。

任务角色	任务内容
组长：	任务：
组员：	任务：
组员：	任务：
组员：	任务：
组员：	任务：

任务筹划

1. 内容筹划

①根据所掌握的相关知识，图示抗原的概念及抗原性。

②举例说明抗原的特异性和交叉性及其临床意义。

③有几类重要的免疫球蛋白？各有什么特点和作用？完成下表。

名称	几聚体	存在或产生部位	特点	功能
IgG				
IgM				
IgA				
IgE				
IgD				

④根据所掌握的相关知识，图示说明抗体的结构和功能区。

⑤根据所掌握的五种免疫球蛋白的相关知识，完成下表。

五聚体（最大的）是		黏膜免疫作用的	
二聚体的		能通过胎盘的	
最早产生的		与免疫记忆有关的	
维持时间最长的		与变态反应有关的	
血清中含量最高的		抗寄生虫和某些真菌有关的	

⑥简要图示表述单克隆抗体。

2. 流程筹划

第一步：查找相关的资料了解抗原的概念、构成条件，掌握抗原的特异性和交叉性，知道重要的微生物抗原。

第二步：小组讨论确定抗原抗体认知单绘制的内容和框架。

第三步：小组讨论，绘制或收集抗原相关示意图，图文并茂地表述抗原及其特异性和交叉性；图文并茂展示重要的微生物抗原并标注。填充完善至已设计好的认知单中。

第四步：查找相关的资料知道抗体的概念、结构及功能区，掌握机体重要的几类免疫球蛋白，及其组成和功能；填充完善至已设计好的认知单中。

第五步：小组讨论，绘制或收集抗体相关示意图，说明抗体结构并标注其功能区。图文并茂表述几类重要的免疫球蛋白、表述单克隆抗体；填充完善至已设计好的认知单中。

第六步：整理完善认知单并提交，任务总结。

任务实施

步骤一：

步骤二：

步骤三：

步骤四：

任务检测

请扫码答题。

认识抗原抗体

任务评价

班级：________ 组别：________ 姓名：________

项目	评分标准	自我评价	小组评价	教师评价
抗原（30分）	能理解抗原的概念及抗原性（5分）			
	知道抗原的构成条件（5分）			
	能掌握抗原的特异性和交叉性（10分）			
	知道重要的微生物抗原（10分）			
抗体（30分）	能理解抗体的概念，知道与抗原的关系（5分）			
	理解抗体的结构和功能区的意义（10分）			
	掌握重要的几类抗体的构成及功能意义（10分）			
	知道单克隆抗体（5分）			
活动完成过程（30分）	能够根据工作任务资料，分析讨论并总结（5分）			
	认真思考，积极动手、动脑（5分）			
	积极参与小组合作与交流，配合默契，互帮互助（5分）			
	通过小组讨论与学习，完成任务工单（5分）			
	能很好地展示活动成果（10分）			
活动效果（10分）	整体的效果（很好为10分，较好为7～9分，一般为3～6分，较差为0～2分）			
合计				
自我评价与总结				
教师点评				

任务三　掌握免疫应答及其过程

任务导入

动物机体和人类相似，在漫长的进化过程中，产生了两套相互平衡、相互协调并能相互补充的免疫功能：非特异性免疫和特异性免疫。特异性免疫是后天经过不断的外源物刺激产生的，分成两支不同的队伍：细胞免疫和体液免疫。那它们到底是怎样的一个组成，又是如何进行免疫的呢？查阅资料，知道免疫的概念及功能，掌握免疫的类型，掌握免疫应答的概念及基本过程和类型。小组讨论后，综合总结整理出免疫组成图，绘制或收集相关示意图，图文并茂地在组成图中描述出免疫应答的过程及分类。最终整理提交一张表述清晰、图文表综合的免疫及其应答的认知单。

任务工单

班级：________　组别：________　姓名：________

任务名称	掌握免疫应答及其过程
任务描述	任务内容：免疫的概念、功能及分类，免疫应答的概念过程及类型。 任务目的：知道免疫的概念及功能，掌握免疫的类型，掌握免疫应答的概念，以及基本过程和类型。 任务流程：查阅资料（知道免疫的概念及功能、免疫的类型、免疫应答的概念，及基本过程和类型）—查阅资料、小组讨论（确定说明单的内容和框架）—整理总结（图文并茂的说明单）。 任务方法：查阅资料、讨论、整理总结。
获取信息	要完成任务，需要掌握相关的知识。请收集资料，回答以下问题。 1. 什么是免疫？免疫有什么功能？结合实际举例说明。 2. 特异性免疫和非特异性免疫有什么异同？它们和先天性免疫、获得性免疫有什么关系？ 3. 获得性免疫的产生根据途径可分为哪些？结合实际举例说明。

（续表）

<table>
<tr><td rowspan="1">获取信息</td><td colspan="4">4. 免疫应答是什么？描述基本过程？体液免疫和细胞免疫哪种免疫更重要？

5. 结合免疫应答的过程，写出体液免疫应答过程。

6. 抗体产生有什么规律？举例说明在临床有什么意义。影响抗体产生的因素有哪些？

7. 结合免疫应答的过程，写出细胞免疫应答过程。</td></tr>
<tr><td>制订计划</td><td colspan="4"></td></tr>
<tr><td rowspan="6">任务实施</td><td colspan="4">按照预先制订的工作计划，完成本任务，并记录任务实施过程。</td></tr>
<tr><td>序号</td><td>完成的任务</td><td>遇到的问题</td><td>解决办法</td></tr>
<tr><td></td><td></td><td></td><td></td></tr>
<tr><td></td><td></td><td></td><td></td></tr>
<tr><td></td><td></td><td></td><td></td></tr>
<tr><td></td><td></td><td></td><td></td></tr>
</table>

任务准备

一、知识准备

（一）免疫概述

1. 免疫的概念

免疫是机体识别自身与非自身物质，并清除非自身的大分子物质，从而维持机体内外环境平衡的生理学反应，是机体在长期进化过程中形成的。不仅具有高度的特异性，还具有记忆功能。免疫是一种复杂的生物学过程，也是动物正常的生理功能。免疫是动物在长期进化过程中形成的防御功能。

2. 免疫的基本功能

①免疫预防。免疫预防是指动物机体抵御病原微生物的感染和排斥外源性抗原异物的功能。免疫排斥也是器官移植需要克服的主要障碍。机体免疫功能正常时，可通过机体的非特异和特异性免疫，对进入动物体内的各种病原微生物产生抵抗力，将病原微生物消灭。若免疫功能低下或者免疫缺陷，可能发生机会感染，免疫异常亢进，就会发生变态反应。

②自身稳定。自身稳定又称免疫稳定。在动物的生长发育过程中，每天可产生大量衰老死亡的细胞，这些失去功能的细胞积聚在体内，会影响正常细胞的功能。免疫的第二个功能就是把这些细胞清除，以维持机体的生理平衡，这种功能称为自身稳定。若此功能失调，则可发生自身免疫性疾病。

③免疫监视。机体内细胞常因物理、化学和病毒等致癌因素的作用突变为肿瘤细胞，动物机体免疫功能正常时，即可对这些肿瘤细胞加以识别与清除，这种功能即为免疫监视。若此功能低下或失调，则可导致肿瘤或癌症的发生。

3. 免疫的类型

免疫可概括为两大类：一类是非特异性免疫，即先天性免疫；另一类是后天获得的特异性免疫，即获得性免疫。

（1）先天性免疫

先天性免疫即非特异性免疫，是动物在长期进化过程中形成的天然防御功能，是个体生下来就有的，具有遗传性，是一种可以遗传的生物学特性。先天性遗传有“种”的特点。非特异性免疫对外来异物起着第一道防线的防御作用，是机体实现特异性免疫的基础和条件。非特异性免疫的作用范围相当广泛，对各种病原微生物都有防御作用。但它只能识别自身和非自身，对异物缺乏特异性区别作用，缺乏针对性。因此要特异性清除病原体，需在非特异性免疫的基础上，发挥特异性免疫的作用。

（2）获得性免疫

获得性免疫即特异性免疫，是动物出生前经被动（特异性母源抗体）或出生后经主动或被动方式获得的免疫力。特异性免疫具有严格的特异性和针对性，并具有免疫记忆的特点，在抗微生物感染中起关键作用，其效应比先天性免疫强。特异性免疫又包括体液免疫和细胞免疫两种。以 T 细胞介导的免疫反应是细胞免疫应答，以 B 细胞介导的免疫反应是体液免疫应答。在具体的感染中，以何种免疫为主，因不同的病原而异，由于抗体难以进入细胞内对细胞内寄生的微生物发挥作用，故体液免疫主要对细胞外病原起作用，而对细胞内寄生的病原则主要靠细胞免疫发挥作用。获得性免疫具有特异性，如猪患猪瘟痊愈后或接种猪瘟疫苗后，只能使该猪在一定时间内具有对猪瘟的免疫力，而对其他的病原微生物存在被感染的可能性。

机体获得特异性免疫的途径有多种，主要包括两大类型，即主动免疫和被动免疫。无论主动免疫还是被动免疫均可通过天然和人工两种方式获得。

①主动免疫是动物自身受抗原刺激后，主动产生特异性免疫保护力的过程。可分为以下两类。

——天然主动免疫。动物在感染某种病原微生物耐过后产生的对该病原体再次侵入的抵抗力称为天然主动免疫。某些天然主动免疫一旦建立，往往持续数年，有时甚至终身免疫。机体的这种特异性免疫力是自身免疫系统对异物刺激产生免疫应答的结果。

——人工主动免疫。人为地给动物接种了某种生物制品（如疫苗），而刺激机体产生的特异性免疫称为人工主动免疫。人工主动免疫所接种的生物制品不是现成的免疫血清或卵黄抗体，而是刺激产生免疫应答的各种疫苗制品，因而有一定的诱导期，其持续时间长短，因疫苗的种类、性质及机体反应等因素而不同。如病毒抗原需 3～4 d，细菌抗原需 5～7 d，毒素抗原需 2～3 周。然而人工主动免疫产生的免疫力持续时间长，免疫期可达数月甚至数年，而且有回忆反应，某些疫苗免疫后，可产生终生免疫。

②被动免疫。被动免疫指并非动物自身产生，而是被动接受其他个体产生的抗体或免疫效应物质而获得的特异性免疫力，被动免疫分天然被动免疫和人工被动免疫，对保护胎儿和幼龄动物免于感染都具有重要意义。

——天然被动免疫。动物在胚胎发育时期通过胎盘，或出生后通过乳汁，或通过鸡胚卵黄，从免疫的母体获得母源抗体，从而获得对某种病原体的免疫力称为天然被动免疫。人及灵长类动物可以通过胎盘将免疫传给胎儿，猪、牛、马则通过初乳而获得母源抗体，禽类则通过蛋将母源抗体传给雏禽。天然被动免疫的时间短，只有数周至几个月。

——人工被动免疫。给机体注射免疫血清、康复动物血清或高免卵黄抗体而获得的对某种病原体的免疫力称为人工被动免疫。注射免疫血清可使抗体立即发挥作用，无诱导期，其免疫力产生迅速，但持续时间很短，一般 1～2 周，多用于治疗或紧急预防。但只能中和未结合细胞的毒素和病毒，故在应用时应注意早期、足量、多次注射，以确保免疫效果。

（二）免疫应答

1. 免疫应答的概念

免疫应答是机体免疫系统受到抗原物质刺激后，免疫细胞识别抗原并产生一系列复杂的免疫连锁反应，表现出一定的生物学效应的过程。主要包括抗原呈递细胞对抗原的加工、处理和呈递，T、B 淋巴细胞对抗原的识别、活化、增殖与分化，产生免疫效应分子——抗体与细胞因子以及免疫效应细胞即细胞毒性 T 淋巴细胞（CTL）和迟发性变态反应 T 细胞（TD），表现出一定的生物学效应，最终对抗原物质以及再次进入的抗原物质产生清除效应。抗原特异性淋巴细胞对抗原的识别能力是在个体发育过程中形成的，因此，免疫应答过程实质上是抗原刺激了特异性的淋巴细胞，触发了一系列变化和效应。可以说抗原是免疫应答的启动因子。

T、B 淋巴细胞是参与免疫应答的核心细胞，巨噬细胞等是免疫应答的辅佐细胞，是不可缺少的。免疫应答的表现形式是体液免疫和细胞免疫，分别由 B 细胞和 T 细胞介导。

免疫应答的重要特征是特异性、记忆性和具有一定的免疫期，对自身和异己的识别。多数情况下，机体免疫系统对抗原表现为识别、排斥和清除的排异反应，发挥免疫保护作用，此为正免疫应答；对于自身成分在正常情况下，免疫系统表现为特异性不应答，此为负免疫应答，亦称为自身免疫耐受。正免疫应答和负免疫应答均为保护性的生理性免疫应答。由于免疫机能失调而导致的超敏反应、免疫缺陷以及自身免疫等，则为损伤性的病理性免疫应答。

此外，根据抗原接触机体的次数和时间，可将免疫应答分为初次应答、再次应答和回忆应答。

2. 免疫应答的物质基础和场所

免疫应答产生的物质基础是免疫系统。淋巴结和脾脏等外周免疫器官是免疫应答发生的主要场所。

抗原进入机体后，一般先通过淋巴循环进入淋巴结，进入血流的抗原被阻留于脾脏和全身各处的淋巴组织中，可被其中的抗原呈递细胞捕获、加工和处理为免疫原性多肽，表达于抗原呈递细胞表面。血液循环中成熟的 T 细胞、B 细胞经由淋巴组织中的毛细血管后微静脉进入淋巴器官，与表达于抗原呈递细胞表面的抗原多肽接触后，被活化、增殖分化为效应细胞，并滞留于该淋巴器官内。T 细胞最终分化为效应性 T 细胞和记忆性 T 细胞，产生细胞因子；B 细胞最后分化成浆细胞，可分泌抗体，一部分 B 细胞停留在分化的中间阶段成为记忆性 B 细胞。效应性 T 细胞、记忆性 T 细胞和 B 细胞可重新进入血液循环。

发生免疫应答的淋巴器官，由于淋巴细胞的滞留、特异性增殖以及血管扩张等因素作用而迅速增大，当免疫应答减退后可逐渐恢复到原来大小。

3. 免疫应答的基本过程

免疫应答是多种免疫细胞和细胞因子相互作用共同完成的排斥、清除抗原的复杂过程，是连续的不可分割的。为便于理解，一般被分为 3 个阶段。

（1）抗原识别阶段

又称致敏阶段，包括抗原物质进入机体，抗原呈递细胞对其识别、捕获、加工处理和呈递以及免疫活性细胞即 T 细胞和 B 细胞对抗原的特异性识别。

当抗原物质进入机体，机体的抗原呈递细胞首先对抗原物质进行识别，然后通过吞噬、吞饮作用或细胞内噬作用将其吞入细胞内，在细胞内经过胞内酶消化降解成抗原肽，然后将其运送到抗原呈递细胞表面，供 T 细胞和 B 细胞识别。

（2）增殖、分化阶段

又称反应阶段，是免疫活性细胞识别抗原后，进行活化、增殖分化为淋巴母细胞，产生效应性淋巴细胞和效应分子的过程。T 细胞增殖分化为淋巴母细胞，最终成为效应性 T 淋巴细胞，并产生各种细胞因子；B 细胞增殖分化为浆细胞，合成并分泌抗体。一部分 T、B 淋巴细胞在增殖过程中分化为记忆性淋巴细胞。这个阶段有多种细胞间的协作和多种细胞因子的参加。

（3）效应阶段

由活化的效应细胞和效应分子发挥细胞免疫和体液免疫效应的过程。这些效应细胞和效应分子共同清除抗原性异物（图 4-4）。

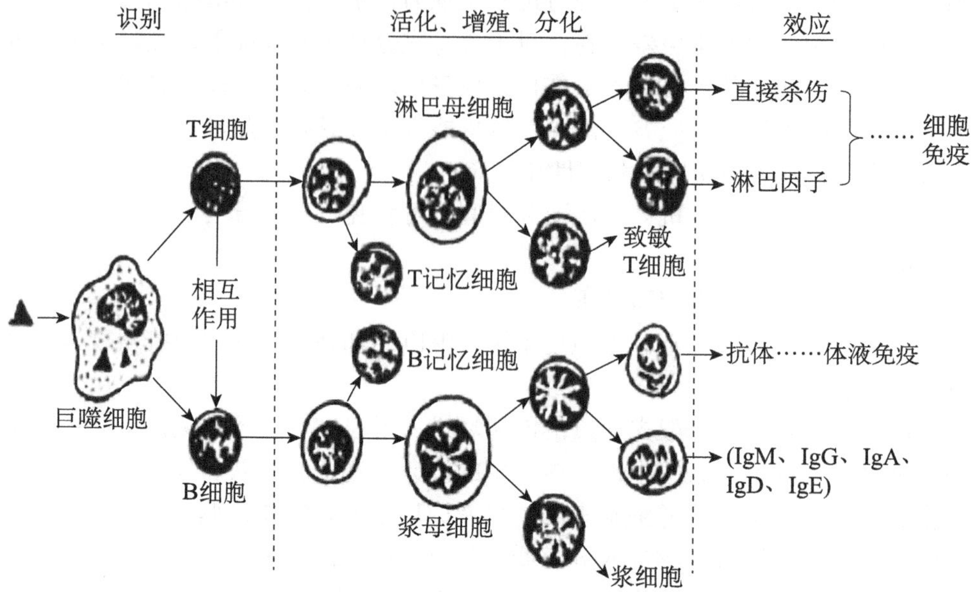

图 4-4　免疫应答三个基本过程示意图

（三）体液免疫应答

体液免疫是 B 细胞介导的免疫应答，即 B 细胞通过对抗原的识别、活化、增殖，最后分化成浆细胞并分泌抗体，由抗体实现的免疫效应。抗体是介导体液免疫效应的效应分子。

1. 体液免疫应答的过程

B 细胞是体液免疫应答的核心细胞，抗原的不同，B 细胞对其识别也不同。一个 B 细胞表面有 1×10^4～1×10^5 个抗原受体，可以和大量的抗原分子相结合而被选择性地激活。

B 细胞对于 TD 抗原的识别，必须经过抗原呈递细胞的捕获、吞噬、加工与处理后，分解为抗原决定簇片段，呈送到抗原呈递细胞表面，只有 TH 细胞识别带有抗原决定簇的抗原呈递细胞后，B 细胞才能与该抗原片段结合而被激活。而对 TI 抗原的识别，可不经抗原呈递细胞和 TH 细胞的传递，抗原能直接与 B 细胞表面的抗原受体特异性结合，引起 B 细胞活化。

B 细胞被激活后，代谢增强，体积变大，处于母细胞化，然后增殖分化为浆母细胞，再进一步分化为成熟浆细胞，合成分泌抗体球蛋白（浆细胞寿命一般只有 2 d，每秒钟可合成 300 个抗体球蛋白），在正常情况下，抗体产生后很快排出细胞外，进入血液，并在全身发挥免疫效应。

由 TD 抗原激活的 B 细胞，一小部分在分化过程中停留下来不再继续分化，成为记忆性 B 细胞。当记忆性 B 细胞再次遇到同种抗原时，可迅速分裂，形成众多的浆细胞，表现快速免疫应答。而由 TI 抗原活化的 B 细胞，不能形成记忆细胞，并且只产生 IgM 抗体，不产生 IgG。

2. 抗体产生的一般规律

机体在初次和再次接触抗原刺激后，体内产生抗体的质和量均存在较大差异（图 4-5）。

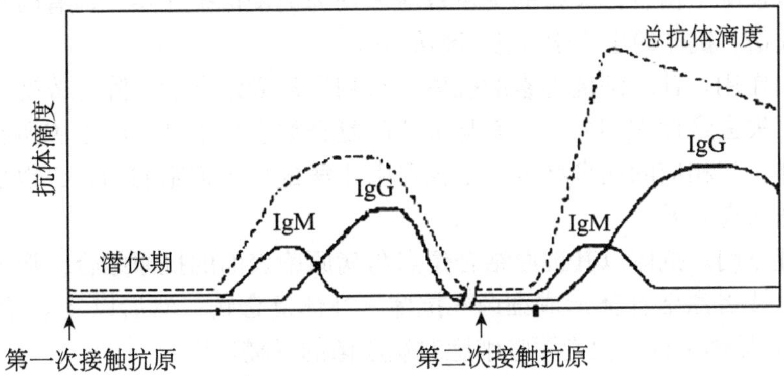

图 4-5 抗体产生的一般规律

（1）初次应答

机体初次接触适量抗原刺激而引起抗体产生的过程，称为初次应答。抗原初次进入机体后，在一定时期内查不到抗体或抗体产生很少，这一时期为潜伏期。潜伏期的长短视抗原种类而异，一般来说，细菌抗原 5～7 d，病毒抗原 3～5 d，类毒素抗原 2～3 周。

初次应答的主要特点是抗体产生的诱导期比较长。最早产生的抗体是 IgM，可在几天内达高峰，然后下降；接着才产生 IgG；IgA 最迟产生，在 IgG 出现后的 2 周至 1～2 个月才能在血液中查出。初次应答抗体总量较低，维持时间较短，与抗原的亲和力较弱，IgM 维持时间最短，其含量也比 IgG 低。

（2）再次应答

机体第二次接触相同的抗原时引起抗体产生的过程，称为再次应答。其特点是抗体产生的诱导期显著缩短，约为初次应答的一半；抗体量迅速升高，再次应答中产生抗体以 IgG 为主；经消化道黏膜等途径进入机体的抗原可诱导产生分泌型 IgA；再次应答产生抗体的总量较多，维持时间较长，对抗原的亲和力更强。

再次应答在抗体产生的速度、数量、质量以及维持时间等方面均优于初次应答，因此在预防接种时，间隔一定时间进行疫苗的再次接种，可起到强化免疫的作用。

（3）回忆应答

动物机体在受到抗原刺激后产生的抗体，经一定时间后在体内会逐渐消失，此时如再次接触同种抗原，可使已消失的抗体迅速回升，称此为抗体的回忆应答。再次应答与回忆应答发生取决于机体内记忆细胞的存在。记忆 T 细胞保留了对抗原分子载体决定簇的记忆，在再次应答中对 B 细胞的增殖和产生抗体起辅助作用。记忆性 B 细胞为长寿细胞，可分为 IgG 记忆细

小学士

影响抗体产生的因素

胞、IgM 记忆细胞和 IgA 记忆细胞，此类细胞可以再循环。当与抗原物质再次接触后可被激活并迅速增殖分化为产生相应抗体的浆细胞。IgM 记忆细胞寿命较短，所以再次应答间隔时间越长，机体越倾向于产生 IgG。

3. 体液免疫应答的生物学效应

大多数情况下由抗体发挥的免疫效应表现为免疫保护作用，但有时也会造成机体的病理损伤。抗体的生物学效应归纳如下。

①中和作用。针对细菌毒素的抗体，与相应毒素结合后，除可改变毒素分子的构型而使其失去毒性作用外，毒素与抗体的复合物也易于被吞噬细胞所吞噬。针对病毒的抗体，与相应的病毒结合后不仅可阻止病毒与靶细胞的结合，也易于被体液因素及吞噬细胞消灭。

②调理作用。抗体以其抗原结合位点与病原菌表面的抗原结合，形成细菌－抗体复合物，或者激活补体形成细菌－抗体－补体复合物；然后以其 Fc 段与吞噬细胞表面的 Fc 受体结合，促进吞噬细胞对病原菌的吞噬作用。

③激活补体。抗体与病原体结合后可以激活补体，在病原体表面形成膜攻击复合物而使病原体细胞溶解死亡，即免疫溶解作用。补体激活所产生的活化片段也可发挥调理作用，促进抗原的清除。

④局部黏膜免疫作用。由黏膜固有层中浆细胞产生的分泌型 IgA，可阻止病原微生物对黏膜上皮的吸附，是抵抗呼吸道、消化道和泌尿生殖道感染的病原微生物的主要防御力量。

⑤抗体依赖性细胞介导的细胞毒作用（ADCC）。IgG 和 IgM 与靶细胞即病毒感染的细胞、活肿瘤细胞等结合后，其 Fc 段受体结合 K 细胞，从而发挥效应细胞介导的细胞毒作用，杀伤靶细胞。

⑥免疫损伤作用。抗体在体内引起的免疫损伤主要是由 IgE 参与的Ⅰ型和由 IgG、IgM 参与的Ⅱ和Ⅲ型变态反应，以及一些自身免疫疾病。

（四）细胞免疫应答

广义地说，细胞免疫包括巨噬细胞原始的吞噬作用、K 细胞和 NK 细胞介导的细胞毒作用和 T 细胞介导的特异性免疫。这里只介绍狭义的细胞免疫，即由 T 细胞介导的特异性免疫。其特征是出现以单核细胞浸润为主的炎症反应和特异性的细胞毒作用。

1. 细胞免疫应答的过程

T 细胞对多数抗原应答需经抗原呈递细胞对抗原进行捕获、吞噬和处理，消化降解成抗原肽，再与 MHC 分子结合成复合物，呈递于抗原呈递细胞表面，供 T 细胞识别。

T 细胞识别结合抗原肽 -MHC 分子复合物后，启动细胞的活化、增殖、分化过程。包括细胞因子的产生、各 T 细胞亚群的增殖、分化等一系列相关的步骤。大部分 T 细胞分化成熟为终末效应性 T 细胞（TC 和 TD），发挥细胞免疫效应，TC 介导细胞毒效应，TD 介导炎症反应。在 TH 细胞增殖的过程中，一部分停留在分化的中间阶段，成为记忆性 T 细胞。

2. 细胞因子

由免疫细胞以及其他类型细胞主动分泌的一类小分子量的可溶性蛋白质，包括淋巴因子和白细胞介素两类。

（1）淋巴因子

主要由淋巴细胞产生的细胞因子，在免疫应答和炎症反应中起着重要作用。主要包括干扰素、淋巴毒素、肿瘤坏死因子、趋化因子和集落刺激因子等。

（2）白细胞介素

由白细胞分泌的一类调节细胞生长、分化和免疫活性的细胞因子。一般具有多来源、多功能和多作用途径的特点。参与细胞间信息交换，目前已发现 IL-1～IL-33。

3. 细胞免疫应答的生物学效应

①抗感染作用。主要针对胞内感染的病原体，包括抗细菌、病毒、真菌、寄生虫感染等。

②抗肿瘤作用。通过 TC 的特异性杀伤作用、巨噬细胞的作用、细胞因子直接或间接作用，发挥杀瘤效应。

③免疫损伤作用。参与Ⅳ型变态反应、移植排斥反应、某些自身免疫病的发生与发展也与此有关。

二、材料准备

收集任务资料，收集免疫、免疫应答等相关示意图进行标注并对比。

三、工具准备

绘图用铅笔、纸张等。

四、人员准备

人员分组，每组 5 人。明确职责分工。

任务角色	任务内容
组长：	任务：
组员：	任务：
组员：	任务：
组员：	任务：
组员：	任务：

任务筹划

1. 内容筹划

① 整理出免疫组成图。

②举例说明体液免疫有什么样的生物学性效应以及细胞免疫有什么样的生物学效应。

③图示体液免疫和细胞免疫的过程。

④根据所掌握的相关知识，举例说明怎样才能增强抗体的产生。

2. 流程筹划

第一步：查找相关的资料，掌握免疫概念、功能及组成类型，免疫应答的概念、过程及其分类。

第二步：小组讨论，确定免疫及其应答认知单的框架，确定免疫组成图的大小、位置。

第三步：查找相关的资料，小组讨论免疫应答及其过程，绘制或收集免疫应答示意图，结合图表的形式完善填充认知单中免疫应答的内容。

第四步：查找相关的资料，小组讨论体液免疫和细胞免疫；绘制或收集相关示意图，结合图表的形式完善填充组成图中的内容。

第五步：整理完善认知单，并提交；任务总结。

任务实施

步骤一：

步骤二：

步骤三：

步骤四：

任务检测

请扫码答题。

掌握免疫应答过程

任务评价

班级:________ 组别:________ 姓名:________

项目	评分标准	自我评价	小组评价	教师评价
免疫（25 分）	理解免疫的概念、功能（10 分）			
	掌握免疫的类型（15 分）			
免疫应答（45 分）	理解免疫应答的概念（10 分）			
	知道免疫应答的过程（10 分）			
	掌握体液免疫及其抗体的产生和影响因素（15 分）			
	掌握细胞免疫及生物学效应（10 分）			
活动完成过程（20 分）	能够根据工作任务资料，分析讨论并总结（5 分）			
	积极参与小组合作与交流，配合默契，互帮互助（5 分）			
	通过小组讨论与学习，完成任务工单（5 分）			
	能很好地展示活动成果（5 分）			
活动效果（10 分）	整体的效果（很好为 10 分，较好为 7～9 分，一般为 3～6 分，较差为 0～2 分）			
合计				
自我评价与总结				
教师点评				

任务四　了解抗感染免疫的构成因素

任务导入

大家都知道特异性和非特异性免疫有抵御病原微生物及其有害产物，以维持生理稳定的功能。那非特异性免疫又有哪些组成，特异性免疫又是如何针对不同的病原微生物而发挥不同的免疫作用的？它们又是如何相互配合协调工作的呢？查阅资料，明确抗感染免疫及构成，掌握非特异性免疫的构成，了解机体是如何针对不同的微生物进行抗感染免疫的。小组讨论出抗细菌、病毒感染的免疫的构成。分配任务，绘制或收集不同微生物抗感染免疫示意图，最终整理并提交一张表述清晰、图文表综合的抗细菌和病毒感染免疫认知图。

任务工单

班级：________ 组别：________ 姓名：________

任务名称	了解抗感染免疫的构成因素
任务描述	任务内容：抗感染免疫及构成，非特异性免疫构成，抗细菌、病毒感染免疫。 任务目的：明确抗感染免疫及构成，掌握非特异性免疫的构成，知道机体是如何针对不同的微生物进行抗感染免疫的。 任务流程：查阅资料（知道抗感染免疫及构成、掌握非特异性免疫的构成）—查阅资料、小组讨论（机体针对不同病原微生物的抗感染免疫构成）—整理总结（图文并茂）。 任务方法：查阅资料、讨论、整理总结。
获取信息	要完成任务，需要掌握相关的知识。请收集资料，回答以下问题。 1. 什么是抗感染免疫？抗感染免疫由什么构成？ 2. 非特异性免疫由哪些构成？非特异免疫在抗感染免疫中起到什么样的作用？ 3. 抗感染免疫中特异性免疫是否发挥作用？抗感染免疫中是否有非特异性免疫和特异性免疫的先后之分，或是否在进行特异性免疫的时候不存在非特异性免疫？ 4. 机体是如何进行抗细菌感染免疫的？ 5. 机体是如何进行抗病毒感染免疫的？

（续表）

制订计划				
任务实施	按照预先制订的工作计划，完成本任务，并记录任务实施过程。			
	序号	完成的任务	遇到的问题	解决办法

任务准备

一、知识准备

（一）抗感染免疫的构成因素

抗感染免疫是动物机体抵抗病原体感染的能力，可分为抗细菌免疫、抗病毒免疫、抗真菌免疫、抗寄生虫免疫等。

病原微生物侵入机体，在体内增殖并引起损伤的过程，称为感染。机体防御系统抵抗病原微生物的入侵，消灭入侵病原微生物的过程，称为抗感染免疫。二者相互对抗、相互依存。当机体免疫状态良好，微生物抗原能激发机体强烈的免疫应答；相反，如果机体由于某种原因导致免疫力低下，病原微生物入侵则容易引起感染。

动物机体抵抗病原微生物感染免疫的构成因素包括非特异性免疫和特异性免疫两个方面。

（二）非特异性免疫的构成

非特异性免疫是机体在长期种系发育和进化过程中逐渐形成的一种天然防御功能，是个体出生后就具有的天然免疫力，具有遗传性。它只能识别自身和非自身，无特异性，缺乏针对性。在抗传染免疫过程中，非特异性免疫发挥作用最快，起着第一道防线的作用，是特异性免疫的基础和条件。

动物机体的非特异性免疫是由多种结构和物质共同完成的，其中主要包括皮肤黏膜等组织的生理屏障、各种组织中的吞噬细胞和体液中抗微生物等体液因子。还包括炎症反应和机体的不感受性等。

1. 屏障结构

（1）皮肤和黏膜屏障

皮肤和黏膜屏障是指机体体表的皮肤和所有与外界相通的腔道的黏膜，是机体与外界直接接触的结构。正常健康的皮肤黏膜，绝大多数病原微生物是不能通过的。皮肤和黏膜的主要作用是机械阻挡和排除，如呼吸道上皮纤毛的摆动，尿液、泪液、唾液的冲洗。此外，皮下和黏膜下腺体的分泌液，如汗腺分泌的汗液中含有的乳酸、皮脂腺分泌的脂肪酸、泪液和唾液中的溶菌酶等，均具有抑制或杀灭局部病原菌的作用。再者，皮肤黏膜上的正常菌群对病原微生物具有一定的拮抗作用。

少数微生物如布鲁氏菌可以通过健康的皮肤和黏膜侵入机体，工作中应注意防护。当烧伤和皮肤发生外伤时，病原微生物即可趁机侵入，引起感染。

（2）内部屏障

①血脑屏障。由软脑膜、脑毛细血管壁和壁外胶质细胞形成的胶质膜构成，能阻止血液中的病原菌和大分子毒性物质进入脑组织和脑脊液。婴幼儿的血脑屏障发育尚未完善，故较易发生中枢神经感染。

②胎盘屏障。由母体子宫内膜的基蜕膜和胎儿绒毛膜及滋养层细胞构成，可防止母体感染的微生物及其产物穿入。妊娠早期胎盘屏障发育尚未完善，此时母体若发生疱疹病毒等病毒感染，病毒较易侵入胎儿，引起胎儿的畸形或死亡。

动物体内还有多种内部屏障，如肺脏中的气血屏障、睾丸中的血睾屏障等，均可阻止病原微生物入侵。

2. 吞噬细胞及其吞噬作用

单细胞生物就有吞噬作用，哺乳动物和禽类吞噬细胞的功能更加完善。当病原微生物突破机体的屏障进入机体，即可遭到吞噬细胞的吞噬和围歼，可以说吞噬细胞的吞噬作用是机体内部的第二道防线。

（1）吞噬细胞

吞噬细胞是吞噬作用的基础。动物体内的吞噬细胞主要有两大类，一类是以血液中的嗜中性粒细胞为代表，具有高速移行性和非特异性吞噬功能，个体较小，属于小吞噬细胞，他们在血液中存活 12～48 h，在组织中只存活 4～5 d，能吞噬并破坏异物，还能吸引其他吞噬细胞向异物移行，增强吞噬效果；另一类是单核吞噬细胞系统，体形较大为大吞噬细胞，也称黏附细胞，包括血液中的单核细胞，及单核细胞移行于各组织器官而形成的多种细胞（如尘细胞、库普弗细胞等），它们分布广泛，寿命长达数月至数年，这些细胞既具有强大的吞噬能力，又可分泌调节免疫反应的免疫活性分子。

（2）吞噬过程

当病原体通过皮肤或黏膜侵入机体后，中性粒细胞等吞噬细胞先从毛细血管中游出聚集到病原体存在部位，进行吞噬，该过程包括以下几方面。

①趋化作用。病原微生物进入机体后，吞噬细胞在细菌或机体细胞释放的趋化因子的作用下向病原微生物存在部位移动，对其进行围歼。

②识别与调理作用。吞噬细胞通过识别病原微生物表面的特征性物质而与微生物结合，并进行吞噬。此外，病原微生物也可结合血清中特异性抗体，通过激活补体，增强吞噬细胞吞噬功能，称为调理作用。

③吞入与脱颗粒。病原微生物与吞噬细胞接触后，吞噬细胞伸出伪足，将病

原微生物包围并摄入形成吞噬体。随后，吞噬体逐渐离开细胞边缘而向细胞中心移动，同时细胞内的溶酶体颗粒向吞噬体移动并靠拢，与之融合形成吞噬溶酶体，并将含有各种酶的内容物倾于吞噬体内而起杀灭和消化细菌的作用，此现象为脱颗粒。

④杀菌和消化作用。溶酶体与吞噬体内的病原微生物混合后，通过酶的水解等作用将病原微生物杀死并分解成小分子残渣排出细胞外。

（3）吞噬的结果

①完全吞噬。动物整体抵抗力和吞噬细胞的功能较强，病原微生物在吞噬溶酶体中完全被杀灭、消化后连同溶酶体的内容物一起以残渣的形式排出体外。

②不完全吞噬。某些细胞内寄生的细菌，如结核分枝杆菌、布鲁氏菌及某些病毒等，能抵抗吞噬细胞的消化作用而不被杀灭，甚至能在吞噬细胞内存活和繁殖，称为不完全吞噬。

此外，吞噬过程也可引起组织损伤。在某些情况下，吞噬细胞异常活跃，在吞噬过程中会释放溶酶体酶到细胞外，导致相邻组织或周围健康组织的损伤。

3. 体液因子

正常动物的组织和体液中存在有多种抗微生物物质，如补体、溶菌酶等。它们对微生物有杀灭或抑制作用，并可协同抗体、免疫细胞发挥更大的抗微生物作用。

（1）溶菌酶

溶菌酶是一类低分子量不耐热的碱性蛋白，主要来源于吞噬细胞，广泛分布于血清及泪液、唾液、乳汁、肠液和鼻液等分泌物中。溶菌酶主要对革兰氏阳性细菌发挥作用，原理是它可切断连接N-乙酰葡糖胺和N-乙酰胞壁酸的聚糖链，使细胞壁丧失其坚韧性，导致细菌低渗性裂解。而革兰氏阴性细菌细胞壁肽聚糖结构差异性，一般不受溶菌酶的影响。但是，如果有抗体和补体存在，可使革兰氏阴性细菌的脂蛋白受到破坏，使革兰氏阴性细菌细胞遭到破坏。

（2）补体系统

①补体的概念。补体是存在于正常人和动物新鲜血浆中的具有酶样活性的一组球蛋白质，以酶原形式存在。包括九大类（C1～C9）近20多种球蛋白。由于具有协助、补充和加强抗体和吞噬细胞免疫活性的作用，故又被称为补体系统。补体广泛存在于哺乳类、鸟类及部分水生动物体内，由巨噬细胞、肠道上皮细胞及肝、脾等细胞产生。

②补体的激活途径与激活过程。补体系统各组分以无活性的酶原状态存在于血浆中，必须激活才能发挥作用。补体系统被激活时，前一个组分往往成为后一组分的激活酶，因此补体成分需按一定顺序进行反应，称为补体的顺序反应或称为连锁反应。激活补体的途径主要包括经典途径和旁路途径两种。

③补体系统的生物学活性。

——溶菌、溶细胞作用。补体系统依次被激活，最后在细胞膜上形成攻膜复合物，引起细胞膜不可逆的变化，导致细胞的破

拓展知识

补体活化的经典途径

坏。可被补体破坏的细胞包括红细胞、血小板、革兰氏阴性菌、有囊膜的病毒以及被病毒感染的细胞等，故补体系统的激活可起到杀菌、溶细胞的作用。

——免疫黏附和免疫调理作用。免疫黏附是指抗原抗体复合物结合 C3 后，能黏附到灵长类、兔、豚鼠、小白鼠、大白鼠、猫、狗和马等红细胞及血小板表面，被吞噬细胞吞噬。起黏附作用的主要是 C3b 和 C4b。补体的调理作用是通过 C3b 和 C4b 实现的。

——趋化作用。补体裂解成分中的 C3a、C5a、C5b67 可吸引中性粒细胞到炎症区域，促进吞噬，是炎症发生的先决条件。

——过敏毒素作用。C3a、C5a 及 C4a 等补体片段均能使肥大细胞和嗜碱性粒细胞释放组胺等血管活性物质，导致毛细血管扩张、渗透性增强而发生局部水肿，以及平滑肌收缩和支气管痉挛。

——抗病毒作用。补体成分结合到致敏病毒颗粒上，可显著增强抗体对病毒的灭活作用。此外，补体系统激活后可溶解有囊膜的病毒。

4. 炎症反应

当病原微生物侵入机体时，被侵害局部往往汇集大量的吞噬细胞和体液杀菌物质，其他组织细胞还释放溶菌酶、白细胞介素等抗微生物物质。同时，炎症局部的糖酵解作用增强，产生大量的乳酸等有机酸。这些反应均有利于杀灭病原微生物。

5. 机体组织的不感受性

即某种动物或其组织对该种病原或其毒素没有反应性。例如，给龟皮下注射大量破伤风毒素而不发病，但几个月后取其血液注入小鼠体内，小鼠却死于破伤风。

非特异性免疫的因素也会受到一些因素的影响，如动物的种属特性，不同种属或不同品种的动物，对病原微生物的易感性和免疫反应性有差异，比如在正常情况下，草食动物对炭疽杆菌十分易感，而家禽却无感受性。再如年龄因素，幼小动物易患大肠埃希菌病，老龄动物的器官组织功能及机体的防御能力趋于下降，易发生肿瘤或反复感染。环境的气候、温度、湿度因素也能影响动物机体的非特异性免疫作用，比如寒冷能使呼吸道黏膜的抵抗力下降，营养极度不良往往使机体的抵抗力及吞噬细胞的吞噬能力下降。另外，剧痛、创伤、烧伤、缺氧、饥饿、疲劳等应激也能引起机体机能和代谢的改变，从而降低机体的免疫功能。

（三）特异性免疫

特异性免疫在抗微生物感染中起关键作用，其效应比非特异性免疫强，包括体液免疫和细胞免疫两种，在具体的感染中，以何种免疫为主，因不同的病原而异，由于抗体难以进入细胞之内对细胞内寄生的微生物发挥作用，故体液免疫主要对细胞外的病原起作用，而对细胞内寄生的病原则主要靠细胞免疫发挥作用。特异性细胞免疫对慢性细菌感染（如布鲁氏菌、结核分枝杆菌等）、病毒性感染及寄生虫病均有重要防御作用。

（四）抗细菌感染免疫

病原菌侵入动物机体后，首先遇到非特异性免疫机能的抵抗，其中以细胞吞噬和炎症反应为主，随后特异性免疫产生，两者协同，共同把病原菌消灭。

细菌感染的部位和致病力不同，引起机体发生疾病的性质也不同。第一类为细胞外寄生菌，如葡萄球菌、链球菌、沙门菌、巴氏杆菌、炭疽杆菌等，主要在吞噬细胞外繁殖，引起急性感染。它们大多具有能抵抗吞噬细胞的表面抗原结构和酶，如荚膜、溶血性链球菌的黏蛋白、伤寒杆菌的 Vi 抗原、金色葡萄球菌的血浆凝固酶等。有的细胞外寄生菌侵袭力很弱，但能产生毒性很强的外毒素引起发病，如破伤风梭菌等。第二类为细胞内寄生菌，如结核分枝杆菌、布鲁氏菌、李氏杆菌、鼻疽杆菌等，被吞噬后能抵抗吞噬细胞的杀菌作用，并能在吞噬细胞内长期生存，甚至繁殖，不仅可以随吞噬细胞的移行扩散到其他部位，还可逃避体液因子和药物的作用，此类细菌多引起慢性感染。

1. 细胞免疫的抗菌作用

细菌侵入机体后进入细胞，因菌体表面含有抵抗消化的结构而不易被吞噬细胞杀灭，细胞成了它们的保护屏障，体液中抗体等抗菌物质无法发挥作用，故机体抵抗这类细菌感染主要靠细胞免疫。

机体初次感染上述细菌时，因细胞免疫尚未建立，吞噬细胞可把它们吞噬，但不能有效地消灭，病原菌易在体内蔓延。在感染过程中，机体 T 细胞接受了病原菌抗原的刺激，逐渐建立起特异性细胞免疫，致敏 T 细胞释放多种淋巴因子，一方面激活巨噬细胞，增强其吞噬和消化能力，另一方面调集大量吞噬细胞等聚集于病原菌周围，大大增强了杀灭和清除病原菌的作用，从而有效地控制传染。在此过程中，被活化的巨噬细胞的杀灭作用通常无特异性，可杀灭多种细菌，如单核细胞增多性李氏杆菌病康复的动物往往对结核病的抵抗力也显著增强。因为死疫苗主要刺激机体产生体液免疫应答，故在预防胞内菌感染时，首选活疫苗进行主动免疫，以调动机体的细胞免疫功能。

2. 吞噬作用为主的抗菌作用

吞噬作用主要是针对化脓性球菌感染而产生的免疫应答。当机体受到肺炎球菌、葡萄球菌、链球菌等化脓性细菌感染时，机体主要靠巨噬细胞在特异性免疫因子的协同下对病原菌进行吞噬和杀灭。吞噬作用主要表现为以下 3 种方式：一是特异性抗体与细菌表面的抗原决定簇结合，通过免疫调理作用促进吞噬细胞的吞噬作用；二是抗原抗体复合物激活补体后结合补体 C3b，通过补体 C3b 发挥调理作用，促进吞噬；三是激活的补体的某些片段具有趋化作用，吸引吞噬细胞聚集到细菌存在部位，促进吞噬。因此，在化脓性细菌感染的防治中，应调动和增强机体吞噬细胞的功能。

3. 补体、吞噬细胞和抗体介导的免疫应答的抗菌作用

机体对细菌外毒素及主要靠内毒素致病的革兰氏阴性菌的免疫属此类，严格地说上述化脓性球菌的免疫也与此类似。

（1）抗毒素免疫

像破伤风杆菌、魏氏梭菌等细菌，外毒素为主要致病因素。机体抵抗此类感染以抗毒素产生的体液免疫为主。抗毒素与细菌外毒素特异性结合，阻止外毒素对易感细胞的结合或封闭其活性部位，而中和外毒素的毒性，使其不能吸附细胞，在抗体和补体的作用下，很容易被吞噬细胞吞噬、降解并清除掉。

有些情况下，外毒素与抗毒素形成的免疫复合物并不能被吞噬细胞吞噬清除，在循环系统中沉积于某些部位的毛细血管而引起免疫损伤，导致Ⅲ型变态反应。

（2）对产生内毒素的细菌的免疫

细菌的内毒素是革兰氏阴性菌细胞壁的成分，机体产生的抗内毒素抗体为菌体抗体，可结合内毒素。但结合后仍具有毒性，故对内毒素的免疫不属于上述的抗毒素免疫，而是需要依赖补体、抗体和吞噬细胞对细菌菌体及内毒素进行清除。

感染早期，吞噬细胞可吞噬细菌，但杀灭作用不强，细菌内毒素（脂多糖）可在特异性抗体产生之前以旁路途径激活补体，一方面溶解细菌，另一方面通过补体的活性片段来加强吞噬作用。随着感染过程的进行，机体产生特异性抗体，抗体发挥调理作用促进吞噬，同时也以传统途径激活补体，通过补体的调理作用和补体其他片段的趋化作用加强吞噬。对于革兰氏阴性菌裂解释放的游离的内毒素，主要靠单核－吞噬细胞的吞噬作用来解除它的毒性。

4. 以 IgA 介导的黏膜免疫作用

许多以吸附呼吸道、消化道黏膜上皮细胞为感染前提的细菌，机体黏膜表面的分泌型 IgA 起主要作用。如大肠埃希菌 K88 或 K99 等菌毛抗原能使菌体吸附肠黏膜上皮细胞，但 K88、K99 的特异性抗体与该抗原的特异性结合，可阻止菌体与肠黏膜上皮细胞的结合，有效地防止仔猪黄痢的发生。

（五）抗病毒感染免疫

病毒侵入机体时，必须进入易感细胞内才能增殖。病毒在组织细胞中扩散感染的方式有细胞外扩散、细胞内扩散和核内扩散三种。细胞外扩散是病毒在细胞内复制、成熟后，病毒能使寄主细胞溶解而从细胞内释放，或以出芽方式从宿主细胞中释放；细胞内扩散是病毒通过细胞间的融合、接触或细胞间桥来进行细胞间的扩散；核内扩散是病毒核酸整合到寄主细胞的染色体中，细胞分裂时病毒从亲代细胞传给子代细胞。但病毒的三种扩散途径不能截然分开，胞内扩散的病毒有时亦可经胞外扩散，核内扩散的病毒有时也通过细胞内途径扩散。

病毒在宿主细胞内复制、扩散和感染的方式直接影响着机体抗病毒感染免疫过程。机体对病毒感染的抵抗力十分复杂，包括非特异性的天然抵抗力和特异性抵抗力。从特异性免疫的角度而言，病毒在体内增殖时，机体的免疫以细胞免疫为主，当病毒从细胞内释放以及形成病毒血症时，则以体液免疫为主。病毒局部感染免疫应答主要是体液免疫反应，特别是产生分泌型抗体。

1. 体液免疫的抗病毒作用

机体产生的抗病毒的特异性抗体有两大类：补体结合抗体与中和抗体。补体结合抗体由病毒核蛋白抗原刺激机体产生，不能结合病毒表面抗原，无免疫保护作用；中和抗体是由病毒表面抗原刺激机体产生，包括 IgG、IgA 和 IgM，可通过结合病毒并覆盖于病毒表面，阻止病毒对细胞的吸附，以及增强对病毒的分解而发挥抗病毒作用。被特异性抗体封闭的病毒因不能吸附细胞而延长了在细胞外停留的时间，最终被吞噬细胞消化分解。但中和抗体毕竟不能进入细胞，只能在细胞外的体液中发挥作用，防止病毒继续感染细胞而造成的蔓延扩散。此外，抗体还可通过抗体依赖性细胞介导的细胞毒作用（ADCC）杀伤带有病毒抗原的靶细胞。带有 IgG Fc 受体的 K 细胞等细胞能与结合在感染细胞表面的 IgG Fc 片段结合，诱发 K 细胞的细胞毒作用，杀伤感染病毒的靶细胞；同时可激活补体，引起靶细胞的溶解。

2. 细胞免疫的抗病毒作用

对侵入细胞内的病毒，主要靠细胞免疫来消灭。病毒侵入细胞后，病毒编码的抗原表达于受感染的宿主细胞表面，此抗原不仅出现在感染细胞上，也出现于病毒诱导产生的肿瘤细胞表面。这些细胞表面的抗原可被机体免疫系统识别而被消灭。抗病毒感染的细胞免疫功能主要由致敏淋巴细胞（TC 和 TD）来执行，TC 能特异性地识别结合病毒感染的细胞，发挥其细胞毒作用，破坏靶细胞；TD 则在受到特异性抗原刺激后释放多种淋巴因子，动员吞噬细胞、淋巴细胞等，消灭病毒及受到病毒感染的细胞。

3. 干扰素的抗病毒作用

当机体受到病毒感染时，细胞可在 24 h 左右产生干扰素，随即发挥抗病毒作用。此作用对病毒无特异性，只要细胞内有干扰素的存在，任何病毒都会受到抑制。因此，干扰素对病毒传染起重要的防御作用，临床上可用于病毒病的预防和治疗。但干扰素具有种属特异性，即某一种属细胞产生的干扰素，只能作用于相同种属的其他细胞。

综上所述，在大多数情况下，细胞免疫和体液免疫对抵抗病毒感染均发挥作用，但有所侧重。故在进行人工主动免疫时，应采取同时提高机体体液免疫和细胞免疫的措施，通常用活疫苗进行首次免疫可达到此目的。

二、材料准备

收集任务资料，收集非特异性免疫、抗细菌病毒免疫相关示意图进行标注并对比。

三、工具准备

绘图用铅笔、纸张等。

四、人员准备

人员分组，每组 5 人。明确职责分工。

任务角色	任务内容
组长：	任务：
组员：	任务：
组员：	任务：
组员：	任务：
组员：	任务：

任务筹划

1. 内容筹划

①结合所学内容，讨论列出抗感染免疫的组成图。

②根据所掌握的相关知识，讨论后绘出抗细菌感染免疫的组成（可用图、文、表展示）。

③根据所掌握的相关知识，讨论后绘出抗病毒感染免疫的组成（可用图、文、表展示）。

2. 流程筹划

第一步：查找相关的资料，掌握抗感染免疫的总体组成。

第二步：小组讨论，确定抗感染免疫的总体组成图的大小、位置。

第三步：查找相关的资料，小组讨论抗细菌感染免疫，绘制或收集抗细菌免疫示意图，结合图表的形式完善填充组成图中的内容。

第四步：查找相关的资料，小组讨论抗病毒感染免疫，绘制或收集抗病毒免疫示意图，结合图表的形式完善填充组成图中的内容。

第五步：整理完善组成图，并提交；任务总结。

任务实施

步骤一：

步骤二：

步骤三：

步骤四：

任务检测

请扫码答题。

了解抗感染免疫

任务评价

班级：＿＿＿＿＿＿＿＿　组别：＿＿＿＿＿＿＿＿　姓名：＿＿＿＿＿＿＿＿

项目	评分标准	自我评价	小组评价	教师评价
抗感染免疫（30 分）	理解抗感染免疫的概念（10 分）			
	知道非特异性免疫的构成（15 分）			
	清楚抗感染免疫包含特异性免疫（5 分）			
抗微生物感染免疫（30 分）	理解抗细菌感染免疫（15 分）			
	理解抗病毒感染免疫（15 分）			
活动完成过程（30 分）	能够根据工作任务资料，分析讨论并总结（5 分）			
	认真思考，积极动手、动脑（5 分）			
	积极参与小组合作与交流，配合默契，互帮互助（5 分）			
	通过小组讨论与学习，完成任务工单（5 分）			
	能很好地展示活动成果（10 分）			
活动效果（10 分）	整体的效果（很好为 10 分，较好为 7～9 分，一般为 3～6 分，较差为 0～2 分）			
合计				
自我评价与总结				
教师点评				

任务五　熟悉变态反应

任务导入

免疫对机体来说不可或缺，有抵抗感染、监视机体的状态、保持机体自身稳定等重要的作用。那么机体免疫反应是不是越强越好呢？当然不是，免疫反应如果过于强烈，反而会对机体自身造成破坏，新生动物溶血性贫血、类风湿性关节炎等，就是因为免疫细胞把机体自身的组成错认为“异己”抗原，造成机体损伤。这种免疫系统对再次进入机体的抗原物质做出的过于强烈或不适当的，并导致组织器官损伤的免疫反应我们就称为变态反应。那么请查阅资料，掌握变态反应的概念和类型，知道变态反应各类型的发生机理，熟悉各类型变态反应在临床常见的疾病，掌握Ⅳ型变态反应的临床意义。最后，小组讨论，收集并绘制变态反应机理示意图，最终提交一张以图文表综合形式表述的变态反应认知单。

任务工单

班级：________　组别：________　姓名：________

任务名称	熟悉变态反应
任务描述	任务内容：变态反应的概念、类型、发生机理及常见疾病。 任务目的：掌握变态反应的概念和类型，知道变态反应各类型的发生机理，熟悉各类型变态反应在临床常见的疾病，掌握四型变态反应的临床意义。 任务流程：查阅资料（变态反应的概念、类型及常见疾病）—查阅资料、小组讨论（各型发生机理及Ⅳ型变态反应的作用）—整理绘制认知单（图文并茂）。 任务方法：查阅资料、讨论、整理总结。
	要完成任务，需要掌握相关的知识。请收集资料，回答以下问题。 1. 对于机体来说，是不是免疫反应越强烈越好？ 2. 什么是Ⅰ型变态反应？有哪些特点？发生机理是什么？临床有哪些常见病？ 3. 什么是Ⅱ型变态反应？有哪些特点？发生机理是什么？临床有哪些常见病？

（续表）

<table>
<tr><td>获取信息</td><td colspan="4">4. 什么是Ⅲ型变态反应？有哪些特点？发生机理是什么？临床有哪些常见病？

5. 什么是Ⅳ型变态反应？有哪些特点？发生机理是什么？临床有哪些常见病？Ⅳ型变态反应在临床有什么意义？请举例说明

6. 过敏反应是哪一型变态反应？常见的过敏原有哪些？变态反应能不能进行预防或治疗？如何进行？请举例说明。</td></tr>
<tr><td>制订计划</td><td colspan="4"></td></tr>
<tr><td rowspan="6">任务实施</td><td colspan="4">按照预先制订的工作计划，完成本任务，并记录任务实施过程。</td></tr>
<tr><td>序号</td><td>完成的任务</td><td>遇到的问题</td><td>解决办法</td></tr>
<tr><td></td><td></td><td></td><td></td></tr>
<tr><td></td><td></td><td></td><td></td></tr>
<tr><td></td><td></td><td></td><td></td></tr>
<tr><td></td><td></td><td></td><td></td></tr>
</table>

任务准备

一、知识准备

变态反应是指免疫系统对再次进入机体的抗原物质做出的过于强烈或不适当的，并导致组织器官损伤的免疫反应。除了伴有炎症反应和组织损伤外，它与维持机体正常的功能的免疫反应并无实质性区别。引起变态反应的物质称为变应原或过敏原。变应原可通过呼吸道、消化道、皮肤、黏膜等途径进入动物机体引发变态反应。

1963 年起 Gell 与 Coombs 按变态反应发生发展的近代知识，首先提出四型分型法，即Ⅰ、Ⅱ、Ⅲ、Ⅳ 4 个型，Ⅰ型——过敏反应型（Immediate Type），Ⅱ型——细胞毒型（Cytotoxic Type），Ⅲ型——免疫复合物型（Immunecomplex Type），以上 3 型均由抗体所介导；而Ⅳ型——迟发型（Delayed Type）或细胞介导型

（Cellmediated Type），由细胞因子所介导。

变态反应的发生需要具备两个主要条件：一是容易发生变态反应的特应性体质，这是先天遗传决定的；二是与抗原的接触，有特应性体质的机体与抗原首次接触时即可被致敏，但不产生临床反应，被致敏的机体再次接触同一抗原时，就可发生反应，其时间不定，快者可在再次接触后数秒钟内发生，慢者需数天甚至数月的时间。

（一）Ⅰ型变态反应——过敏反应型

Ⅰ型变态反应（速发型）是指致敏机体当再次接触变应原时，在数分钟至数小时内出现反应，也称速发型变态反应。变应原有异种血清、生物提取物（花粉、胰岛素、肝素、脑垂体后叶提取物）、疫苗、半抗原性药物（抗生素）、有机碘、尘埃、油漆等。

1. 反应的基本过程

过敏原进入机体后，诱导 B 细胞产生 IgE 抗体。IgE 与靶细胞有高度的亲和力，牢固地吸附在皮肤、消化道和呼吸道黏膜毛细血管周围组织中的肥大细胞、嗜碱粒细胞表面，使之致敏。当相同的抗原再次进入致敏的机体，便与致敏细胞表面的 IgE 抗体结合，就会引发肥大细胞与嗜碱粒细胞产生脱颗粒变化，从颗粒中释放出许多活性介质，如组胺、蛋白水解酶、肝素、趋化因子等；同时细胞膜磷脂降解，释放出花生四烯酸，它以两条途径代谢，分别合成前列腺素、血栓素 A2 与白细胞三烯（Leukotriene, LT）、血小板活化因子（Platelet Activating Factor, PAF）。各种介质随血流散布至全身，作用于皮肤、黏膜、呼吸道等效应器官，引起小血管及毛细血管扩张，毛细血管通透性增加，平滑肌收缩，腺体分泌增加，嗜酸粒细胞增多、浸润，可引起皮肤黏膜过敏症（荨麻疹、湿疹、血管神经性水肿），呼吸道过敏反应（过敏性鼻炎、支气管哮喘、喉头水肿），消化道过敏症（食物过敏性胃肠炎），全身过敏症（过敏性休克）。由于 IgE 多由黏膜分泌，所以Ⅰ型多引起黏膜反应。

Ⅰ型变态反应的特点是反应局限在某一系统，有时也呈全身反应，无补体的参加。

2. 临床上常见的过敏反应

主要有注射青霉素引起的急性全身性反应和吸入花粉、霉菌孢子、动物皮屑、摄入某种蛋白质含量高的饲料、蠕虫感染以及某些磺胺类药物、疫苗等引起的过敏反应。

（二）Ⅱ型变态反应——细胞毒型

Ⅱ型变态反应即为细胞毒型变态反应，此型变态反应过程不释放介质，但需补体参加，可造成组织损伤和靶细胞的破坏。

1. 反应的基本过程

此型反应是由于抗体直接作用于相应的细胞或组织上的抗原，引起细胞损伤或溶解。变应原可以是机体本身受理化或生物因素作用而变构的细胞膜抗原，如红细胞的血型抗原；也可以是吸附在细胞表面的相应抗原，如药物半抗原、荚膜多糖、细菌内毒素脂多糖等。这些变应原能刺激机体产生抗体 IgG 和 IgM。当 IgG 和 IgM

与细胞上的相应抗原或吸附于细胞表面的相应抗原、半抗原发生特异性反应时，可激活补体系统，引起细胞溶解或被吞噬细胞吞噬，导致组织损伤与功能障碍。如由沙门菌引起的多种传染病常伴发溶血，就是因被覆在患者红细胞表面的细菌内毒素脂多糖与相应抗体发生免疫反应的结果。

2. 常见的细胞毒型反应

有输血反应、新生动物溶血性贫血、某些病原微生物如沙门菌、马传染性贫血病毒等和寄生虫如原虫引起的溶血现象，某些药物引起的粒细胞减少症，组织移植排斥反应等。

（三）Ⅲ型变态反应——免疫复合物型

Ⅲ型变态反应即为免疫复合型变态反应，此型变态反应的变应原可以是异种动物血清、微生物、寄生虫和药物等。参与反应的抗体主要为IgG，也有IgM和IgA。

1. 反应的基本过程

如某些病原微生物、异种血清等进入机体，可刺激机体产生相应的抗体（IgG，IgM或IgA），抗原与相应抗体结合形成抗原——抗体复合物，即免疫复合物。由于抗原与抗体比例不同，所形成的免疫复合物的大小和溶解性也不同。当抗体量大于抗原量或两者比例相当时，可形成分子较大的不溶性免疫复合物，易被吞噬细胞吞噬而清除；当抗原量多于抗体量时，则形成分子较小的可溶性免疫复合物，它能通过肾小球滤过，随尿液排出体外。只有当抗原略多于抗体时，可形成中等大小的免疫复合物，它既不易被吞噬细胞吞噬，又不能通过肾小球滤过随尿液排出体外，故会较长时间地存留在血流中，当血管壁通透性增高时，可沉积于血管壁、肾小球、关节滑膜和皮肤等组织上，激活补体，引起相应组织器官的水肿、出血、炎症和局部组织坏死等一系列反应。

2. 常见的免疫复合物型疾病

临床上常见的免疫复合物型疾病，有急性血清病、过敏性血管炎、过敏性肺炎、肾小球肾炎、类风湿性关节炎、某些病原微生物（如溶血性链球菌、葡萄球菌等）引起的慢性感染等。

（四）Ⅳ变态反应——迟发型

Ⅳ型变态反应即为迟发型变态反应，此型变态反应过程是无补体和抗体参加，反应缓慢，多数于再次接触变应原后12 h或更长时间达到高峰，故又称迟发型变态反应。

1. 反应的基本过程

机体在某些抗原如结核分枝杆菌、副结核分枝杆菌、布鲁氏菌、鼻疽杆菌等初次刺激下，T细胞被致敏，当再次与相同抗原接触时，致敏淋巴细胞释放出多种淋巴因子，吸引和激活吞噬细胞向抗原集中，并增强其吞噬作用，形成以单核细胞、淋巴细胞等为主的局部浸润，导致局部组织肿胀、化脓甚至坏死等炎性变化。此型反应表现较突出的是局部炎症，由细胞免疫引起的，无抗体与补体参加。

结核分枝杆菌、副结核分枝杆菌、布鲁氏菌和鼻疽杆菌等细胞内寄生菌在感染的过程中，能引起以细胞免疫为主的Ⅳ型变态反应。这种变态反应是由病原微生物或其代谢产物作为变应原所引起的，是在传染过程中发生的，因此也称为传染性变态反应。临床上对于某些病原微生物引起的慢性传染病，如结核病、副结核病、布鲁氏菌病、鼻疽等，可以用迟发型变态反应来进行诊断，如对牛进行结核菌素点眼或皮内注射后，根据局部炎症情况判断牛是否感染结核病。

2. 常见的迟发型变态反应

临床上常见的迟发型变态反应，有传染性变态反应、接触性皮炎、变态反应性脑炎、器官移植排斥反应等。

（五）变态反应的防治原则

防治变态反应要从变应原及机体的免疫反应两方面考虑：一方面，要尽可能找出变应原，避免动物与之再次接触；另一方面，要针对变态反应发生的过程，阻断或干扰其中的某些环节，以防止变态反应的发生或发展。临床上采用的防治措施有以下三个方面。

①确定变应原。找出引起变态反应的变应原，避免动物与之再次接触。

②脱敏疗法。主要是避免血清过敏症的发生。方法是在给动物大剂量注射血清之前，先少量多次皮下注射血清（每次 0.2～2 mL）；间隔 15 min 后再注射中等剂量血清（每次 10～100 mL）；若无严重反应，15 min 后可注射全量血清。

③药物治疗。发生变态反应，应及时用肾上腺素，抗组胺药物如苯海拉明、异丙嗪、马来酸氯苯那敏等，钙制剂如葡萄糖酸钙、氯化钙、维丁胶性钙等，肾上腺糖皮质激素如强的松、地塞米松、皮质醇等和氨茶碱等药物，进行对症治疗。此外，应采取强心补液等方法辅助治疗。

二、材料准备

收集任务资料，收集变态反应发生机理示意图进行标注并对比。

三、工具准备

绘图用铅笔、纸张等。

四、人员准备

人员分组，每组 5 人。明确职责分工。

任务角色	任务内容
组长：	任务：
组员：	任务：
组员：	任务：
组员：	任务：
组员：	任务：

任务筹划

1. 内容筹划

①举例生活中常见的过敏原有哪些？

②根据所掌握的相关知识。完成下表。

变态反应类型	又称	免疫类型（体液免疫 / 细胞免疫）	参与的抗体类型	反应特点
Ⅰ型变态反应				
Ⅱ型变态反应				
Ⅲ型变态反应				
Ⅳ型变态反应				

③图示各类型变态反应机理。

④根据所罗列的疾病，填写变态反应类型。

常见疾病	变态反应类型	常见疾病	变态反应类型
荨麻疹		过敏性肺炎	
输血反应		哮喘	
类风湿性关节炎		新生动物溶血性贫血	
传染性变态反应		花粉过敏	

⑤如何用Ⅳ型变态反应的机理来进行临床结核病、牛鼻疽病等慢性病的诊断的？请举例说明（包括操作及结果判定等）。

2. 流程筹划

第一步：查找相关的资料，掌握变态反应的概念和类型，知道变态反应各类型的发生机理，熟悉各类型变态反应在临床常见的疾病，掌握各型变态反应的临床意义。

第二步：小组讨论，确定绘制变态反应认知单的框架，综合要填写的内容框架标或图的大小、位置。

第三步：查找相关的资料，小组讨论Ⅰ型变态反应概念、特点、发生机理、参与反应的抗体或免疫细胞、常见疾病等，简单绘制或收集机理图，完善填充认知单中的内容。

第四步：查找相关的资料，小组讨论Ⅱ型变态反应概念、特点、发生机理、参与反应的抗体或免疫细胞、常见疾病等，简单绘制或收集机理图，完善填充认知单中的内容。

第五步：查找相关的资料，小组讨论Ⅲ型变态反应概念、特点、发生机理、参与反应的抗体或免疫细胞、常见疾病等，简单绘制或收集机理图，完善填充认知单中的内容。

第六步：查找相关的资料，小组讨论Ⅳ型变态反应概念、特点、发生机理、参与反应的抗体或免疫细胞、常见疾病等，简单绘制或收集机理图，完善填充认知单中的内容。

第七步：整理完善组成图，并提交；任务总结。

任务实施

步骤一：

步骤二：

步骤三：

步骤四：

任务检测

请扫码答题。

熟悉变态反应

任务评价

班级：__________ 组别：__________ 姓名：__________

项目	评分标准	自我评价	小组评价	教师评价
变态反应（10 分）	知道变态反应的概念（5 分）			
	清楚变态反应的分类（5 分）			
Ⅰ型变态反应（20 分）	理解概念（5 分）			
	认知特点，知道常见过敏原（5 分）			
	清楚发生机理（5 分）			
	知道常见的疾病（5 分）			

（续表）

项目	评分标准	自我评价	小组评价	教师评价
Ⅱ型变态反应（20分）	理解概念（5分）			
	认知特点（5分）			
	清楚发生机理（5分）			
	知道常见的疾病（5分）			
Ⅲ型变态反应（20分）	理解概念（5分）			
	认知特点（5分）			
	清楚发生机理（5分）			
	知道常见的疾病（5分）			
Ⅳ型变态反应（20分）	理解概念（5分）			
	认知特点（5分）			
	清楚发生机理（5分）			
	知道常见的疾病（5分）			
活动效果（10分）	整体的效果（很好为10分，较好为7～9分，一般为3～6分，较差为0～2分）			
合计				
自我评价与总结				
教师点评				

任务六　凝集试验

任务导入

在免疫学中我们经常会提到血清学试验。那么到底什么是血清学试验，有哪些血清学试验可以应用到临床，那又如何去操作凝集试验呢？请同学们查阅资料，掌握血清学试验的概念、特点及影响因素，掌握凝集试验概念及试验原理，会进行凝集试验操作及结果判定。用凝集试验完成所给样本的检测并给出准确的试验结果。

任务工单

班级:________________　组别:________________　姓名:________________

<table>
<tr><td>任务名称</td><td colspan="4">凝集试验</td></tr>
<tr><td>任务描述</td><td colspan="4">任务内容：血清学试验的概念、特点及影响因素，凝集试验的概念、原理、分类，及试验操作和结果判定。
任务目的：掌握血清学试验的概念、特点及影响因素，掌握凝集试验及试验原理，会进行凝集试验操作及结果判定。
任务流程：查阅资料（知道血清学试验的概念、特点及影响因素，掌握凝集试验的概念、原理、分类）—查阅资料、小组讨论（平板凝集试验、试管凝集试验操作及结果判定）—实体操作并结果判定。
任务方法：查阅资料、讨论、实践操作。</td></tr>
<tr><td>获取信息</td><td colspan="4">要完成任务，需要掌握相关的知识。请收集资料，回答以下问题。
1. 什么是血清学试验，有哪些特点？血清学试验在临床上有什么意义？

2. 血清学试验主要原理是什么和什么的反应？是体内完成还是体外完成？血清学试验为什么会有特异性和交叉性？特异性、敏感性在血清学试验中有什么作用？

3. 什么样的是凝集试验？凝集试验有什么样的分类？临床常用的是哪种凝集试验？

4. 平板凝集试验的特点有哪些？

5. 试管凝集试验的特点有哪些？</td></tr>
<tr><td>制订计划</td><td colspan="4"></td></tr>
<tr><td rowspan="6">任务实施</td><td colspan="4">按照预先制订的工作计划，完成本任务，并记录任务实施过程。</td></tr>
<tr><td>序号</td><td>完成的任务</td><td>遇到的问题</td><td>解决办法</td></tr>
<tr><td></td><td></td><td></td><td></td></tr>
<tr><td></td><td></td><td></td><td></td></tr>
<tr><td></td><td></td><td></td><td></td></tr>
<tr><td></td><td></td><td></td><td></td></tr>
</table>

任务准备

一、知识准备

思维导读

血清学试验检疫动物疾病是疫情监测、疫情确诊、防疫水平检测中十分常用的方法。该方法具有准确、快速、微量、便于操作等特点。当前在各级重大动物疫病防控及大群畜禽的检疫、监测工作中普遍使用，是动物疫病防治的关键，也是服务于畜牧业的基础。而血清学技术和现代技术的结合，使血清学试验发展更快，应用范围更广，不仅在畜牧业和兽医临床上具有重要意义，在新分离病毒株和菌株的鉴定和分型，以及微生物及寄生虫抗原的分析等方面均具有重要作用。因此，血清学试验的操作规范性，结果准确性关系到疫病防治的确切性和技术发展的关键性。

（一）血清学试验概述

抗原与相应的抗体结合既可发生在体内，也可发生体外。在体内表现为体液免疫应答；在体外由于抗原和抗体的性质、反应的条件、参与反应的因素和检测方法的不同，抗原抗体的特异性结合可表现为各种特定的反应形式。因抗体主要存在于血清中，所以通常将体外发生的抗原抗体反应统称为血清学反应或血清学试验。血清学试验具有高度特异性，故可用已知抗原检测待测抗体，也可用已知抗体检测待测抗原，广泛应用于微生物的鉴定、传染病和寄生虫病的监测和诊断。

1. 血清学试验的特点

（1）特异性和交叉性

由于抗原决定簇的组成、结构不同，所诱导产生的抗体也不同，一种抗原只能与相应抗体结合，表现出高度的特异性。因此，血清学试验具有高度的特异性。如抗猪瘟病毒的抗体只能与猪瘟病毒结合而不能与口蹄疫病毒或者其他病毒相结合。同样，抗口蹄疫病毒的抗体也只能与口蹄疫病毒结合而不能与其他病毒相结合。这种特异性可用于分析、鉴别各种抗原和进行疾病的诊断。但若两种抗原之间含有部分共同抗原时，则发生交叉反应。如肠炎沙门菌的血清能凝集鼠伤寒沙门菌。一般亲缘关系越近，交叉反应的程度也越高。交叉反应是区分血清型和亚型的重要依据。

在临床上，不同微生物之间也可存在共同的抗原成分，在血清学诊断中会出现交叉反应，从而造成判断上的混乱，应该加以注意。

（2）反应的可逆性

抗原和抗体的结合是分子表面的结合，其结合的温度为 0～40℃，pH 值为 4.0～9.0。温度超过 60℃或 pH 值降到 3.0 以下，或加入解离剂如硫氰化钾、尿素等，则抗原抗体复合物又可重新解离，解离后的抗原或抗体性质不改变。利用这一特性，可进行免疫亲和层析，以提取纯化的抗原或抗体。

（3）最适比和带现象

抗原与抗体在适宜的条件下能发生结合反应。只有在抗原与抗体比例适当时，结合才出现凝集、沉淀等可见的反应现象。在最适比例时，反应最明显。抗原过多或抗体过多，抗原抗体的结合不能形成大的复合物，没有可见反应的出现，这一现象称为带现象。抗体过多出现的带现象称前带现象，抗原过多出现的带现象称后带现象。为了克服带现象，在进行血清学试验时，需将抗原或抗体作适当稀释（图 4–6）。

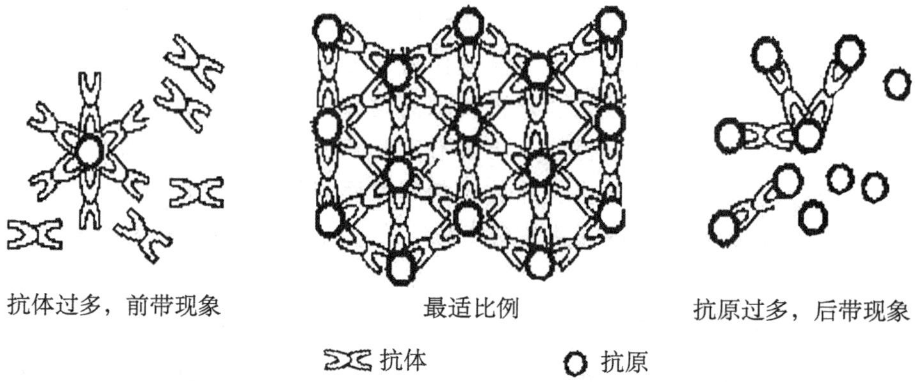

图 4–6 抗原抗体结合反应示意图

（4）反应的二阶段性

血清学反应一般具二阶段性：第一阶段为抗原与抗体以各种比例结合，作用快，只需几秒钟至几分钟，但无可见反应；第二阶段为抗原与抗体在介质作用下出现各种可见反应，作用较慢，需几分钟、几十分钟或更长时间，如凝集、沉淀、补体结合等反应，此阶段受电解质、温度和酸碱度等的影响。

（5）敏感性

抗原抗体的结合还具有高度敏感性的特点，不仅可检测定性，还可以定量检测微量、极微量的抗原抗体。

（6）用已知测未知

所有血清学试验都是用已知抗原测未知抗体，或用已知抗体测未知抗原。

2. 影响血清学试验的因素

抗原抗体反应通常受电解质、温度、酸碱度、振荡以及是否含有杂质等理化因素的影响。

①电解质。特异性的抗原和抗体具有对应的极性基，在互相吸附后，其电荷和极性因被中和而失去亲水性，变为疏水系统。此时，电解质的作用可使该系统失去电荷而互相凝聚，发生凝集或沉淀反应。因此，需要适当的电解质参与，才能出现可见反应。常用的电解质是 0.9%（g/mL）的氯化钠即生理盐水，但有些血清学试验要用 8%～10% 的氯化钠溶液，如禽类血清；或磷酸盐缓冲溶液（Phosphate Buffer Solution, PBS），如标记技术。

②温度。温度较高时可以增加抗原与抗体的活性及接触的机会，加快反应的进行。因此，将抗原、抗体充分混合后，通常在 37 ℃ 水浴中保温一定时间，可促使

第二阶段反应的出现。亦可用 56℃水浴，反应更快。但有的抗原和抗体需在低温下长时间结合反应才能更充分。

③酸碱度。血清学试验常用的 pH 值为 6.0～8.0，过高或过低，可导致抗原抗体复合物的重新解离。当 pH 值降至抗原或抗体的等电点时可引起非特异性的凝集，造成假象。

④振荡。适当的机械振荡能增加分子或颗粒间的相互碰撞，加速抗原抗体的结合反应。但过强的机械振荡可解离抗原抗体复合物。

⑤杂质。如存在与反应无关的杂质如蛋白质、类脂质和多糖等，抗原与抗体反应会发生抑制或出现非特异性反应。因此，血清学试验中应设阴阳性对照，便于正确判断。

3. 血清学试验的应用

近年来，由于与现代科学技术相结合，血清学试验发展很快。加上半抗原连接技术的发展，几乎所有小分子活性物质均能制成人工复合抗原，以制备相应的抗体，从而建立血清学检测技术，使血清学技术的应用越来越广，涉及生命科学的所有领域，成为生命科学进入分子水平不可缺少的检测手段。

在医学和动物医学领域已广泛应用血清学试验，直接或间接从传染病、寄生虫病、肿瘤疾病、自身免疫病和变态反应性疾病的感染组织或血清、体液中检出相应抗原或抗体，以做出确切诊断。对传染病来说，几乎没有不能用血清学试验诊断的。在群体检疫、疫苗免疫效果监测和流行病学调查中，也已大规模地应用检测抗体的血清学试验。此外，生物活性物质的超微定量、物种及微生物鉴定和分型和药物残留检测等方面，也广泛应用到血清学技术。

血清学试验方法的研究，正向着高度特异性、高度敏感性、分辨能力精密性、定位高水平、试验电脑化、反应微量化、方法标准化、试剂商品化和方法简便快速化等方面发展。

（二）凝集试验

颗粒性抗原（如细菌、红细胞等），或吸附在乳胶、红细胞等颗粒性载体表面的可溶性抗原，与相应抗体结合后，在适量电解质存在下，经过一定时间，互相凝聚形成肉眼可见的凝集块，称为凝集试验（图 4-7）。参与试验的抗原称为凝集原，抗体称为凝集素。参与凝集试验的抗体主要为 IgG 和 IgM。

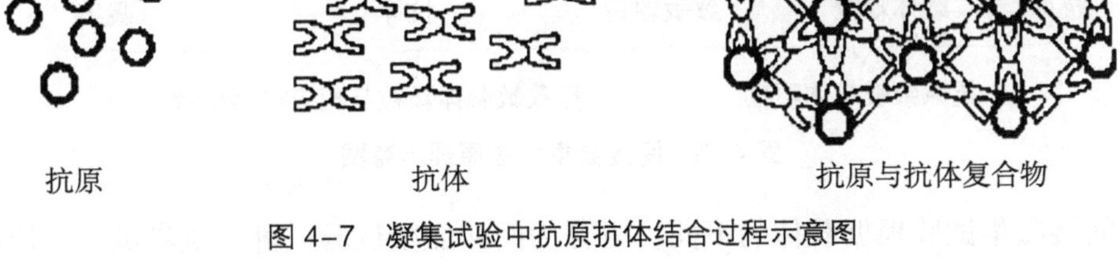

图 4-7　凝集试验中抗原抗体结合过程示意图

凝集试验根据抗原的性质、反应的方式分为直接凝集试验和间接凝集试验两种。

1. 直接凝集试验

直接凝集试验，指颗粒性抗原与相应抗体结合，在电解质的参与下凝聚成颗粒状的现象。按操作方法可分为平板凝集试验和试管凝集试验。

（1）平板凝集试验

平板凝集试验是一种定性试验，可在玻板或载玻片上进行。将含有已知抗体的诊断血清与待检悬液各一滴在玻片上混合均匀，数分钟后，出现颗粒状或絮状凝集，即为阳性反应。反之，也可用已知的诊断抗原悬液检测待检血清中有无相应的抗体。此法简便快速，适用于新分离细菌的鉴定、分型和抗体的定性检测。如大肠埃希菌和沙门菌等的鉴定，布鲁氏菌病、鸡白痢、禽伤寒和败血霉形体病的检疫，亦可用于血型的鉴定等。

（2）试管凝集试验

试管凝集试验是一种定性和定量试验，通常用已知抗原检测待检血清中的相应抗体，可在小试管中进行。简单过程如下：将待检血清用生理盐水或其他稀释液做倍比稀释，然后每管加入等量抗原，混匀，37℃水浴或放入恒温箱中数小时，观察液体澄清度及沉淀物。根据不同凝集程度记录结果。以出现50%以上凝集的血清最高稀释倍数为该血清的凝集价，也称效价或滴度。主要用于检测待检血清中是否存在相应的抗体及其效价，如布鲁氏菌病的诊断与检疫。

2. 间接凝集试验

将可溶性抗原（或抗体）先吸附于与免疫无关的小颗粒的表面，再与相应的抗体（或抗原）结合，在电解质参与下，可出现肉眼可见的凝集现象（图4-8）。用于吸附抗原（或抗体）的颗粒称为载体。常用的载体有动物红细胞、聚苯乙烯乳胶、硅酸铝、活性炭和葡萄球菌A蛋白等。抗原多为可溶性蛋白质，如细菌、立克次氏体和病毒的可溶性抗原、寄生虫的浸出液、动物的可溶性物质、各种组织器官的浸出液、激素等，亦可为某些细菌的可溶性多糖。吸附抗原（或抗体）后的颗粒称为致敏颗粒。

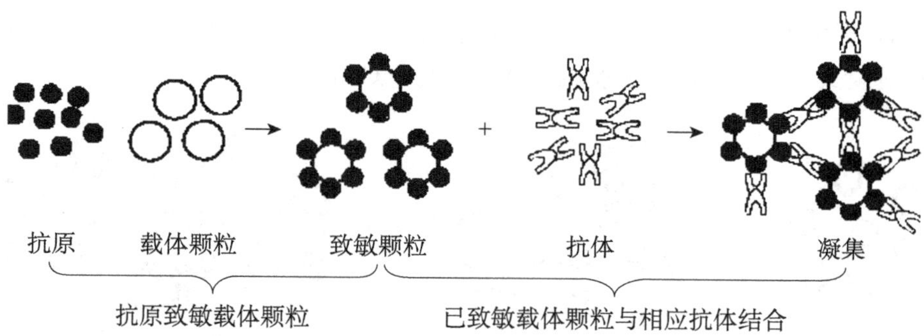

图4-8　间接凝集反应原理示意图

间接凝集试验根据载体的不同，可分为间接血凝试验、乳胶凝集试验、协同凝集试验和炭粉凝集试验等。

（1）间接血凝试验

以红细胞为载体的间接凝集试验，称为间接血凝试验。吸附抗原的红细胞称为致敏红细胞。致敏红细胞与相应抗体结合后，可发生红细胞凝集。用已知抗原致敏红细胞检测未知抗体称为正向间接血凝试验，用已知抗体致敏红细胞鉴定未知抗原称为反向间接血凝试验。常用的红细胞有绵羊、家兔、鸡及人的 O 型红细胞。由于红细胞几乎能吸附任何抗原，红细胞凝集易于观察，利用红细胞做载体进行的间接凝集试验已广泛应用于病毒性传染病、霉形体病、衣原体病、弓形体病等的诊断和检疫。

抗体与游离抗原结合后就不能凝集抗原致敏的红细胞，使红细胞凝集现象受到抑制，这一试验称为间接血凝抑制试验。通常是用抗原致敏的红细胞和已知抗血清检测未知抗原或测定抗原的血凝抑制价。血凝抑制价即抑制血凝的抗原最高稀释倍数（图 4-9）。

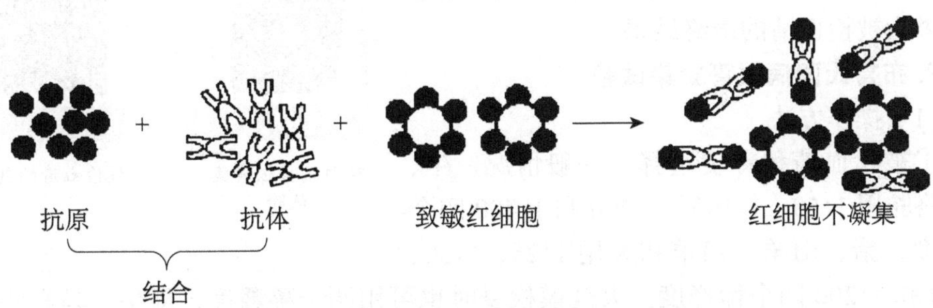

图 4-9　间接血凝抑制反应原理示意图

（2）乳胶凝集试验

以乳胶颗粒作为载体的间接凝集试验，称为乳胶凝集试验。该试验既可检测相应的抗体也可鉴定未知的抗原，方法简便、快速，广泛应用于伪狂犬病、流行性乙型脑炎、钩端螺旋体病、猪细小病毒病、猪传染性萎缩性鼻炎、禽衣原体病、山羊传染性胸膜肺炎、囊虫病等的临床诊断。

（3）协同凝集试验

葡萄球菌 A 蛋白是大多数金黄色葡萄球菌的特异性表面抗原，能与多种哺乳动物 IgG 分子的 Fc 片段相结合，结合后的 IgG 仍保持其抗体活性。当这种结合有特异性抗体的葡萄球菌与相应抗原结合时，可以相互连接协同引起凝集反应，在玻板上数分钟内即可判定结果。目前已广泛应用于快速鉴定细菌、霉形体和病毒等。

（4）炭粉凝集试验

以极细的活性炭粉作为载体的间接凝集试验，称为炭粉凝集试验。反应在玻板上或塑料反应盘中进行，数分钟后即可判定结果。通常是用抗体致敏炭粉颗粒制成炭素血清，用以检测抗原，如马流产沙门菌；也可用抗原致敏炭粉，用以检测抗体，如腺病毒感染、沙门菌病、大肠埃希菌病、囊虫病等的诊断。

（三）凝集试验操作过程及结果判定依据（以布鲁氏菌病为例）

1. 布鲁氏菌病虎红平板凝集试验

（1）操作方法

①将玻璃板上各格标记受检血清号，然后加相应血清 0.03 mL。

②在受检血清旁滴加抗原 0.03 mL。

③用牙签将血清和抗原充分混合，每混匀一格需更换一根牙签。于室温（15 ℃以上）静置 4 min 观察结果，如室温过低，可适当加温。每次试验应设阴、阳性血清对照。

（2）结果判定

在阴、阳性血清对照成立的条件下，方可对被检血清进行判定。

受检血清出现肉眼可见凝集现象者判为阳性（+）；无凝集现象，呈均匀粉红色者判为阴性（-）。本法操作简便，容易掌握和判断，适用于大群家畜的检疫。筛选出的阳性反应血清，再做试管凝集试验，以试管凝集的结果为被检血清的最终结果。

拓展阅读

鸡白痢平板凝集试验

小提示

被检血清的制备

2. 布鲁氏菌病试管凝集试验

（1）操作方法

①被检血清稀释度选择。一般情况，牛、马和骆驼用 1:50、1:100、1:200 和 1:400 四个稀释度；猪、山羊、绵羊和犬用 1:25、1:50、1:100 和 1:200 四个稀释度。大规模检疫时也可用两个稀释度，即牛、马和骆驼用 1:50 和 1:100；猪、羊、犬用 1:25 和 1:50。

②稀释血清。准备 7 个试管，分别做好标记，每份被检血清用 4 支试管，对照用 3 支试管。操作如，第一支试管内加入 0.5% 石炭酸生理盐水 2.3 mL，第二、第三、第四、第五支试管各加入 0.5% 石炭酸生理盐水 0.5 mL。用 1 mL 吸管取被检血清 0.2 mL，加入第一支试管中，混匀（一般吹吸 3～4 次），弃取 1.5 mL，再吸取 0.5 mL 加入第二支试管，混匀后吸取 0.5 mL 加至第三支试管，混匀后吸取 0.5 mL 加入第四支试管，第四支试管混匀后吸取 0.5 mL 弃去。第六支试管加 1:25 的阳性血清 0.5 mL，第七支试管加 1:25 的阴性血清 0.5 mL。如此从第一支试管起血清稀释度分别为 1:12.5，1:25，1:50 和 1:100。第五支试管为抗原对照，第六支试管为阳性对照，第七支试管为阴性对照。

③加入抗原。将 1:20 稀释的抗原由第一支试管起，每管加入 0.5 mL。各成分加完后充分混合，置 37 ℃温箱 22～24 h，取出观察结果并记录。

（2）结果判定

①配制比浊管。判定时需要参照比浊管，作为判定凝集反应程度的依据。先将 20 倍稀释的抗原用等量稀释液作对倍稀释。

②结果解释。参照比浊管，按各试管上层液体清亮度进行判读。

++++：菌体完全凝集，100% 下沉，上层液体 100% 清亮。

+++：菌体几乎完全凝集，上层液体 75% 清亮。

++：菌体凝集显著，液体 50% 清亮。

+：凝集物有沉淀，液体 25% 清亮。

-：凝集物无沉淀，液体均匀混浊。

③结果判定标准。

牛、马、鹿、骆驼 1:100 血清稀释，猪、羊、犬 1:50 血清稀释，出现“++”以上凝集现象时，受检血清判为阳性。

牛、马、鹿、骆驼 1:50 血清稀释，猪、羊、犬 1:25 血清稀释，出现“++”以上凝集现象时，受检血清判为可疑。

可疑反应的家畜经 3～4 周后重检，如果仍为可疑，该牛、羊判为阳性。猪和马经重检仍保持可疑水平，而农场的牲畜没有临床症状和大批阳性患畜出现，该畜判为阴性。

小提示

布鲁氏菌病试管凝集试验操作竖式及比浊管制备

二、材料准备

①布鲁氏菌病虎红平板凝集试验所需材料准备如下：虎红平板凝集抗原、标准阳性血清、阴性血清、玻璃板、吸管或移液器、牙签或火柴杆。

②布鲁氏菌病试管凝集试验所需材料准备如下：0.5% 石炭酸生理盐水，布鲁氏菌试管凝集抗原抗原，标准阴、阳性血清，试管，试管架，吸管，恒温箱。

三、工具准备

绘图用铅笔、纸张等。

四、人员准备

人员分组，每组 5 人。明确职责分工。

任务角色	任务内容
组长：	任务：
组员：	任务：
组员：	任务：
组员：	任务：
组员：	任务：

任务筹划

1. 内容筹划

①举例说明血清学试验在临床上的意义。

②画出凝集试验分类组成图。简述平板凝集试验的操作步骤及结果判定依据。

③简述试管凝集试验的操作步骤及结果判定依据。

④平板凝集试验和试管凝集试验的有什么不同，为什么临床不只用其中一种？可举例说明。

2. 流程筹划

第一步：知道血清学试验的概念、分类、意义及特点，掌握凝集试验的原理及分类，区别平板凝集试验和试管凝集试验。

第二步：小组讨论准备布鲁氏菌病平板凝集试验和试管凝集试验材料，教师提供或小组制备被检血清。

第三步：小组进行平板凝集试验操作。

玻板准备—标记—加样—混匀—结果判定。

第四步：小组进行平板凝集试验结果判定。

第五步：小组进行试管凝集试验操作。

被检血清稀释度选择—准备试管 7～8 个—被检血清稀释—1∶20 抗原制备—加入抗原—培养 24h—凝集程度判定—结果判定及分析。

第六步：小组进行试管凝集试验结果判定。

第七步：整理数据，总结，完成试验报告。

任务实施

步骤一：

步骤二：

步骤三：

步骤四：

步骤五：

任务检测

请扫码答题。

凝集试验

任务评价

班级：__________　　组别：__________　　姓名：__________

项目	评分标准	自我评价	小组评价	教师评价
血清学试验（10）	理解血清学试验的概念，知道其临床意义（5分）			
	知道血清学试验的特点（5分）			
平板凝集试验分（30分）	知道平板凝集试验原理及过程（10分）			
	会进行平板凝集试验操作（10分）			
	会进行平板凝集试验结果判定（10分）			
试管凝集试验（50分）	知道试管凝集试验原理及操作过程（10分）			
	会进行稀释度选择（5分）			
	会根据选择的稀释度进行血清稀释（10分）			
	会进行抗原的稀释（5分）			
	会进行凝集程度的判定（10分）			
	会进行试验结果的分析与判定（10分）			
活动效果（10分）	整体的效果（很好为10分，较好为7～9分，一般为3～6分，较差为0～2分）			
合计				
自我评价与总结				
教师点评				

任务七　沉淀试验和补体结合试验

任务导入

血清学试验有很多种，除了凝集试验还有沉淀试验、补体结合试验等，那这些试验又是怎样的原理，如何去操作呢？请同学们查阅资料，掌握沉淀试验和补体结合试验的种类、原理及方法。学会进行沉淀试验中琼脂扩散试验的操作与结果判定，用琼脂扩散试验完成所给样本的检测并给出准确的试验结果。

任务工单

班级：＿＿＿＿＿＿＿＿　组别：＿＿＿＿＿＿＿＿　姓名：＿＿＿＿＿＿＿＿

任务名称	沉淀试验和补体结合试验
任务描述	任务内容：沉淀试验种类、原理、试验方法及试验操作和结果判定，补体结合试验种类、原理、试验方法。 任务目的：掌握沉淀试验和补体结合试验的试验种类、原理及试验方法，会进行沉淀试验中琼脂扩散试验的操作及结果判定。 任务流程：查阅资料（知道沉淀试验和补体结合试验的种类、原理及试验方法）—查阅资料、小组讨论（琼脂扩散试验操作过程及结果判定）—实践操作并结果判定。 任务方法：查阅资料、讨论、实践操作。
获取信息	要完成任务，需要掌握相关的知识。请收集资料，回答以下问题。 1. 什么是沉淀试验，有哪些特点？ 2. 沉淀试验有哪些种类？各有什么不同？ 3. 什么是琼脂扩散试验？有几种类型？分别是什么？各有什么特点？临床常用的是哪一种？ 4. 双向双扩散的试验如何进行结果判定？请举例说明。 5. 什么是补体结合试验？补体结合试验的原理是什么？

（续表）

<table>
<tr><td>制订计划</td><td colspan="4"></td></tr>
<tr><td rowspan="6">任务实施</td><td colspan="4">按照预先制订的工作计划，完成本任务，并记录任务实施过程。</td></tr>
<tr><td>序号</td><td>完成的任务</td><td>遇到的问题</td><td>解决办法</td></tr>
<tr><td></td><td></td><td></td><td></td></tr>
<tr><td></td><td></td><td></td><td></td></tr>
<tr><td></td><td></td><td></td><td></td></tr>
<tr><td></td><td></td><td></td><td></td></tr>
</table>

任务准备

一、知识准备

（一）沉淀试验

可溶性抗原与相应抗体结合，在适量电解质存在下，经过一定时间，出现肉眼可见的白色沉淀，称为沉淀试验。参与试验的抗原称为沉淀原，主要是蛋白质、多糖、类脂等，如细菌的外毒素、内毒素、菌体裂解液、病毒悬液、病毒的可溶性抗原、血清和组织浸出液。沉淀反应中的抗体称为沉淀素。常用的沉淀试验有环状沉淀试验、絮状沉淀试验、琼脂扩散试验和免疫电泳试验等。

1. 环状沉淀试验

用已知抗体来检测未知抗原。在小口径试管中先加入已知的沉淀素血清，然后将待检抗原小心地加在血清的表面，成为界面清晰的两层。数分钟后，两界面交界处出现白色沉淀环，为阳性反应（图 4-10）。本试验常用于抗原定性，如炭疽的诊断（Ascoli 氏试验）、链球菌的血清型鉴定、血迹鉴定等。

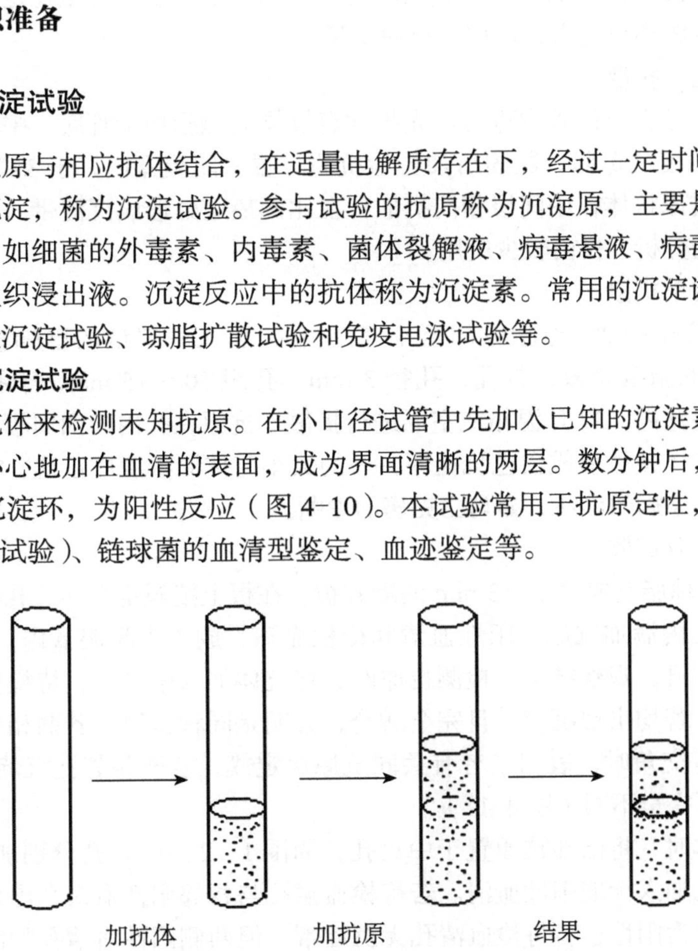

图 4-10　环状沉淀反应原理示意图

2. 絮状沉淀试验

拓展知识

炭疽环状沉淀试验

抗原与抗体在试管内混合，在电解质存在下，抗原抗体复合物可形成絮状物。当比例最适时，出现反应最快和絮状物最多。本法常用于毒素、类毒素和抗毒素的定量测定。

3. 琼脂扩散试验

琼脂扩散试验简称琼扩。抗原、抗体在含有电解质的琼脂凝胶中扩散，在比例适当处相遇时，发生沉淀反应，出现肉眼可见的沉淀带，称为琼脂扩散试验。

琼脂扩散试验有单向单扩散、单向双扩散、双向单扩散和双向双扩散 4 种类型。最常用的是双向双扩散。

（1）单向单扩散

将 0.5%～1.0% 的琼脂加热熔化冷却至 45 ℃左右，加入一定量的已知抗体，混匀后加入内径 3 mm、长 10 cm 小试管中，凝固后加待检抗原于其上，置密闭湿盒内，37 ℃温箱或室温扩散数小时。抗原在含抗体的琼脂凝胶中扩散，在比例最适处出现沉淀带。此沉淀带的位置随着抗原的扩散而向下移动，直至稳定。抗原浓度越大，沉淀带的距离也越大，可用于抗原定量。

（2）单向双扩散

单向双扩散在小试管内进行。先将含有抗体的琼脂加于管底，中间加一层不含抗体的同样浓度的琼脂，凝固后加待检抗原，置密闭湿盒内，于 37 ℃温箱或室温扩散数日。抗原抗体在中间层相向扩散，在比例最适处形成沉淀带。该方法主要用于复杂抗原的分析，目前较少应用。

（3）双向单扩散

将加热熔化的 2% 琼脂冷却至 45 ℃左右，加入一定量的已知抗体，制成厚 2～3 mm 的琼脂凝胶板，打孔，孔径 3 mm，孔距 10～15 mm，于孔内滴加抗原后，置密闭湿盒内，37 ℃温箱或室温进行扩散。抗原在孔内向四周辐射扩散，与琼脂凝胶中的抗体接触形成白色沉淀环，环的大小与抗原浓度成正比。本法可用于抗原的定量和传染病的诊断，如马立克病的诊断。

（4）双向双扩散

将 1% 的琼脂制成厚 2～3 mm 的凝胶板，在板上按规定图形、孔径和孔距打圆孔，于相应孔内滴加抗原、阳性血清和待检血清，放于密闭湿盒内，置 37 ℃温箱或室温扩散数日，观察结果。检测抗原时，将抗体加入中央孔，待检抗原分别加入周围相邻孔，若均出现沉淀带且完全融合，说明是同种抗原；若两相邻孔沉淀带有部分相连并有交角时，表明二者有共同抗原决定簇；若两相邻孔沉淀带互相交叉，说明二者抗原完全不同（图 4-11）。

检测抗体时，将已知抗原置于中央孔，周围 1、2、4、5 孔分别加入待检血清，其余两对应孔加入标准阳性血清。若待检血清孔与相邻阳性血清孔出现的沉淀带完全融合，则判为阳性；若待检血清孔无沉淀带，但两侧阳性血清孔的沉淀带在接近待检血清孔时向内弯曲，判为弱阳性，向外弯曲，判为阴性；若待检血清孔无沉淀带或出现的沉淀带与相邻阳性血清孔出现的沉淀带相互交叉，判为阴性（图 4-12）。

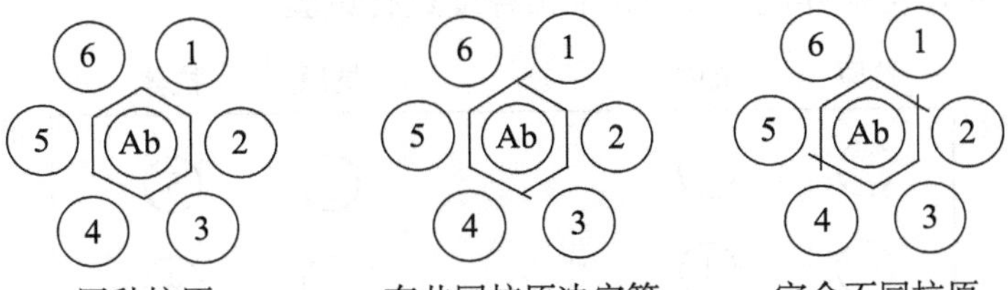

Ab—抗体；1，3，5—为阳性对照抗原；2，4，6—为被检抗原。

图 4-11 双向双扩散用于检测抗原结果判定

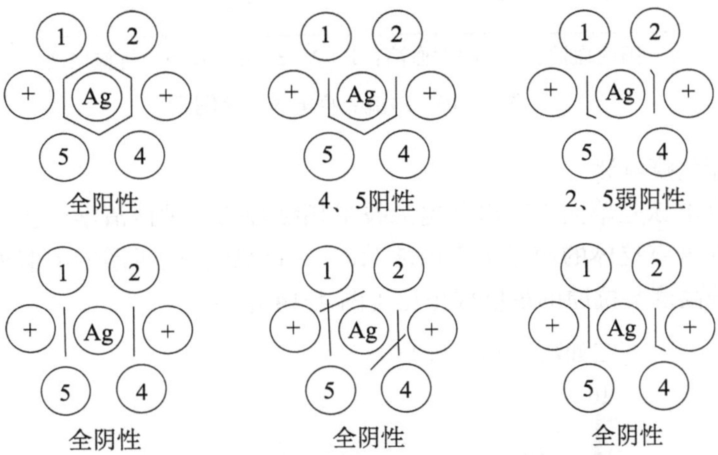

Ag—抗原；+—阳性血清；1，2，4，5—被检血清。

图 4-12 双向双扩散用于检测抗体结果判定

本法应用广泛，已普遍用于鸡马立克病、鸡传染性法氏囊炎、禽流感、霉形体病、鸡传染性喉气管炎、伪狂犬病、牛地方性白血病、马传染性贫血和蓝舌病等畜禽传染病的诊断和抗体的检测。

4. 免疫电泳技术

将琼脂双扩散与电泳技术相结合产生的一种血清学检测技术，既保留免疫学的特异性，又具有电泳技术的快速与敏感性。应用比较广泛的有对流免疫电泳和火箭免疫电泳。

（1）对流免疫电泳

在电场的作用下，利用抗原、抗体相向扩散的原理，使抗原、抗体在电场中定向移动，限制了双向双扩散时抗原、抗体向多方向的自由扩散，可以提高试验的敏感性，缩短反应时间。试验时，在 pH 值为 8.6 的琼脂凝胶板上打孔，两孔为一组，孔径 3 mm，抗原、抗体孔间距为 4～5 mm。将抗原加入负极端孔内，抗体加入正极端孔内，用 2～4 mA/cm 电流电泳 1 h 左右，观察结果，在两孔之间出现沉淀带的为阳性反应（图 4-13）。沉淀带出现的位置与抗原抗体的泳动速度及含量有关，当二者平衡时所形成的沉淀带在两孔之间，呈一直线。若二者泳动速度差异悬殊，则沉淀带位于对应孔附近，呈月牙形。当抗原或抗体含量过高时，可使沉淀带溶解。因此，对每份检样应选 2～3 个稀释度进行试验。

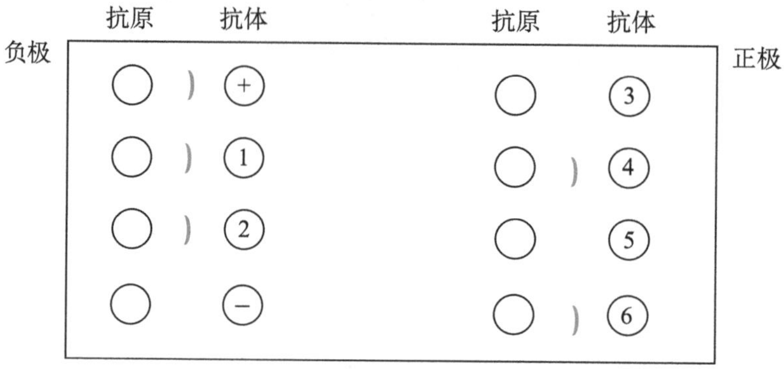

+—阳性血清；−—阴性血清；1，2，3，4，5，6—待检血清。

图 4-13 对流免疫电泳示意图

（2）火箭免疫电泳

火箭免疫电泳是单向单扩散和电泳技术相结合的一种血清学试验。抗原在电场的作用下，在含有抗体的琼脂中定向泳动，二者比例合适时形成类似火箭样的沉淀峰。沉淀峰的高度与抗原的浓度成正比（图 4-14）。

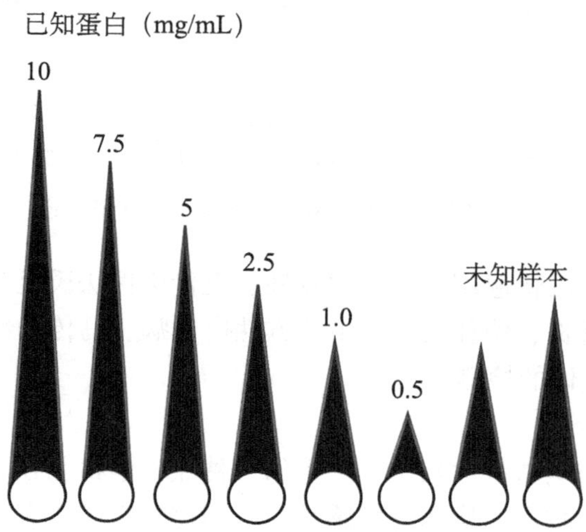

图 4-14 火箭免疫电泳

（二）琼脂扩散试验操作步骤

1. 操作步骤

①制备琼脂板。称取琼脂糖 1.0 g，加到 100 mL pH 值为 7.2、浓度为 0.01 mol/L 的 PBS 中，在水浴中煮沸或用酒精灯通过石棉网加热至充分溶化，加入 8 g 氯化钠，充分溶解后加 1%硫柳汞溶液 1 mL。冷至 45～55 ℃时，将洁净、干热灭菌、直径为 90 mm 的平皿置于平台上，每个平皿加入 18～20 mL，加盖待凝固后，把平皿倒置以防水分蒸发，放普通冰箱（4 ℃）中保存备用（保存时间不超过 2 周）。

②打孔。用打孔器在制好的琼脂板上按 7 孔一组的梅花形打孔（中间 1 孔，周围 6 孔），孔径为 5 mm，孔距为 2～5 mm，将孔内的琼脂用注射针头斜面向上从边缘插入，轻轻将琼脂挑出，勿伤边缘或使琼脂层脱离皿底。

③封底。用酒精灯轻烤平皿底部至琼脂板底部刚刚要熔化（手背感觉微烫手）为止，封闭孔底部，以防侧漏。

④加样。用微量移液器吸取抗原悬液滴入中间孔，标准阳性血清分别滴入外周的 1 和 4 孔，被检血清按编号顺序分别加入另外 4 个外孔。每孔均以加满不溢出为度，每加一个样品应换一个滴头。

⑤反应。加样完毕后，静置 5～10 min，然后将平皿轻轻倒置放入湿盒内，37 ℃温箱中作用，分别在 24 h、48 h、72 h 观察并记录结果。

2. 结果判定

①判定方法。将琼脂板置日光灯或侧强光下观察，若标准阳性血清与抗原孔之间出现一条清晰的白色沉淀线（图 4-15 中 1、4 孔血清），则试验成立。

②判定标准。若被检血清孔与中心抗原孔之间出现清晰致密的沉淀线，且该线与抗原和标准阳性血清之间沉淀线的末端相吻合，则被检血清判为阳性（图 4-15 中 5、6 孔血清）。

被检血清孔与中心孔之间出现或虽不出现沉淀线，但标准阳性血清的沉淀线一端向被检血清孔内侧弯曲，则此孔的被检样品判为弱阳性（凡弱阳性者应重复试验，仍为弱阳性者，判为阳性）。

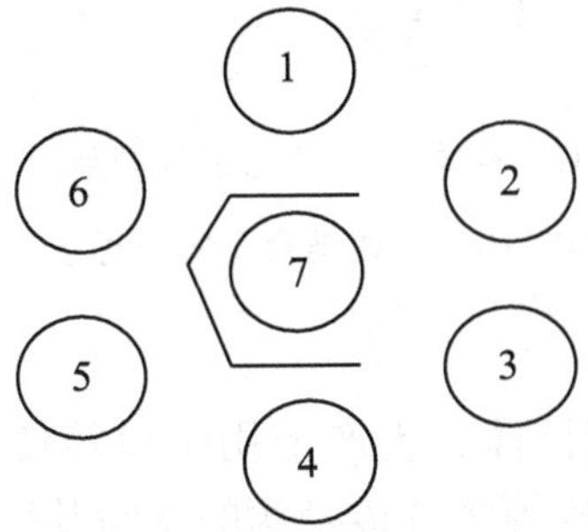

1、4—为标准阳性血清；7—为抗原对照；2、3、5、6—为被检血清。

图 4-15　琼扩试验结果示意图

若被检血清孔与中心孔之间不出现沉淀线，且标准血清沉淀线直向被检血清孔，则被检血清判为阴性（图 4-15 中 2、3 孔血清）。

被检血清孔与中心孔之间沉淀线粗而浑浊或标准阳性血清与抗原孔之间的沉淀线交叉并直伸，被检血清孔为非特异反应，应重做，若仍出现非特异反应则判为阴性。

（三）补体结合试验

补体结合试验是应用可溶性抗原（如蛋白质、多糖类、脂质、病毒等），与相应抗体结合后，其抗原抗体复合物可以结合补体。但这一反应肉眼看不到，只有在加入一个指示系统即溶血系统的情况下，才能判定。参与反应的抗体主要是 IgG 和 IgM。

1. 补体结合试验的原理

补体结合试验有溶菌和溶血两大系统，含抗原、抗体、补体、溶血素和红细胞 5 种成分。补体没有特异性，能与任何一组抗原抗体复合物结合，如果与细菌及相应抗体形成的复合物结合，就会出现溶菌反应；与红细胞及溶血素形成的致敏红细胞结合，就会出现溶血反应（图 4-16）。试验时，首先将抗原、待检血清和补体按一定比例混匀后，孵育一定时间后加入红细胞和溶血素，再作用一定时间，观察结果。不溶血为补体结合试验阳性，表示待检血清中有相应的抗体，由于抗原抗体复合物结合了补体，加入溶血系统后，无游离的补体参加，不发生溶血。溶血则为补体结合试验阴性，说明待检血清中无相应的抗体，补体未被抗原抗体复合物结合，当加入溶血系统后，补体与溶血系统复合物结合而出现溶血反应。

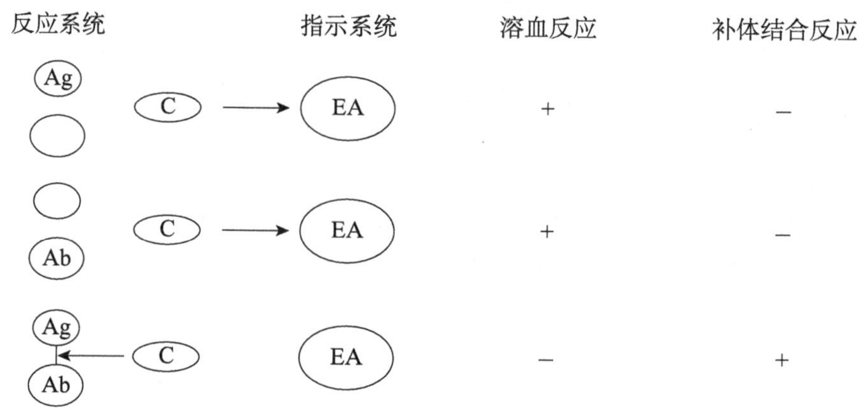

Ag—抗原；Ab—抗体；C—补体；EA—致敏红细胞。

图 4-16 补体结合反应原理示意图

2. 补体结合试验的应用

可用于检测未知抗原或抗体，生产上用于口蹄疫、水疱病、副结核病、山羊传染性胸膜肺炎、禽衣原体病等多种传染病的诊断及抗原的定型。但由于操作较烦琐，影响因素较多，已逐渐被其他简易敏感的试验所替代。

二、材料准备

琼脂糖，pH 值为 7.2、浓度为 0.01 mol/L 的 PBS，直径为 90 mm 的平皿，打孔器，三角烧瓶，高压灭菌器，酒精灯，微量移液器，标准抗原，标准阳性血清等。

三、工具准备

绘图用铅笔、纸张等。

四、人员准备

人员分组，每组 5 人。明确职责分工。

任务角色	任务内容
组长：	任务：
组员：	任务：
组员：	任务：
组员：	任务：
组员：	任务：

任务筹划

1. 内容筹划

①请通过所查阅资料，绘制出沉淀试验组成图。

②简述环状沉淀试验步骤或原理（可用图示意）。

③简述琼脂扩散试验的操作步骤及结果判定依据。

④简单举例图示琼脂扩散试验的结果。

2. 流程筹划

第一步：知道沉淀试验和补体结合试验的概念、分类及特点，掌握沉淀试验的原理及分类，区别环状沉淀试验和琼脂扩散试验。

第二步：小组讨论并准备琼脂扩散试验材料，教师提供或小组制备被检血清。

第三步：小组进行琼脂扩散试验操作。

制备琼脂糖—打孔—封底—加样—反应—结果判定。

第四步：小组讨论并进行琼脂扩散试验结果判定及分析。

第五步：整理数据，总结，完成试验报告。

任务实施

步骤一：

步骤二：

步骤三：

步骤四：

步骤五：

任务检测

请扫码答题。

沉淀试验和补体结合试验

任务评价

班级：________ 组别：________ 姓名：________

项目	评分标准	自我评价	小组评价	教师评价
补体结合试验（10分）	理解补体结合试验的概念（5分）			
	知道补体结合试验原理（5分）			
试管凝集试验（55分）	知道沉淀试验原理及分类（5分）			
	知道沉淀试验操作及用途（10分）			
	知道琼脂扩散试验原理及分类（10分）			
	会进行琼脂扩散试验操作（10分）			
	会进行琼扩试验结果的判定（10分）			
	会进行琼扩试验结果分析（10分）			
活动完成过程（25分）	能够根据工作任务资料，分析讨论并总结（5分）			
	认真思考，积极动手、动脑（5分）			
	积极参与小组合作与交流，配合默契，互帮互助（5分）			
	通过小组讨论与学习，完成任务工单（5分）			
	能很好地展示活动成果（5分）			
活动效果（10分）	整体的效果（很好为10分，较好为7～9分，一般为3～6分，较差为0～2分）			
合计				
自我评价与总结				
教师点评				

任务八 中和试验和免疫标记

任务导入

血清学试验有很多种，除了凝集试验、沉淀试验，还有中和试验、免疫标记技术（ELIAS 试验）等，那这些试验有怎样的原理，如何去操作呢？请同学们查阅资料，掌握中和试验和免疫标记技术的种类、原理及方法，学会进行免疫标记技术中酶标 ELISA 试验的操作及结果判定，用 ELISA 试验完成所给样本的检测并给出准确的试验结果。

任务工单

班级:________________ 组别:________________ 姓名:________________

任务名称	中和试验和免疫标记
任务描述	任务内容：免疫标记技术种类、原理、试验方法及试验操作和结果判定，中和试验及其原理。 任务目的：掌握中和试验和免疫标记技术的种类、原理及方法，会进行免疫标记技术中酶标 ELISA 试验的操作及结果判定。 任务流程：查阅资料（知道中和试验和免疫标记技术的种类、原理及试验方法）—查阅资料、小组讨论（ELIAS 操作过程及结果判定）—实践操作并结果判定。 任务方法：查阅资料、讨论、实践操作。
获取信息	要完成任务，需要掌握相关的知识。请收集资料，回答以下问题。 1. 什么是中和试验？有哪些类型和特点？ 2. 什么是免疫标记技术？为什么有些血清学试验要有免疫标记？在临床上有什么意义？ 3. 免疫标记技术有哪些？各有什么特点？ 4. 免疫荧光技术的原理是什么？

（续表）

<table>
<tr><td>获取信息</td><td colspan="4">5.ELIAS 试验是用什么做标记的？试验原理是什么？</td></tr>
<tr><td>制订计划</td><td colspan="4"></td></tr>
<tr><td rowspan="6">任务实施</td><td colspan="4">按照预先制订的工作计划，完成本任务，并记录任务实施过程。</td></tr>
<tr><td>序号</td><td>完成的任务</td><td>遇到的问题</td><td>解决办法</td></tr>
<tr><td></td><td></td><td></td><td></td></tr>
<tr><td></td><td></td><td></td><td></td></tr>
<tr><td></td><td></td><td></td><td></td></tr>
<tr><td></td><td></td><td></td><td></td></tr>
</table>

任务准备

一、知识准备

（一）中和试验

病毒或毒素与相应抗体结合后，丧失了对易感动物、鸡胚或易感细胞的致病力，称为中和试验。本试验具有高度的特异性和敏感性，但有严格的量的要求。

1. 毒素和抗毒素中和试验

由外毒素或类毒素刺激机体产生的抗体，称为抗毒素。抗毒素能中和相应的毒素，使其失去致病力。主要有以下两种方法。

①体内中和试验。将一定量的抗毒素与致死量的毒素混合，在恒温下作用一定时间后，接种试验动物，同时设不加抗毒素的对照组。如果试验组的动物被保护，而对照组的动物死亡，即证明毒素被相应抗毒素中和。在兽医临床上，魏氏梭菌和肉毒梭菌毒素的定型常用此方法。做此试验时，首先要测定毒素的最小致死量或半数致死量。

②在细胞培养上进行的毒素中和试验和溶血毒素中和试验。方法同上。

2. 病毒中和试验

病毒免疫动物所产生的抗体，能与相应病毒结合，使其感染性降低或消失，从而丧失致病力。应该注意，抗体只能在细胞外中和病毒，对已进入细胞的病毒，则无作用。而且抗体并不都有中和活性，有些抗体与病毒结合后不能使其失活，如马传染性贫血病毒与相应抗体结合后，仍保持高度的感染力。试验有体内和体外两种方法。

（1）体内中和试验

体内中和试验也称保护试验，即先给试验动物接种疫苗或抗血清，间隔一定时间后，再用一定量病毒攻击，以动物是否得到保护来判定结果。常用于疫苗免疫效果的评价和抗血清的质量评价。

（2）体外中和试验

将病毒悬液与相应抗血清按一定比例混合，在一定条件下作用一段时间后，接种易感动物、鸡胚或易感细胞，根据接种后动物、鸡胚是否得到保护，细胞是否有病变来判定结果。此试验常用于口蹄疫、猪水疱病、蓝舌病、牛黏膜病、牛传染性鼻气管炎、鸡传染性喉气管炎、鸭瘟和鸭病毒性肝炎等病毒性传染病的诊断。此外，还可用于新分离病毒的鉴定和定型等。

（二）免疫标记技术

尽管抗原抗体的结合具有高度特异性，其反应强度与抗原或抗体的量有关。如果反应量不足或抗原为半抗原、抗体为单价抗体，或者为除沉淀抗体和凝集抗体外的其他抗体时，并不出现肉眼可见反应。

有一些标记分子如荧光素、酶等极易检测，如果将这些分子标记在抗体或抗原分子上，再通过化学或物理的手段使不能看见的抗原抗体反应放大，转化为可见的、可测知的、可描记的光、色、电、脉冲等信号，就能追踪抗原或抗体的反应。这种根据抗原抗体结合的特异性和标记分子的敏感性建立的试验技术，称为免疫标记技术。主要有荧光抗体标记技术、酶标记抗体技术、放射免疫技术等，可用于检测抗原或抗体，其特异性和敏感性远远高于常规的血清学技术。

1. 荧光抗体标记技术

荧光抗体标记技术又称免疫荧光技术，是用荧光色素对抗体或抗原进行标记，再与相应抗原或抗体结合，在荧光显微镜下观察荧光以分析示踪相应的抗原或抗体的方法。本法既有免疫学的特异性和敏感性，又有借助显微镜观察的直观性与精确性，已广泛应用于细菌、病毒、原虫等的鉴定和传染病的快速诊断。

（1）荧光色素的选择

用于标记抗体或抗原的荧光色素必须具有活性基团，使之易与蛋白质稳定结合；能发射可见的荧光颜色，荧光效率高，性质较稳定，不影响抗体或抗原的免疫活性和抗原与抗体的特异性结合。目前广泛用于标记抗体或抗原的荧光色素主要是异硫氰酸荧光素（Fluorescein Isothiocyanate, FITC）。此外，还有四乙基罗丹明、四甲基异硫氰酸罗丹明和三氯三嗪基氨基荧光素等。

（2）标本片的制备

根据被检样品的性质不同可采取不同的制备方法。细菌培养物、感染动物的组织或血液、脓汁、粪便和尿沉渣等，可制备涂片或压印片，感染组织还可制备冰冻切片或低温石蜡切片。对于病毒也可用生长在盖玻片上的单层细胞培养物做标本。标本的固定常用丙酮和 95% 乙醇。固定后的标本应随即用 PBS 反复冲洗，干燥后即可染色。

（3）染色方法

荧光抗体染色方法有直接法和间接法。

①直接法。用荧光抗体直接检查抗原，即直接滴加相应荧光抗体于标本区，置湿盒内，于 37℃温箱染色 30～60 min 后取出，用浓度为 0.01 mol/L PBS（pH 值为 7.2～7.4）充分漂洗 3 次，每次 3～5 min，再用蒸馏水漂洗 2 次，每次 1～2 min，吹干，然后滴加缓冲甘油封片，于荧光显微镜下观察（图 4-17）。

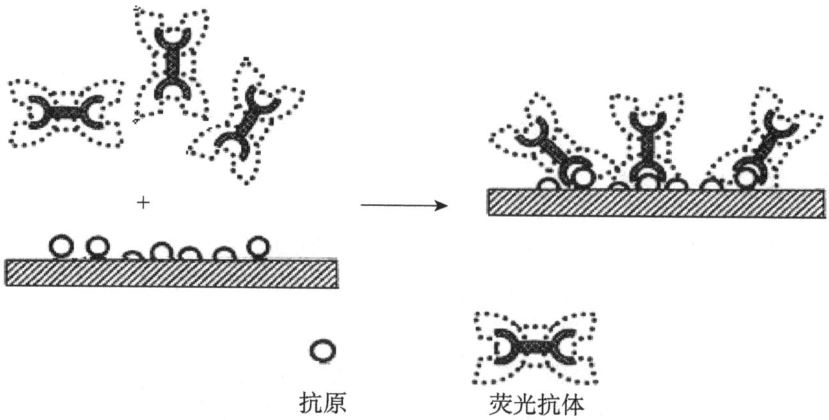

图 4-17 直接荧光抗体染色法示意图

②间接法。先将已知未标记的抗体加到未知抗原上或用未知未标记抗体加到已知抗原上，再加相应的荧光抗体。如抗原与抗体发生反应，则抗体被固定，并与荧光抗体结合，发出荧光，以鉴定未知的抗原或抗体。试验时，于标本区滴加未标记的相应抗体；置湿盒内，于 37℃作用 30～60 min，取出后以浓度 0.01 mol/L PBS（pH 值为 7.2～7.4）充分漂洗 3 次，每次 3～5 min；再用蒸馏水漂洗 2 次，每次 1～2 min，吹干；然后滴加荧光抗体，置湿盒内，于 37℃温箱染色 30 min；再如前漂洗、吹干，滴加缓冲甘油封片、镜检。

间接法的优点：比直接法敏感，对一种动物而言，只需制备一种荧光抗抗体，即可用于多种抗原或抗体的检测，镜检所见的荧光强度较强。

（4）荧光显微镜检查

用 FITC 标记抗体染色标本，在荧光显微镜的蓝紫光或紫外光的照射下，抗原所在部位发出黄绿色荧光。

2. 酶标记抗体技术

酶标记抗体技术又称免疫酶技术，是利用抗原抗体结合的特异性和酶的高效特异的催化作用，经过各自底物显色而建立起来的免疫检测技术。常用的标记酶是辣根过氧化物酶（Horseradish Peroxidase, HRP），其作用底物为过氧化氢，催化时需要供氢体，无色的供氢体氧化后生成有色产物，肉眼或仪器均可测到。常用的供氢体有 3，3'- 二氨基联苯胺和邻苯二胺，前者反应后形成不溶性的棕色物质，适用于免疫酶组化法；后者反应后形成可溶性的橙色产物，敏感性高，易被酸终止反应，呈现的颜色数小时不变，是 ELISA 中常用的供氢体。该技术是血清学试验中最为完善的一类免疫检测技术，可用于抗原或抗体的定性、定量和定位分析，具有敏感、特异、简便、快速、易标准化和商品化等优点。下面主要介绍免疫酶组化技术、酶联免疫吸附试验和斑点酶联免疫吸附试验。

（1）免疫酶组化技术

免疫酶组化技术又称免疫酶染色法，是将免疫酶应用于组织化学染色，以检测组织和细胞中或固相载体上抗原或抗体存在与否，以及其分布位置的技术。方法有直接法和间接法两种（图 4-18）。

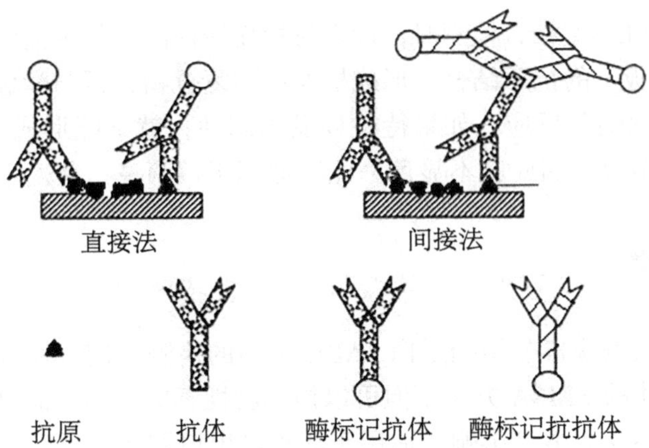

图 4-18　酶标记抗体法示意图

①直接法。用酶标记抗体直接处理含待检抗原的标本，洗涤后浸于含有过氧化氢和二氨基联苯胺（Diaminobenzidine, DAB）的显色液中孵育，在普通光学显微镜下观察颜色反应，抗原所在部位呈棕黄色。

②间接法。含待检抗原的标本先用未标记的抗血清处理，洗涤后加相应的酶标记抗抗体，洗涤，然后浸于含有过氧化氢和 DAB 的显色液中作用，普通光学显微镜下观察颜色反应，抗原所在部位呈棕黄色。

（2）酶联免疫吸附试验（ELISA）

ELISA 为一种固相免疫酶测定技术，是当前应用最广、发展最快的一项标记技术。其基本过程是将抗原或抗体吸附于固相载体的表面，酶标记物与相应的抗体或抗原反应后，形成酶标记抗原抗体复合物，在遇到相应底物时，复合物上的酶催化底物使其水解、氧化或还原成可溶性或不溶性的有色物质，可用肉眼或酶标测定仪进行结果判定。因颜色的深浅与相应的抗体或抗原含量成正比，故可对抗体或抗原进行定量测定。目前多采用 ELISA 诊断试剂盒进行检测。该技术已广泛用于猪瘟、猪传染性胃肠炎、猪呼吸与繁殖综合征、流行性乙型脑炎、伪狂犬病、弓形虫病、旋毛虫病和鸡新城疫等传染病的诊断。

（3）斑点酶联免疫吸附试验

该技术是在 ELISA 技术基础上利用固相载体发展起来的一项免疫酶技术，既保留了常规 ELISA 的优点，还弥补了抗原或抗体对载体包被不牢等缺点，以其独特的优势，广泛用于猪瘟、猪伪狂犬病、猪细小病毒病、牛副结核、马传染性贫血等多种动物传染病的抗原和抗体的检测以及杂交瘤细胞的筛选。其原理是以纤维素薄膜为固相载体，在膜上进行免疫酶反应。具体过程是先将抗原或抗体吸附于硝酸纤维膜表面，通过相应的抗体或抗原和酶标记物的一系列反应，形成酶标记抗原抗体复合物，加入底物后，结合物上的酶催化底物使其水解、氧化成另一种带色物质，沉着于抗原抗体复合物吸附部位，呈现出肉眼可见的斑点，可通过颜色斑点的出现与否和色泽深浅进行结果判定。

（三）ELISA 试验（酶联免疫吸附试验）

用抗原包被 ELISA 板，检测时，加入待检血清样品，如果血清样品中有相应抗体，会与 ELISA 板上的抗原结合，形成抗原抗体复合物，再与酶标二抗结合，加入底物后，就会出现颜色反应。如果待检样品为阴性，就不能形成抗原抗体复合物，不能与酶标二抗结合，因此就不显色。此法适用于口蹄疫、猪瘟、猪伪狂犬病等抗体的检测。

1. 方法与步骤

（1）试验方法

本试验以口蹄疫病毒非结构蛋白 3ABC 抗体的检测为例。检测口蹄疫病毒非结构蛋白 3ABC 抗体的 ELISA 方法不但可以检测隐性感染动物，而且可以区分感染动物和免疫动物，不受血清型影响，适用于活畜进出口调运、疫区净化检疫和群体无症状感染评价。

（2）操作步骤

①洗涤液（PBS）的准备。将试剂盒配备的 25 倍浓缩 PBS 用无离子水或蒸馏水做 1 ∶ 25 倍稀释。

②待检血清样品和阳性、阴性对照血清用血清稀释液 1 ∶ 21 倍稀释（120 μL 血清稀释液加血清 6 μL），每孔加入 100 μL，阴、阳性对照血清样品平行加两孔，用封口膜封口，37 ℃结合 30 min。

③取下封口膜，每孔加满洗涤液，洗涤 5 次，最后一次拍干。

④用血清稀释液按 1 ∶ 100 比例稀释酶标二抗，每孔加入 100 μL，用封口膜封口，37 ℃结合 30 min。

⑤取掉封口膜，每孔加满洗涤液，洗涤 5 次，最后一次拍干。

⑥将底物溶液 A 按 1 ∶ 50 比例稀释于底物 B 中（1 mL 底物 B 中加入 20 μL 底物 A），混匀，每孔加入 100 μL，封口膜封口，37 ℃避光作用 10～15 min。

⑦每孔加入 100 μL 终止液。

⑧轻轻摇振混匀，测定波长 450 nm 吸光值（Optical Density，OD）。

⑨阳性对照平均 OD 值应大于 0.6；阴性对照平均 OD 值应小于 0.2。

⑩结果计算。样品效价为：（OD 样品 -OD 阴性）/（OD 阳性 -OD 阴性）。

（3）结果判定

若效价小于 0.2，为阴性；效价在 0.2～0.3 为可疑；效价大于 0.3 为阳性。可疑样品应进行复测，复测仍为可疑者则判为阳性。

（4）注意事项

①冰冻血清样品应充分融化，且应混合均匀。

②血清稀释液和底物应平衡至室温应用。底物 A 在 4℃为结晶状态，需要在室温或 37℃水浴化开后应用。

③应使用相同的加样器加样，以保证加样量的准确，减少试验误差。多道微量移液器所用的吸头应为同一规格和型号，避免加样误差。

④加样先后次序应该一致，保证作用时间一样。

二、材料准备

3ABC 抗原包被的 ELISA 板、血清稀释液、标准阳性血清、标准阴性血清、100× 酶标二抗、底物溶液 A、底物溶液 B、终止液、25× 浓缩洗涤液、封口膜。

三、工具准备

绘图用铅笔、纸张等。

四、人员准备

人员分组，每组 5 人。明确职责分工。

任务角色	任务内容
组长：	任务：
组员：	任务：
组员：	任务：
组员：	任务：
组员：	任务：

任务筹划

1. 内容筹划

①请通过所查阅资料，绘制出免疫标记技术组成图。

②举例简述荧光抗体标记技术的步骤或原理（可用图示意）。

③简述 ELISA 的试验步骤或原理（可用图示意）。

④ ELISA 试验如何进行结果判定。

2. 流程筹划

第一步：知道中和试验和免疫标记技术的概念、分类及特点。掌握荧光抗体技术和 ELISA 试验的原理及试验操作步骤。

第二步：小组讨论准备 ELISA 试验材料。提供或制备被检血清。

第三步：小组进行 ELISA 试验操作。

拿出 3ABC 抗原包被的 ELISA 板—洗涤液（PBST）的准备—血清样品的稀释并加样—洗涤—加酶标二抗—洗涤—加底物液 A、B—加终止液—酶标测定—结果判定。

第四步：小组进行 ELISA 试验结果判定及分析。

第五步：整理数据，总结，完成试验报告。

任务实施

步骤一：

步骤二：

步骤三：

步骤四：

步骤五：

任务检测

请扫码答题。

中和试验和免疫标记技术

任务评价

班级:________　组别:________　姓名:________

项目	评分标准	自我评价	小组评价	教师评价
中和试验（10分）	理解中和试验的概念（5分）			
	知道中和试验原理（5分）			
免疫标记技术（55分）	知道免疫标记技术原理及分类（5分）			
	知道荧光抗体标记技术操作及用途（10分）			
	知道ELISA试验原理及分类（10分）			
	会进行ELISA试验操作（10分）			
	会进行ELISA试验结果的判定（10分）			
	会进行ELISA试验结果分析（10分）			
活动完成过程（25分）	能够根据工作任务资料，分析讨论并总结（5分）			
	认真思考，积极动手、动脑（5分）			
	积极参与小组合作与交流，配合默契，互帮互助（5分）			
	通过小组讨论与学习，完成任务工单（5分）			
	能很好地展示活动成果（5分）			
活动效果（10分）	整体的效果（很好为10分，较好为7～9分，一般为3～6分，较差为0～2分）			
合计				
自我评价与总结				
教师点评				

主要参考文献

曹军平，张君胜，2012. 动物微生物 [M]. 北京：中国林业出版社 .
李舫，2019. 动物微生物与免疫技术 [M]. 3 版 . 北京：中国农业出版社 .
裴春生，张进隆，2014. 动物微生物免疫与应用 [M]. 北京：中国农业出版社 .
青海畜牧兽医职业技术学院，动物产品安全检验技术课程建设团队，2013. 动物产品安全检验技术 [M]. 北京：中国农业出版社 .
任俊玲，张磊，2012. 动物微生物 [M]. 武汉：华中科技大学出版社 .
王福红，2016. 动物性食品微生物检验 [M]. 北京：中国农业出版社 .
王永娟，穆晓慧，2020. 动物产品微生物检验 [M]. 北京：中国农业大学出版社 .
羊建平，梁学勇，2016. 动物微生物 [M]. 2 版 . 北京：中国农业大学出版社 .
杨红梅，2016. 动物微生物 [M]. 北京：中国农业大学出版社 .
杨玉平，2012. 动物微生物 [M]. 北京：中国轻工业出版社 .
张红英，2018. 动物微生物学 [M]. 4 版 . 北京：中国农业出版社 .
赵良仓，2019. 动物微生物及检验 [M]. 北京：中国农业出版社 .

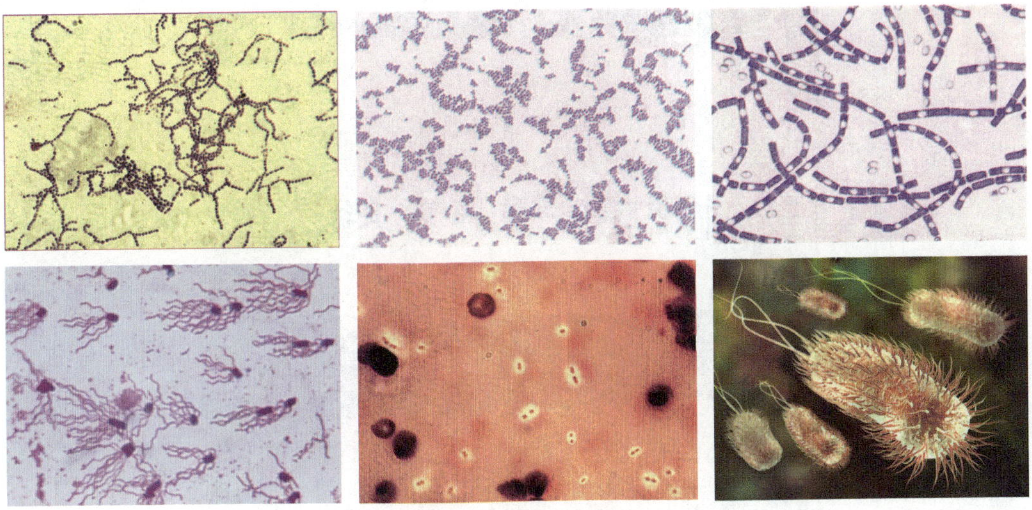

彩图 1　不同的细菌

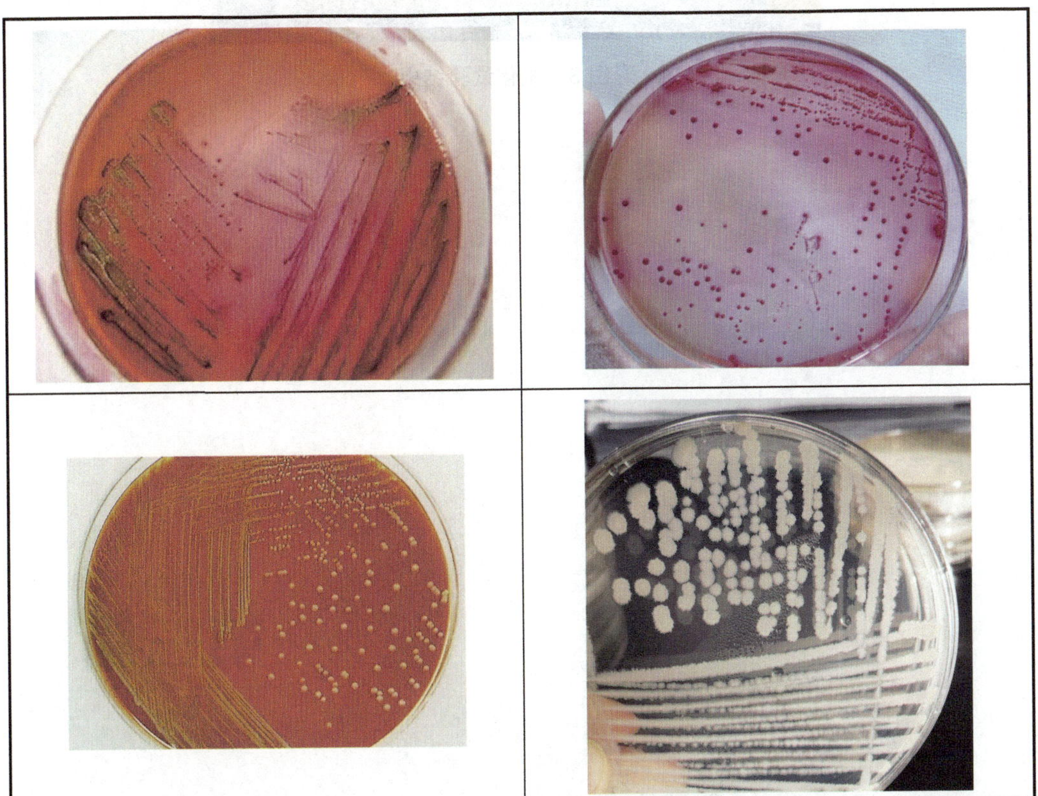

彩图 2　细菌的生长特性（菌落状态）

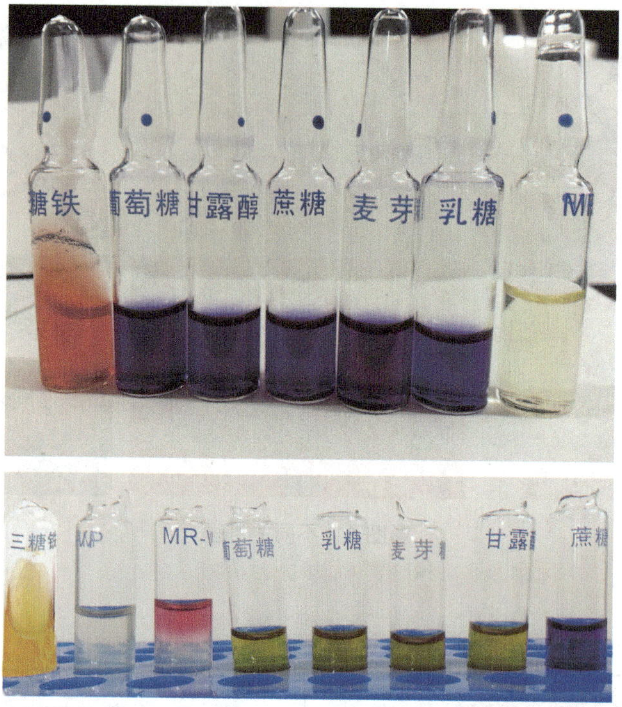

彩图3　生化试验结果